林业生态文明建设概论

王培君◎主　编

张晓琴　董　波　方炎明◎副主编

中国林業出版社
China Forestry Publishing House

图书在版编目(CIP)数据

林业生态文明建设概论 / 王培君主编. —北京：中国林业出版社，2022. 1
ISBN 978-7-5219-1534-1

Ⅰ. ①林… Ⅱ. ①王… Ⅲ. ①林业-生态环境建设-研究-中国
Ⅳ. ①S718. 5

中国版本图书馆 CIP 数据核字(2022)第 001952 号

责任编辑： 于界芬　徐梦欣

出版发行　中国林业出版社有限公司(100009　北京市西城区德内大街刘海胡同 7 号)　　电话：010-83143542
网　　址　http://www.forestry.gov.cn/lycb/lycb.html
印　　刷　河北京平诚乾印刷有限公司
版　　次　2022 年 1 月第 1 版
印　　次　2022 年 1 月第 1 次
开　　本　787mm×1092mm　1/16
字　　数　280 千字
印　　张　17
定　　价　68.00 元

前　言

随着传统工业化和城镇化发展模式的全球化，世界环境形势日益严峻，对国际经济、政治、文化、社会的发展产生了极其深远的影响，成为构建人类命运共同体和推进美丽清洁世界的主要挑战。目前，可持续发展、绿色发展、低碳发展日益成为各国政府和人民的共识，全球生态环境问题协同治理和绿色低碳循环发展的逐步推进成为各国的共同愿景。中国坚持倡导和平、发展、合作、共赢的时代主旋律，正积极参与全球生态建设，成为全球环境治理重要的参与者、贡献者、引领者。2020年9月，中国在第75届联合国大会上提出了2030年前碳达峰、2060年前碳中和的目标。因此，当前迫切需要各行各业增进生态文明共识，贡献生态智慧，以提升中国在全球环境治理中的国际话语权，为切实推动人类命运共同体的构建作出重要贡献。

党的十八大以来，生态环境治理、绿色发展和生态文明建设在治国理政中被摆在了突出位置。生态环境不仅是关系党的使命、宗旨的重大政治问题，也是关系民生的重大社会问题。生态文明建设已经融入经济建设、政治建设、文化建设和社会建设的各方面和全过程，并且在治国方略中提升为中华民族永续发展的千年大计，明确要求树立和践行“绿水青山就是金山银山”的理念，到2035年总体形成节约资源和保护生态环境的空间格局、产业结构、生产方式、生活方式，生态环境质量实现根本好转，美丽中国的目标基本实现。2020年10月，党的十九届五中全会把“生态文明建设实现新进步”作为

“十四五”时期经济社会发展的6个主要目标之一，并提出了2035年基本实现社会主义现代化的远景目标——广泛形成绿色生产生活方式。

因此，建设生态文明是实现中华民族永续发展的必然选择。中华民族向来尊重自然、热爱自然，中华文明孕育着丰富的生态文化。中国五千年文明史延绵不断的实践证明，人类社会的繁荣进步必须以良好的自然生态为基础。建设生态文明也是实现人类可持续发展的重要途径；可持续发展是既要满足当代人的需要，又不对后代人满足其需要的能力构成危害的发展；可持续发展要求维护代际公平，统筹考虑眼前利益和长远利益，实现经济可持续性，生态可持续性和社会可持续性。

林业兴则生态兴，生态兴则文明兴。林业生态文明既是生态文明不可或缺的有机组成部分，又是生态文明建设的重要内容。在贯彻落实“绿水青山就是金山银山”的生态文明实践和应对全球气候变化、推进碳达峰碳中和的进程中发挥着日益重要而广泛的基础性作用。因此，林业要肩负起与生态文明建设相适应的时代要求，承担起保护自然生态系统的重大职责。通过保护和建设森林生态系统、保护和恢复湿地生态系统、治理和改善荒漠生态系统、维护和保育生物多样性；通过承担并实施重大生态修复工程，扩大森林、湿地面积，推进荒漠化、水土流失综合治理，增强生态产品生产能力；通过承担和构建生态安全格局，切实落实国家主体功能区战略，优化和拓展中华民族的生存空间；通过承担和促进绿色发展，发展绿色产业、绿色经济，促进经济发展方式转型升级，推动绿色增长，建设美丽中国。

为使林业院校的青年师生深入学习林业生态文明相关知识，主动践行林业生态文明理念，积极融入林业生态文明建设，成为具有较高综合素养的林业生态文明建设者，南京林业大学组织编写了《林业生态文明建设概论》。全书的编写坚持了系统性、科学性、前瞻性的原则，全面、系统地介绍了林业生态文明建设的相关知识。全书共由十一章组成，第一章为生态文明概论，包含社会主义生态文明及生态文明建设等内容；第二章为林业与生态文明，重点介绍了林业与人类的关系以及林业生态文明建设；第三章为森林经营与管理，包含森林经营管理的模式、国有林场管理、林权林地管理等；第四章为森林生态系统，包含森林生态系统的组成、结构及服务功能，森林生态系统的地带性分布等；第五章为湿地，包含湿地生态系统的类型与分布、组成与特征、湿地生态系统管理等；第六章为草原，介绍了草原生态系统的特征及管理；第七章为自然保护地，重点介绍了自然保护区和国家公园相关知识；第八章为野生动植物保护，包含野生动植物资源的保护、管理与利用，濒危物种管理和外来入侵生物管理等内容；第九章为生态系统修复，介绍了生态系统修复的理论基础、方法及典型案例；第十章为林业生态工程，重点介绍了三北及长江流域等重点防护林体系建设工程、退耕还林工程、京津风沙源治理工程等林业生态工程建设重点项目；第十一章为林业生态文化产业，包含林业生态文化产品、林业生态文化产业体系、生态旅游等内容。

本书内容涵盖了林业生态文明的各个知识领域，受林业生态文明建设发展及人类对林业生态文明认识的不断深化和扩展，相关内容有待在今后的理论和实践探索中进一步补充和完善。由于编写时间仓促，编者的学识水平和掌握的资料有限，不足和疏漏之处在所难免，恳请各位读者批评指正。

本书编写过程中参考和引用了大量的文献资料和相关学科研究成果，中国林业出版社的相关编辑对本书的编写出版给予了大力支持，在此一并表示诚挚的感谢。

编者

2021 年 7 月

目　录

第一章　生态文明概论

自工业革命以来，人类对自然界无休止的征服已经超过了自然界的承载能力，严重破坏了生态环境的自我修复能力，生态危机日益加剧，无力支持工业文明的进一步发展。面对不断加剧的生态环境问题，建设稳定可持续发展的“绿色文明”——生态文明已经成为现今人类社会持续发展的迫切需求。生态文明是一种以尊重自然、保护自然为前提，以人与自然和谐共生为宗旨，以建设可持续发展的生产消费方式为目标的文明形态。

第一节　生态文明概述

1935 年，英国的坦斯利第一次提出了“生态系统”[1]。这有利于促进生态学从个体生态学、群落生态学向生态系统生态学的转变，有利于人们认识人与自然关系的生态系统思维的形成。1967 年，日本的梅棹忠夫在对亚洲、非洲、欧洲进行了一系列考察后提出了生态史观[2]，他根据考察得到的资料做出分析，认为自然生态环境对整个人类的历史进程有着重大意义。1984 年，苏联的环境学家有史以来第一次提出了“生态文明”这一概念[3]，认为“生态文明”是人类从进一步的发展到重视自身生存的生态状态。

我国著名学者叶谦吉教授在 1987 年也提出了“生态文明建设”的概念[4]。叶谦吉教授认为人类在从自然界中索取利益相关实物的同时，也应该自觉主动维护自然界的存在，使其稳定发展，人和自然之间应该保持和谐统一、友好互利的平衡关系，而 21 世纪将是一个建设美好生态文明的世纪。此外，刘思华教授也认为，符合时代需要的现代文明应该要包括精神文明、物质文明和生态文明，三者共存且是内在统一[5]。

20世纪90年代初期，美国著名作家、评论家罗伊莫里森，根据自身的实际经历，研究并发现生态问题正日益突出并且愈演愈烈，在不知不觉中全球环境问题成了一个不得不尽快解决的政治难题。他还曾提出“生态文明”将会是“工业文明”之后一个全新的、人类迫切需要的文明，它将是人类发展史不可或缺的重要的文明形态[6,7]。党的十八届三中全会召开后，新华网对罗伊莫里森做了一次专访，在这次的专访中他大力肯定并赞许了中国共产党为建设好生态文明提出的一系列改革制度，并且他在专访中表示十分期待中国能将这些政策付诸实践并取得成效[8]。

一、生态文明的基本内涵和特征

(一)生态文明的基本内涵

生态文明的内涵有广义和狭义之分，广义的生态文明是一种价值理性，狭义的生态文明则为工具理性[9]。

1. 生态文明是一种价值理性

生态文明是按“原始文明—农业文明—工业文明—生态文明”这一文明发展顺序来展开的[10]，生态文明是社会发展进程中能达到且必须达到的高级别稳定的文明形态。在该文明形态下，人类社会才能更好地摆脱贫困、污染等问题，走向真正的自由世界。就此意义上，生态文明比较抽象但目的长远，其中包含着人类对完美社会形态的追求，对未来社会发展方向的积极理性思考。

2. 生态文明是一种工具理性

生态文明是沿“物质文明—精神文明—政治文明—生态文明”的一系列维度展开的[11]，它是一种工具，一种具备极强实用性和有效性的特殊工具。按这种思路来看，在一个国家的治理体系中，物质文明永远是侧重于人们现实中的实际物质需要，精神文明则是希望建立起一个健康的心灵世界体系，政治文明则是建立一种稳定的人与人、人与社会之间的关系，而生态文明更侧重人与人、人与社会、人与自然之间的和谐统一关系，物质、精神、政治、生态四个维度构建起一个较完整的可行的社会建设理念体系。从这个思路上讲，生态文明其实是一种具备实际操作性的治理手段。

(二)生态文明的本质特征

生态文明是一种正确处理人与人、人与社会、人与自然关系的新的文明形态[11]。生态文明并不拒绝发展，更非退回“从前”，而是要求人类能更加充分地认识自然法则，把握自然规律，实现可持续的发展。生态文明有别于其他文明，它是一种侧重于可持续发展，有着旺盛生命力的文明，主要包括两方面：其一是自然的可持续发展，任何超出自然承载能力以及自身修复能力的行为都会对自然环境造成不可逆转的破坏，让自然失去可持续发展能力；另一方面则是人的可持续发展，人类文明要长久延续，就必须统筹好当前的利益需求和后代的发展需要。

(三)生态文明的核心

1. 生态文明的核心问题

如何解决生态环境恶化问题是全人类必须面临的一项严峻考验。自18世纪下半叶开始到20世纪上半叶，从英国开始向着欧洲其他国家，再到美国、日本、苏联等一些国家，陆续经历并完成了工业革命。这是一场被社会学家称为人类技术史与经济史上分水岭的伟大革命。以英国为首的西方资本主义国家逐步形成了以煤炭、化工、纺织、冶金为基础的高污染、高排放、高耗能、资源型(三高一资)的产业结构和发展模式，在短时间里大幅增强了西方资本主义国家的生产力。在《共产党宣言》中，马克思曾指出这种产业结构和发展模式对推动人类生产力发展有着巨大的历史意义：“资产阶级在其不到一百年的阶级统治历史中所创造出的生产力，比过去世代全部创造的生产力还要巨大，还要丰富。”但这也是一个分水岭，一个生产力的分水岭，一个生态环境的分水岭[12]。自这场工业革命开始，人类大规模的征服、利用和控制自然界，使得生态环境逐步恶化。20世纪20年代起，严重的环境公害事件在各个西方资本主义国家陆续出现，20世纪50年代更是出现了“公害泛滥期”，著名的“八大公害事件”正是发生在这个期间[13]。

谈到环境保护问题，就不可避免地需要对现有发展理念和发展模式进行反思。西方资本主义国家逐步把传统的“三高一资”产业向广大的发展中国家转移，同时开始注重发展绿色低碳产业，例如清洁能源、混合式动力汽车、生物医药、纳米技术、数字创意、信息技术等。在2008年世界金融危机之后，联合国环境规划署提出“绿色经济”发展模式，呼吁全球共同实施“绿色新政”，期望“绿色复苏”[14]。美国、日本等国家都在相关经济刺激计划中增设专项资金，用以扶持新能源、环保等产业。2009年4月，伦敦二十国(G20)峰会发表公报，承诺将全力推进实施全面、绿色、可持续性的经济复苏。同年6月，经济合作与发展组织（OECD）部长理事会会议召开并提出绿色增长将是摆脱眼前危机的重要途径，并为此发表了名为《绿色增长：战胜和超越金融危机》的报告。

2. 生态文明的核心要素

生态文明包含四大核心要素：公正、和谐、高效和人文发展。四大核心要素都是实现人类文明可持续发展所必需的[15]。纵观世界发展和中国实践，这些核心要素将是关于发展方式、理念的时代抉择，符合经济社会发展和自然规律。我们须在公正、和谐、高效和人文发展的大潮中积极主动地抢占先机甚至于引领时代的潮流。

二、生态文明的学理基础

（一）哲学基础

人与自然的关系自古以来都是哲学研究中一个重要问题，每个文明都有特定的人与自然的关系意识，且这种意识渗透在人们的各个生活领域，并于某一种程度上支配一个文明的兴衰。

生态文明奉行的观点是"人是自然的一员"，人在日常的生产生活行动中都必须遵循自然生态原理，以期望建立人与自然和谐共处、互利发展的模式；在维护自然资源的同时开发并合理利用自然资源来进行经济发展，建设美好可持续发展的生态环境。生态文明要求不断进行技术进步，以及适度的生产与消耗，来同时满足人在物质、精神和生态三方面的需求，在提升整体生活水准的同时，实现人与自然的和谐共处、可持续发展。

（二）生态学基础

对整个地球自然生态系统来说，人类不过是其中微不足道的组成部分，人类社会的发展也不过是它众多发展形态中的一种表现形式，远非全部。想要保证人类文明能够长远发展，就必须以地球生态系统结构和功能的维持为前提，否则，我们引以为傲的文明也不过是个"短命"的文明。

生态文明有着远超现有文明的可持续发展能力，这种可持续发展能力是建立在自然生态独有的不断进化的基础上，这要求人类在认识利用自然的同时维护改造自然，正确认识人自身、人与人、人与自然的关系，控制好人类活动对自然生态的影响。

（三）经济学基础

经济学的一个重要目标是解决稀缺资源有效配置问题。在工业文明时代，人力和资源都是极其重要的资源，那时人们认为自然资源是一种取之不尽、用之不竭的资源，因此肆意攫取。之后生态环境日益恶化、自然资源过度消耗、能源危机爆发，这时候经济学家才逐渐意识到了自然生态资源已经成了最重要且稀缺的资源。于是经济学的相关研究开始将大量精力投向更有效的分配利用生态环境资源的问题，生态环境的定价、产权、生产、保护、经济循环等问题，为如今的生态文明奠定了重要的经济学基础。

三、生态文明思想的历史演变

（一）生态绿化和环境保护理念

1. 毛泽东对生态绿化和环境保护理念的贡献

延安时期，毛泽东同志带头进行植树造林活动，“陕北山头都是光光的，都是些和尚，我们要让他长头发，就要种树。35 万家定一个计划，究竟要种多少呢？假设，如果每家只种 100 棵，那么 35 万家就能种 3500 万棵，不是马上都是头发了，但有了那么几根，不像和尚了，还了俗。十年八年内使历史遗留给我们的秃山都种上树”。

在新中国成立以后，毛泽东更是多次发出有关于绿化祖国、壮丽河山的号召。他曾在 1955 年 10 月的报道《农业合作化的全面规划和加强领导问题》中明确说：“我看特别是北方的荒山应当绿化，也完全可以绿化。北方的同志有这个勇气没有？南方的许多地方也还要绿化。南北各地在多少年以内，我们能够看到绿化就好。这件事情对农业，对工业，对各方面都有利。”同年 12 月，他还强调过：“要在十二年内，基本消灭荒地、荒山，在一切宅旁、村旁、水旁、路旁甚至荒地和荒山之上，一切有可能的地方，按规格种树，实行绿化。”1956 年 3 月，毛泽东更是再次发出了全国人民共同绿化祖国的号召。

2. 相关理念的实践

对于绿化问题，毛泽东不单单思考了时间上的问题，他认为绿化不会只是一代两代人的事情，这是要花两百年的事情，是马克思主义的一部分[16]，还有空间上的想法。1958 年 4 月 8 日，毛泽东在中央政治局会议上指出：“所谓真的绿化，就是要能在飞机上向下看，看见一片绿。种下去又未活，那能叫绿化？就是活了但未有一片绿，也不能叫绿化。”1958 年，毛泽东提出有关园林化耕作发展的“三三制”设想：“什么是所谓‘园林化’呢？实行耕作‘三三制’，即将现有全部用在种植农业作物的十八亿亩的耕地，取三分之一，也就是六亿亩左右来种农业作物，再取三分之一用来休闲，种牧草或肥田草和各种美丽的千差万别的观赏性的植物，剩余的三分之一则用于种树造林。”同年 8 月，他在中央政治局扩大会议上指出：“要使我们祖国的大好河山全部都绿化起来，要达到园林化，让到处都美丽，自然面貌要改变过来。”“农村、城市统统要园林化，好像一个个花园一样。”“各种树木搭配要合适，到处像公园，做到这样，就达到共产主义的要求。”

与此同时，毛泽东还非常重视环境保护的问题。新中国成立之初，为了经济的快速发展，忽视了自然，环境污染问题爆发式出现。1972 年，我国政府派出 30 人代表团代表中国参与了联合国举行的环境会议。中国代表团在提交的相关文件中诚恳正视了中国存在的环境问题，并且组织派遣了城市建设小组去国外进行实地考察。1973 年，我国召开了第一次全国环境保护会议。这次会议主要是认清目前我国环境污染的严重程度，并做出了针对环境污染问题“现在就抓，为时不晚”的重要结论。这次会议通过了《关于保护和改善环境的若干规定（试行）》，同时在会议上还提出了环境保护 32 字方针：“全面规划、合理布局，综合利用、化害为利，依靠群众、大家动手，保护环境、造福人民。”此后《工业“三废”排放试行标准》（1973 年）、《中华人民共和国防止沿海水域污染暂行规定》（1974 年）等相继出台。国家日益重视生态问题，环境保护正式提上日程。

新中国成立初期提出的生态绿化和环境保护理念对后来的生态文明建设探索有着卓越贡献，但理念的实践并非一帆风顺，在“不怕做不到就怕想不到”“人定胜天”“敢叫日月换新天”“向自然开战”等观念的指导下，我国的生态环境也曾经受到破坏，环境保护工作在很大程度上遭遇了挫折与磨砺[17]。

（二）生态协调理念

1. 生态协调理念提出的社会背景

改革开放以后，我国逐渐走上以经济建设为中心的发展道路，尤其是在实行市场经济后为追求利益的最大化，忽视了生态环境的重要性，事实上是陷入了数字 GDP 以及片面发展的阶段。这种片面发展带来的严重危害及其对危害的反思，也进一步深化了人们对生态与经济、社会等领域相互作用的认知，促使经济的发展要与人口、生态环境、资源相协调的思想和战略逐渐上升为社会的共识。

2. 邓小平同志对生态协调理念的贡献

邓小平同志非常明白保护环境的重要意义。他在 20 世纪 90 年代制定的国家发展规划中就明确指出："制定出新的五年计划和十年规划，我完全赞成……核电站我们还是要发展，油气田开发、铁路公路建设、自然环境保护等，都是很重要的。"1982 年他会见美国驻华大使时同样指出："我们要坚持植树造林，坚持它个二十年，五十年。单这个事情耽误了，今年才算是认真的开始。特别是在我国西北地区，有几十万平方公里连草都不长、水土流失严重的黄土高原，黄河所以被叫'黄'河，都是水土流失造成的。我们计划在那个地方先种些草后再种树，把黄土高原变成草原与牧区，给人们带来好处，人们就会富裕起来，生态环境自然也会发生好的变化。"尤其在改革开放之后经济的发展给生态环境带来了严重的破坏，为了改善环境问题，逐渐形成了生态协调以及可持续发展的重要理念和战略。我国在 20 世纪 90 年代编制的《中国 21 世纪议程》中确定了一条可持续发展道路，决定坚持走经济发展与人口增长、生态环境相协调的可持续发展的道路[18]。经济发展过程中，注重质量和效益，注重对结构的优化，坚持生态环境良性循环，这样的发展才会是健康的、可持续的[19]。

（三）生态文明建设理念

1. 生态文明建设理念提出

党的十七大报告中，生态文明思想得到了极大的发展。其一是首次用了生态文明这一概念，"建设生态文明，形成节约能源资源和保护环境的消费模式、产业结构、增长方式。循环经济形成了较大规模，可再生能源的比重显著提高。主要污染物的排放得到了有效控制，生态环境的质量明显改善。生态文明观念将在全社会得到树立"。其二是把生态文明建设提到了一个至关重要的地位，"坚持保护环境和节约资源的基本国策，关系到人民群众的切身利益与中华民族生存和发展。必须将建设资源节约型、环境友好型社会放到工业化、现代化发展战略突出位置，落实到每个单位和每个家庭"。其三是明确了生态文明建设的具体战略思路，强调了要从体制、制度入手，完善相关的法律和政策。同时还提出一系列更加具体的措施和思路，例如发展环保产业、推广先进的污染治理技术、加强大气土壤的污染治理等。

2. 生态文明建设理念的实践路径

(1)坚持可持续发展战略。把经济的发展和实施可持续发展以及人民生活水平的提高三者协调统一起来——既要金山银山，也要绿水青山。

(2)继续推行节能减排。加大对环保的投入，继续发展环保产业，在开发并推广清洁能源的同时减少排放污染物——拒绝白色污染。

(3)努力发展循环经济。以提高资源产出效率为目标，同时加快资源循环利用产业的发展，并强化资源的再生利用——有限的资源，无限的循环。

(4)持续进行宣传教育。加大力度弘扬人与自然的和谐相处，增强大众生态环境的保护意识。

(5)不断健全机制体制。进一步完善有关节约资源以及生态环境保护的法律和政策，加以规范公众的环保行为[20]。

(四)绿色发展理念和生态文明思想

1. 习近平生态文明思想的重要内容

(1)“美丽中国”。2012 年 11 月 8 日，党的十八大提出：“把生态文明建设放在突出地位，融入经济建设、政治建设、文化建设、社会建设各方面和全过程，努力建设美丽中国，实现中华民族永续发展。”这是美丽中国首次作为执政理念提出，也是中国建设“五位一体”格局形成的重要依据。努力建设美丽中国，是推进生态文明建设的实质和本质特征，也是对中国现代化建设提出的要求。

(2)“绿水青山就是金山银山”。2005 年 8 月，习近平同志在浙江安吉余村首次明确提出了“绿水青山就是金山银山”的理论。我们追求人与自然的和谐，经济与社会的和谐，通俗地讲，就是既要绿水青山，又要金山银山。文中，他还论述了绿水青山与金山银山的辩证关系：“绿水青山可带来金山银山，但金山银山却买不到绿水青山。绿水青山与金山银山既会产生矛盾，又可辩证统一。”

(3)“保护生态环境就是保护生产力，改善生态环境就是发展生产力”。2013 年 4 月，习近平总书记在海南考察时指出，保护生态环境就是保护生产力，改善生态环境就是发展生产力。良好生态环境是最公平的公共产品，是最普惠的民生福祉。我们要摒弃损害甚至破坏生态环境的发展模式，摒弃以牺牲环境换取一时发展的短视做法，让良好生态环境成为全球经济社会可持续发展的支撑。

(4)“山水林田湖是生命共同体”。党的十八大以来，习近平总书记多次提出并强调："山水林田湖是生命共同体。生态是统一的自然系统，是相互依存、紧密联系的有机链条。人的命脉在田，田的命脉在水，水的命脉在山，山的命脉在土，土的命脉在林，这个生命共同体是人类生存发展的物质基础。""对山水林田湖进行统一保护、统一修复是十分必要的"。

(5)"良好生态环境是最公平的公共产品"。2013 年在海南省考察时，习近平总书记指出："良好生态环境是最公平的公共产品，是最普惠的民生福祉。"这句话深刻阐发了民生与生态的关联，生态环境作为一种特殊的公共产品比其他任何公共产品都更重要。

2. 绿色发展成为国家发展的根本指南

党的十八届五中全会提出了"创新、协调、绿色、开放、共享"的发展理念，将绿色发展作为"十三五"乃至更长时期经济社会发展的一个重要理念，成为党关于生态文明建设、社会主义现代化建设规律性认识的最新成果。

(1)坚持绿色发展，补齐有关全面小康生态环境方面的短板。习近平总书记在 2014 年 3 月 7 日参加十二届全国人大二次会议贵州代表团审议时指出，"小康全面不全面，生态环境质量是关键"。从"求生存"到"求生态"的转变，从"盼温饱"到"盼环保"的转变，群众对清新空气、绿色食品、干净水质、优美环境等生态方面的需求日渐迫切。没有解决温饱问题的时候，有吃的有穿的有住的还有车开就是美好生活。而今，人们对美好生活又有了新要求，那就是绿色的生产生活方式，这与清新空气、清洁环境、清澈水质等更多的优良生态环境密切相关。

(2)坚持绿色发展，走可持续发展的道路。2013 年 5 月 24 日，习近平总书记在十八届中央政治局第六次集体学习时指出："生态环境保护是功在当代、利在千秋的事业。"我国处在工业化的初中期阶段，工业化进程尚未完成，既与已完成经济转型的后工业化国家不同，也与处在生产要素价格优势工业化初期的国家有别，在面临加快发展、实现工业化以避免落入中等收入国家陷阱的要求的同时，也面临着环境污染、资源短缺、生态退化、人们却追求美好生活的迫切期望、国际竞争这等五个方面挑战。作为一个有十几亿人口的负责任发展中大国，我国不能走发达国家扩张式发展模式，而必须有自己发展理念和方式的根本转变，即走绿色发展之路，否则经济发展将难以持续。

(3)坚持绿色发展，强化绿色化意识。习近平总书记指出："我们必须顺着人民群众对良好生态环境的期待来推动形成绿色低碳循环发展新方式，并从中创造出新的增长点。”人类保护大自然、尊重大自然、顺应大自然，追求绿色发展，人与自然的和谐共赢是生态文明建设的理念，也是建立在社会发展、经济增长和资源环境相协调的基础上的新的人类文明的形态。绿色化是生态文明的标志，推进生态文明建设的过程中需不断强化绿色化意识。生态文明建设，要形成保护生态环境和节约能源资源的消费模式、增长方式、产业结构和循环经济。

3. 绿色发展理念和生态文明思想的实践

坚持绿色发展，必须在人与自然和谐共生、主体功能建设、推动发展低碳循环、全面节约并高效利用资源、治理环境、筑牢生态安全屏障这六个方面加大工作力度。

(1)人与自然和谐共生。人与自然和谐共生就是在发展过程中不能摧残人自身的生存环境，我们需要摒弃“人类中心主义”这种忽视自然的发展观[21]，人类必须遵循自然规律来改造和利用自然。要合理利用自然，优化空间结构和生态空间保护红线，构建科学合理的农业发展格局、城市化格局、自然岸线格局、生态安全格局。

(2)加快主体功能区建设。国土是我们赖以生存和发展的家园，也是生态文明建设的空间载体。按主体功能区的定位来优化国土开发格局，以主体功能区为基础统筹各类空间性规划[22]。优化国土空间开发格局是实现生活空间宜居适度、生产空间集约高效、生态空间山清水秀的前提和基础。加快主体功能区建设一是要加快对农业发展格局、城市化格局、生态安全格局科学合理的构建；二要实行分类管理区域政策和不同主体功能区的绩效评价；三要按照海洋与陆地国土空间的统一性，以及海洋系统相对独立性来进行开发，促进海洋与陆地国土空间协调开发。

(3)推动发展低碳循环。低碳发展与循环发展都为了协调人与自然的关系，促进社会经济与生态环境的良性互动，进而实现可持续发展。社会主义生态文明建设，重点要落实到低碳与循环发展，调整产业结构，转变生产方式，实现生产方式的绿色化。推进转变能源利用方式，提高非化石能源比重是低碳经济发展的必由之路。加快发展太阳能、风能、水能、地热能、生物质能，安全高效发展核能。加快能源创新技术，建设安全高效、清洁低碳的现代能源体系。

(4)全面节约并高效利用资源。强化管理约束性指标，实行水资源和能源消耗、建设用地等总量和强度的双控行动。推动节能行动计划，不拘泥于传统节能减排方式，用技术改造，吃干榨净有限的资源；用管理创新，提高资源的使用效率。

(5)加大力度治理环境。以环境质量为核心，实行严格的环境保护制度，形成企业、政府、公众共治的治理体系。预防为主、综合治理，以解决损害群众健康的突出问题为重点，强化大气、水、土壤等的污染防治。

(6)筑牢生态安全屏障。山水林田湖是一个生命共同体理念[23]，它全面提升了森林、草原、湿地、河湖、海洋等自然生态系统的稳定性以及生态服务功能。必须坚持保护优先、自然恢复为主的理念，实施保护生态和工程修复，以保护生物的多样性。在党的十八届三中全会中曾明确提出建立生态红线。生态红线，即国家生态安全的底线，是不能突破的，一旦突破必危及生态安全、人民生产生活和国家发展。

第二节　社会主义生态文明观

一、社会主义生态文明观的历史背景

我国生态环境问题的出现有着十分深刻的历史背景。我国的现代化比先发国家晚了将近两百年，是在先发国家已经基本完成现代化的历史背景下展开的，这决定了我国的现代化、工业化不管时间还是空间上都属于“压缩型”的[24]。新中国成立后，我国用几十年的时间走完了先发国家几百年才走完的发展道路，但在这几十年有限的历史时间中，生态环境问题也逐渐凸现出来。

由于长期形成的世界产业的分工格局、体制机制以及生产力水平的制约，我国粗放的产业结构和发展方式一直没有能有效地转变和调整，造成了当前严峻的生态环境形势，已达到或接近环境承载能力的上限。趋紧的资源约束，严重的环境污染，退化的生态系统，发展、人口与资源环境之间的矛盾，生态文明建设总体上滞后于经济社会发展，已严重制约了经济社会的可持续发展。不仅如此，我国人口基数大，工业化和城镇化尚未完成，第二产业比重相对过高，制造业在全球分工中处于产业链的中低端，传统粗放的发展方式存在着路径依赖，发达国家就应对气候变化等问题立场的倒退等因素，使得我国未

来生态文明建设和生态可持续发展都面临着严峻挑战。此外，中国的工业化现代化也不可能像西方资本主义国家历史上那样掠夺利用全世界资源，再将污染物转移到其他国家，这不只是生态环境容量上的不允许，更是道义上的不允许。

二、社会主义生态文明观

中国作为社会主义国家，不仅是要创造出更为高效的生产、更为民主的政治、更为先进的文化、更为和谐的社会，还要能创造出更加美好的自然环境；不仅要更好地解决代内的利益公平，还要更好地解决代际关系的公平问题；不仅要更好地解决人与人的矛盾，还要更好地解决人与自然的矛盾。

进入20世纪90年代，面对生态环境的恶化以及发展的不可持续性问题，我国相继形成并提出了循环经济、低碳经济、科学发展、两型社会、可持续发展、生态文明等理念。党的十八届五中全会提出实现绿色发展，在发展道路问题上实现了认识的新升华，是对未来的发展理念的最高概括与战略抉择，更是具有现实针对性以及长远指导意义。

三、社会主义生态文明观的价值

（一）促进民众观念的转变

社会主义生态文明观具有综合性的内涵，因此，在转变民众观念的过程中，其对民众具有综合性的影响。例如，可以促进民众转变在生态文明建设大背景下的价值观、世界观等多重观念。就生态文明本身的角度讲，它也有利于民众以更加准确且多元的视角下来认知生态文明和文化，在正确认知的基础上提升自觉遵守并践行生态文明建设的理论和实践的要求，主动承担起有关生态文明建设的责任和义务。从具体落实方面来说，对社会主义生态文明观的认知以及实践，能使我国民众在生活中逐步树立正确完善的环境保护观念，并提供行动上的引导。当这种观念上升到政治的高度后，民众对它本身的重视程度也自然有了相应的提升。

（二）提供理论武装和思想指导

构建人与自然和谐共处，推动社会主义生态文明建设，是新时代坚持并发展中国特色社会主义基本方略之一。社会主义生态文明观是一种精神文化的价值观，体现了我国社会主义制度的一些本质属性，也反映了社会主义上层建筑最基本的性质，是在中国特色社会主义制度以及人民群众根本利益的立场上提出的用于指导生态文明建设的一种科学理论。社会主义生态文明观的广泛实践加深了我们对国家生态文明建设总体布局的认识，从思想理论、社会制度和实践运动的层面，更进一步地拓展到了价值理念的层面，内化为生态政治观、生态价值观、生态世界观和生态伦理道德观，外化则为要从政治和民生利益的高度严格实行生态自律来推动保护生态环境的相关行动。

（三）贡献中国智慧

社会主义生态文明观的全球价值在于社会主义生态文明观为全球的生态共治提供了中国的思想智慧。世界就一个地球，生态问题更是全球性问题、全球性危机。随着开放程度的日益加深，经济全球化已是必然趋势，国与国之间的联系不断加深，在应对生态治理的重大问题上，形成全球生态共识并以此实行全球生态共治是必由之路。我国的国际地位、综合国力和国际影响力进一步提高，同世界的关系正进入一个新阶段，推动并参与全球生态治理将有利于实现我国经济可持续发展，也是国际社会对中国抱有的一份热切期盼[25]。党的十九大将中国社会主义生态文明建设的理念与全球生态治理的共性统一起来，创造性提出了社会主义生态文明观，通过社会主义生态文明理念实行生态治理实践，呼吁各国人民同心协力，建立人类命运共同体，建设普遍安全、持久和平、共同繁荣、清洁美丽、开放包容的世界，并且落实减排承诺。

四、社会主义生态文明观的实践路径

（一）准确把握“两个清醒认识”

将社会主义生态文明观付诸行动时，首先要清醒地认知生态环境保护和治理环境污染的重要性及紧迫性，还要清醒地认识到生态文明建设的重要性及必要性[26]。它要求我们在开展生态文明的建设过程中，找到导致生态失衡和环境污染的主要原因。从根本上说，人与自然关系的失衡，正是其中的主要因素。

因此，在培育民众社会主义生态文明观时，应清醒地认识到这两方面问题，再去解决生态平衡以及环境污染等具体问题。典型环境污染包括了大气污染、水污染及土地污染。此外，化工废弃物排放和生物链循环断裂等也囊括其中。要想解决这些问题，首先要对这些具体问题的类型、引发原因及减退表现有清晰的认识，从而把握开展实践行动的原则，然后用正确的方法，有效的推进开展实践工作。

（二）实现经济发展与环境保护协调统一

开展社会主义生态文明建设时，一方面要认识到生态环境对社会和经济发展的保障性价值，另一方面也要明白生态文明建设与国家、社会发展之间的重要逻辑关系。

习近平同志的相关讲话中多次强调，“既要金山银山，也要绿水青山”，当国家经济和社会发展与维持和保护生态环境产生冲突时，应坚持“宁要绿水青山，不要金山银山”的认知，可知习近平同志把经济发展和生态文明建设这两个相对独立但在实际执行中有一定矛盾冲突的概念放在一起进行分析研究，明确了两者之间的关系，即就本质上来说，保护生态环境也是一种发展生产力的形式，不该用生态环境的代价来取得经济与社会的发展。

（三）推进生态文明体制改革

社会主义生态文明建设，是一项系统的、长期的工作。在开展生态文明建设过程时，需要对具体工作的开展要求、规范、方法进行统一的管理与明确。

十九大报告中提出了“完善生态环境管理制度”“行使国土空间用途管制和生态保护修复职责”“行使全民所有的自然资源与资产的职责”“行使监管城乡各类污染排放和行政执法的职责”等要求，这意味着有关生态文明建设的制度和要求都已经上升到了政治制度建设的高度。体制建设环节中，除思想的引领和制度的指导外，还应包括有针对性的环保信用评价的相关方法和体系，才能针对不同自然环境及资源提出合理规范、具有可操作的评判和衡量标准。通过划分责任区域的方式，保证生态文明制度在发挥制约和规范作用的同时，将责任落实到具体的人，这样才能实现生态文明建设工作的规范化、法制化，切实发挥生态文明建设的目标，最终构建起一个多元的协调的社会环境。

（四）构建生态文明制度体系

构建生态文明制度体系是确保生态文明在物质层面和精神层面协同发展、统筹推进的枢纽和关键。建设生态文明，必须建立系统完整的生态文明制度体系。我国的生态文明制度体系主要包括决策、评价、管理、考核四方面制度[27]。

决策制度。生态文明建设是个系统工程，需要全局通盘考虑，需要全面融入经济、政治、文化建设各方面乃至全过程。针对生态文明建设的重大突出问题，加强顶层设计以及整体部署，统筹各方形成合力，解决跨部门跨地区的重大问题。

评价制度。把环境损害、资源消耗、生态效益纳入经济社会发展评价体系，把经济发展转变方式、生态环境保护、资源节约利用、生态文明制度、生态人居、生态文化等内容作为重点纳入目标体系中，探索并建立有利于绿色低碳循环发展的社会经济核算体系。

管理制度。建设空间规划体系，实施生活、生产、生态空间开发管制，同时落实用途管制。健全水、土地、能源节约使用制度，完善自然资源监管体制。统一监管污染物排放，实施更严格的排放标准以及环境质量标准。着力推动对重点流域水污染和重点区域大气污染的治理，依法依规强化环境影响评价。加快自然资源以及相关产品价格的改革，使生态环境外部成本能内部化。深化绿色信贷、贸易政策，全面实施企业环境行为评级制度。开展环保公益活动，培育并引导环保社会组织健康有序发展。

考核制度。把反映生态文明建设水平和成效的指标纳入各地领导干部的政绩考核评价体系中，并且大幅提高生态环境指标的考核权重。限制或禁止开发区域，则主要考核生态环保相关指标。对领导干部则实行自然资源资产的离任审计，同时建立对生态环境损害责任的终身追究制，对造成生态环境损害的责任人严格实行赔偿制度，并且依法追究刑事责任。

(五)扩大生态合作领域

除了向内延伸和发展，生态文明观的践行还需要向外延伸和发展，即在国际层面上进行有关生态环境维持与治理的沟通合作。

习近平同志指出，要构建人类命运共同体，就应发挥各国人民的力量共同来建设清洁而美丽的世界。通过联合世界各国进行生态文明建设，就需要在合作前期对不同国家正面临的不同的生态环境问题有较为全面清晰的了解。此外还需综合考虑不同国家文化与历史背景的差异，通过沟通协商，选取合适的生态环境建设合作方法。交流合作中不仅要保障我国经济和环境发展的目标，更要在更高的层次上满足国际社会以及全人类发展的要求。只有将社会主义生态文明观上升到宏观层面，才能具有足够的生命力置身于国际社会的竞争中。

第三节 社会主义生态文明建设

一、把生态文明建设放在突出地位

(一)“五位一体”总体布局

1.“五位一体”总体布局的基本内容

形成推动中国社会全面建设、整体发展乃至文明进步的有机系统与总格局，经济建设是基础，它推动物质文明进步以及其他各项事业的快速发展；政治建设是保障，在推动政治文明进步的同时有力地保障了其他各项事业的稳定发展；文化建设是灵魂，不仅推动着精神文明的进步，还以强大的软实力奠定了综合竞争力；社会建设是根本，主要在于推动社会事业的发展和文明进步，从而促进社会和谐；生态文明建设是关键，既是经济、政治、文化、社会建设的前提条件，也是其他各项建设的根本保障与动力源泉，为中国社会整体文明的进步奠定了坚实且不可或缺的自然基础。

2.“五位一体”总体布局的重要意义

确定经济、政治、文化、社会和生态文明建设五位一体的总体布局，开辟了马克思主义社会发展理论中国化的新境界，加深对生态文明建设重要性与紧迫性的认识，加快生态文明建设，同时全面建成小康社会指明了方向。将生态文明建设纳入五位一体的总体布局，表明了中国共产党对中国特色社会主义建设规律深化的认识，是在新时期我党灵活运用马克思主义社会全面建设、整体发展和文明理论指导当代中国来建设全面小康社会的一次重大的理论创新成果。

(二)生态文明建设与经济建设、政治建设、文化建设、社会建设的关系

将生态文明建设纳入“五位一体”的总体布局，是中国共产党直面新时期资源环境问题，正视当前严峻的生态矛盾问题，为切实保障生态安全与人民群众的生态权益，同时努力构建资源节约型、环境友好型社会所采取的一项重大举措[28]。

1. 生态文明建设与经济建设的关系

生态文明建设为经济建设提供了坚实的自然基础与丰富的生态滋养。二者绝非如鱼和熊掌一样不可兼得，而是一种互补又相互促进的关系。

经济建设的成果可以通过生产力显示出来，而生产力则是一个多层次的系统，其中包括了劳动力、科学技术力以及自然力[29]。生产力的源泉是以土地、河流、草原、森林、动植物、微生物、矿物等自然资源为核心的自然力。这是生产力的前提和基础，也是支撑生产力得以发展的物质基础及动力源泉。没有了生态环境资源，将无法进行经济建设；而采用非生态的发展战略，会使经济价值无法实现；破坏生态环境资源，必然让经济建设遭到惨重损失；如果不能可持续地利用生态环境资源，那么经济建设的成果将会夭折或中断。

加强生态文明的建设，相当于为经济建设提供了活水，增强了可持续发展的能力；破坏生态环境，也就是破坏生产力，致使经济建设不能持续发展。长期以来盛行的“先污染、后治理”的观点其实是错误的[30]，许多的污染往往不可再修复，即使能够治理的也需要更多的投入，导致发展的成果被一笔勾销。

2. 生态文明建设与政治建设的关系

丹尼尔·科尔曼曾指出：“在思考环境问题的过程中，我们发现，那些损害地球的系统与政策(如石油经济)往往牵扯到一系列其他的经济、政治和社会问题……我们作为公民的政治生活与我们所仰赖的自然生态紧紧地交织在一起。”[31]因此他认为，集权与民主的削弱是通过两方面酝酿环境危机：一方面，不断追求权力会践踏人文需求与生态意识；另一方面，它会使民众保护甚至复原环境的仁义之举失去用处。在政治、经济、文化三者与自然生态关联度日益紧密的情况下，与人类生活实践有着功能与满足关系的生物圈，必然向政治的领域延伸，成为又一个重要的政治圈，政治生态化与生态政治化格局已然形成。

生态的危机虽是发轫于生态领域，却直接波及政治领域，对国内政治与国际政治都产生了巨大的影响。加强生态文明建设，保障生态安全，将有利于政治的稳定发展，加快社会主义民主和法治的进程。生态文明的建设为政治稳定与发展提供了生态基础，为政治建设提供着生态滋养。二者紧密联系，具有互馈性。在生态文明建设丰富政治建设内容的同时，政治建设也推动生态文明建设。

3. 生态文明建设与文化建设的关系

生态文明建设给文化建设增添新的内容，生态文化是属于生态文明建设和文化建设二者共有的重要内容。文化建设其本质是人的建设，是人们为了全方位地提高自我素质，实现自由而全面的发展。生态文明建设则能够有效地唤起人们的生态意识，增加人们的生态伦理责任，帮助人们树立起生态正义感，从而推动人们从经济人、社会人进一步成为生态理性文明人，通过协调人与自然的关系来解决日益严重的生态环境危机，使得生态环境始终朝着有益于人类工作、生活以及健康的方向发展。

生态文明还能把协调人与人的伦理道德规范推到协调人与自然的关系上，这体现了人的社会伦理与生态环境伦理是有机结合的。这种有机结合型伦理观，有助于把人的两方面关系，即人与自然和人与人的关系联系到一起，将人类道德规范和伦理准则都指向所处的一切关系，使得在建立良好的自然关系的同时，也建立良好的人际关系与社会关系，并在此基础上促进社会的发展。

此外，生态文明还可以引起人们在交往、生活、消费等一系列领域发生一些革命性的变革，这有助于人们形成健康、文明、科学的交往、生活和消费方式，并形成生态文化软实力。

4. 生态文明建设与社会建设的关系

社会建设的目的是改善民生，所以更加需要通过生态文明建设予以推进发展。民生问题与生态问题息息相关，民生问题从根本上讲是人民群众的权益问题，而这可以简单地理解为经济权益问题，或用金钱就能解决的问题。人民群众的权益是一个整体权益，它包括了政治权益、经济权益、文化权益、社会权益以及生态权益。其中，生态权益是其他四项权益的基础与前提，也是最重要的一项权益。空气、阳光、水分、食品都是人们每天不可或缺的物质，且会直接影响人民群众的生存与发展。可见生态文明建设是改善民生和促进社会和谐的重要条件。无论是为了发展社会事业与优化社会结构，还是为了完善社会服务功能以及促进社会组织发展，都离不开生态文明建设。只有精心协调人与自然和谐发展，实现资源永续利用、人口适度增长与维护生态环境的有机统一，才能在提高人民群众生活质量与健康素质的同时，保护好中华民族世代赖以生存的美好家园，为构建和谐社会、全面建成小康社会提供坚实的基础条件。

二、建设生态文明是中华民族永续发展的千年大计

在党的十九大报告中，习近平总书记指出："建设生态文明是中华民族永续发展的千年大计，功在当代，利在千秋。"这个论述揭示了

生态文明建设的重大意义，也充分体现了以习近平同志为核心的党中央对生态文明建设的重视程度。

（一）建设生态文明，坚持践行尊重自然、顺应自然、保护自然

古今中外，生态环境的变化都直接影响着一个文明的兴衰演替。因此，生态文明建设必须被置于社会主义现代化建设的突出位置，践行资源节约和环境保护的基本国策，坚持节约与保护优先、自然恢复为主的行动方针，构建起人与自然和谐发展的社会主义现代化建设新格局。

（二）建设生态文明，深刻理解绿水青山就是金山银山的发展理念

无数的实践证明，保护生态环境就是在保护和发展生产力，以对待生命的态度对待生态环境，才能将生态环境优势转化为经济社会发展优势，绿水青山才会源源不断地带来金山银山。树立和贯彻新发展理念，必须要协调好发展与保护的关系，推动绿色发展方式和生活方式的形成，坚定走生产发展、生态良好、生活富裕的文明发展道路，实现经济社会发展与生态环境保护的协同共进。

（三）建设生态文明，实现“良好生态环境是最普惠的民生福祉”

党的十九大报告中提出了“既要创造更多物质财富和精神财富以满足人民日益增长的美好生活需要，也要提供更多优质生态产品以满足人民日益增长的优美生态环境需要”。随着我国生产力水平的明显提高，人民生活显著改善，人民群众期盼能享有清洁美丽的环境。要将我国建成一个富强民主文明和谐美丽的社会主义强国，就必须坚持以人为中心的发展思想，提高优质生态产品的供给，把建设美丽中国和实现中国梦紧密地结合起来，才能满足人民群众对良好生态环境的期待，提升人民群众的获得感与幸福感。

（四）建设生态文明，与世界各国携手共建清洁美丽世界

党的十九大报告指出：“要坚持推动构建人类命运共同体，构筑尊崇自然、绿色发展的生态体系，建设清洁美丽的世界。”这展现了中国共产党人强烈而明确的生态责任意识。世界正处在大发展大变革大调整的阶段，面临的不稳定性不确定性尤其突出，气候变化等非传统的安全威胁持续蔓延和加剧。在这种国际环境中，必须坚持环境友好发展，与世界各国联手应对气候变化，共同保护人类赖以生存的美好地球家园。

参考文献

[1]杜韵凡．数字时代下出版生态系统的转变初探[J]．中国传媒科技，2014，(12)：87-88.

[2]梅棹忠夫．文明的生态史观：梅棹忠夫文集[M]．上海：三联书店上海分店，1988.

[3]金碧华，范中健．前苏联时期生态环境建设及其对我国的借鉴意义[J]．理论月刊，2013，(5)：184-188.

[4]程言君．建设生态文明：历史新起点上的重大战略思想和战略抉择——基于文明形态视角的解析[J]．淮海论坛，2008，(2)：4-8.

[5]刘思华．生态文明与可持续发展问题的再探讨[J]．东南学术，2002，(6)：60-66.

[6]杜建红．生态与民主问题调研——读 Roy Morrison 的《Ecological Democracy》[J]．文学界(理论版)，2010，(4)：255.

[7]陈洪波，潘家华．我国生态文明建设的理论与实践[J]．决策与信息，2013，(10)：8-10.

[8][美]罗伊．莫里森．生态文明建设中的可再生能源与生态消费构想[J]．刘仁胜，何霜梅，译．鄱阳湖学刊，2013，(3)：16-23.

[9]李成芳，罗天强．生态文明的实质及建设中的几个关系分析[J]．湖北第二师范学院学报，2012，29(12)：45-48.

[10]李祖扬，邢子政．从原始文明到生态文明——关于人与自然关系的回顾和反思[J]．南开学报，1999，(3)：36-43.

[11]姜晓玲．现代科技发展背景下的生态文明建设[D]．武汉：武汉理工大学，2009.

[12]黄浩涛．坚持绿色发展促进人与自然和谐．[EB/OL](2015-12-17)[2020-7-22]http：//theory. people. com. cn/n1/2015/1217/c49154-27941373. html.

[13]宫克．世界八大公害事件与绿色 GDP[J]．沈阳大学学报(自然科学版)，2005，(4)：3-6.

[14]曲真儒．秉承绿色发展理念提升经济发展质量[C]//第十六届中国质量高层论坛．中国质量检验协会；中国质检总局，2009.

[15]魏婕．生态文明建设视域中的公民道德问题研究[D]．郑州：郑州大学，2014.

[16]陈凡，白瑞．论马克思主义绿色发展观的历史演进[J]．学术论坛，2013，36(4)：15-18.

[17]高翔莲，张锦高．毛泽东的人与自然观及其历史启示[J]．武汉大学学报：人文科学版，2009，62(4)：395-400.

[18]中国 21 世纪议程[M]．北京：中国环境科学出版社，1994.

[19]张鉴君．要澄清错误的发展观[J]．内部文稿，1996，(4)：28-29.

[20]殷光胜．切实抓好“着力点”不断提高生态文明水平——学习贯彻十七届五中全会精神[J]．经济研究导刊，2011，(6)：164-167.
[21]曹明德．从人类中心主义到生态中心主义伦理观的转变——兼论道德共同体范围的扩展[J]．中国人民大学学报，2002，(3)：45-50.
[22]袁磊，汤怡．“多规合一”技术整合模式探讨[J]．中国国土资源经济，2015，28(8)：47-51.
[23]刘威尔，宇振荣．山水林田湖生命共同体生态保护和修复[J]．国土资源情报，2016，(10)：37-39.
[24]郭雪征．关于生态环境建设的几点思考[J]．北方经济，2009，(24)：92-93.
[25]卢风，陈杨．全球生态危机[J]．绿色中国，2018，(3)：54-57.
[26]黄承梁．习近平新时代生态文明建设思想的核心价值[EB/OL](2018-2-23)[2020-7-22].http：//theory. people. com. cn/n1/2018/0223/c40531-29830760.html.
[27]张修玉，李远，石海佳，等．试论生态文明制度体系的构建[J]．中国环境管理，2015，7(4)：38-42.
[28]王紫零．生态文明建设的法治构想[C]//2013年全国环境资源法学研讨会(年会).2013.
[29]方精云，柯金虎，唐志尧，等．生物生产力的“4P”概念，估算及其相互关系[J]．植物生态学报，2001，(4)：32-37.
[30]孙韬．“先污染，后治理”现象的成因分析与对策建议[D]．天津：天津大学，2007.
[31]王笑笑．科尔曼的生态政治观[J]．科技信息，2011，(12)：96-96.

第二章　林业与生态文明

林业处于生态文明建设的基础地位和前沿阵地，是横跨大农业和资源环境事业的重要行业，是唯一既能改善生态环境，又能生产可再生资源的特殊产业，与人类的生存发展关系密切，是构建生态安全格局的重要保障。林业是生态文明建设的发动机、转化器和调节器，林业生态文明建设是生态文明建设的重要组成部分，通过生态修复、生态保护、生态惠民等多种路径推动生态文明建设。

第一节　林业概述

一、林业的概念与内涵

（一）林业

林业指从事森林资源的培育、保护与利用，充分发挥森林的多种功能与效用，通过科学、持续性地经营森林资源，实现保护生态环境，保持生态平衡，促进人口、经济、社会、环境和资源协调发展的基础性产业和社会公益事业。

林业的主要经营对象是森林资源。林业的核心内涵就是对森林的合理经营利用和科学管理，其主要任务是科学有效地经营培育、保护管理、合理利用现有的森林资源，有计划地植树造林，扩大森林面积，提高森林覆盖率，增加木材和其他林产品的有序生产，并根据森林的自然特性，充分发挥其在调节气候、保持水土、涵养水源、防风固沙、防治污染、净化空气、保护生物多样性、美化环境、保障农业生产、缓解全球气候变化等多方面的功能与效益。此外，林业的内涵还包括林业文化的内容，即大力倡导生态文明，促进人与自然和谐发展，满足人们的旅游、休闲、保健、审美、心理等精神文化需求。

林业生产经营活动涉及第一、第二和第三产业，具有高度的综合性，在国家经济发展中占有重要的地位，而林业经营的目标是保护生态环境，保持生态平衡，促进人口、经济、社会、环境和资源的协调健康发展。

(二)森林

林业的主体是森林。森林是一种典型的生态系统，是依托一定的土地和环境，以乔木为主体，包括灌木、草本植物、林下枯落物、土壤和林间其他生物，占有相当大的空间，密集生长，并能够显著影响周围环境的生物群落。

森林不是单独树木的总和，行道树、庭园树等不是森林。在单位面积的土地上，有一定的树木，且彼此形成一个整体，它一方面受环境条件的影响，另一方面有能使周围环境发生诸如遮阴、防风、调节温度湿度等显著变化，同时彼此间也相互影响，这些树木和林地的统一体才能称为森林。

1. 森林中植物的层次结构

(1)乔木层。乔木指树身高大的树木，由根部发生独立的直立主干，树干和树冠有明显区分，通常高达6米至数十米。按照高度分为伟乔(31米以上)、大乔(21~30米)、中乔(11~20米)和小乔(6~10米)等四级。

乔木层是森林的主体，处于森林的最上层，决定着森林的外貌和内部基本特征，对森林的经济价值和环境调节起着最主要的作用。

(2)灌木层。灌木指没有明显的主干，从近地面的地方就开始丛生枝干，呈丛生状态、比较矮小的树木，木本植物，一般高度不会超过6米。如果越冬时地面部分枯死，但根部仍然存活，第二年继续萌生新枝，则称为“半灌木”。

灌木层在乔木层之下，是所有灌木型木本植物的统称，也称为下木层。下木能抑制杂草，促进主林生长并改变其干形，为幼树遮阴，减少地表径流和蒸发，提高土壤肥力，增强森林的防护效能，具有一定的经济价值。

(3)草本植物层。草本植物指茎内木质部不发达，含木质化细胞少，茎干柔软、支持力弱，植株较小的植物的统称。草本植物寿命较短，茎的地上部分在非生长季多数枯死或整株植物体死亡。根据生活史的长短，分为一年生草本、二年生草本和多年生草本。

草本植物层包括所有草本植物和达不到下木层高度的小灌木和半

灌木。

(4)活地被植物层。活地被植物层是森林最底层的植物成分，是覆盖在林地上的低矮草本植物(达不到草本层高度的草本植物)、地衣、苔藓的总称。

(5)层间植物。层间植物指森林中生长的藤本植物、寄生植物、附生植物等，它们有时处在乔木层，有时处在灌木层，在森林中位置很不稳定。

2. 森林中的野生动物和微生物

(1)森林野生动物。野生动物包括脊椎动物(身体背侧有一条由许多脊椎骨组成脊柱的动物)和无脊椎动物(体内没有脊柱的动物)。

(2)森林微生物。森林中存在着大量的微生物种群，特别在土壤中。土壤是微生物生存的良好环境，森林土壤中有着大量的微生物，包括细菌、真菌、放线菌、藻类和原生动物。

3. 我国森林的分布

我国地域辽阔，山峦起伏，地势变化显著，地质地貌复杂，自然条件多样化，从而使得我国森林类型多种多样，且分布不均匀，主要集中在东半部和西南地区的山地和丘陵地区。按照《中国植被》划分标准，我国森林植被划分为8个区。

(1)寒温带针叶林区域。主要位于东北地区的大兴安岭北部山地丘陵区域，是我国最寒冷的地区，也是我国最北的林区。

(2)温带针叶阔叶混交林区域。主要位于东北东部山地，华北山地，山东、辽东丘陵山地，黄土高原东南部，华北平原和关中平原等地区。

(3)暖温带落叶阔叶林区域。与温带针叶阔叶混交林接壤，南以秦岭、淮河为界，东为辽东、胶东半岛，中为华北、淮北平原。

(4)亚热带常绿阔叶林区域。主要位于淮河、秦岭到南岭之间的广大亚热带地区，向西直到青藏高原边缘的山地。

(5)热带雨林、季雨林区域。我国最南端的林区，主要位于包括北回归线以南的云南、广东、广西、台湾的南部和西藏东南缘山地和南海诸岛。

(6)温带草原区域。主要位于东北平原、内蒙古高原、黄土高原的一部分和阿尔泰山山区等。

(7)温带荒漠区域。主要分布在年降水量不足200毫米的地区，很多地区不到100毫米，甚至不足20毫米，属于温带干旱气候和极端干旱气候。

(8)青藏高原高寒植物区域。主要位于青海和西藏东南局部、西北部大部、四川西部、云南西北部等地区。

二、中国林业的现状与发展趋势

(一)中国林业的现状

根据《2015全球森林资源评估报告》分析，我国森林面积占世界森林面积的5.51%，居俄罗斯、巴西、加拿大、美国之后，列第5位；森林蓄积量占世界森林蓄积量的3.34%，居巴西、俄罗斯、美国、刚果民主共和国、加拿大之后，列第6位；人工林面积继续位居世界首位。我国人均森林面积0.16公顷，不足世界人均森林面积的1/3；人均森林蓄积量12.35立方米，仅约为世界人均森林蓄积量的1/6。我国森林资源总量位居世界前列，但人均占有量少。

我国从20世纪70年代起，以5年为间隔期，前后共开展了九次全国森林资源清查。历时近半个世纪的连续九次清查，以权威的数据，真实准确、清晰生动地反映了新中国成立特别是改革开放以来，森林资源保护发展所取得的巨大成就。我国森林面积和森林蓄积量保持了连续30年的“双增长”，成为全球森林资源增长最多的国家。特别是党的十八大以来确立了“五位一体”总体布局和绿色发展等新理念，山水林田湖草统筹治理，天然林商业性采伐全面停止，一大批重大生态保护和修复工程的实施，日趋严紧的森林资源监管，更是以前所未有的力度，将现代林业建设和森林资源保护发展推入了伟大新时代，天蓝地绿水清的美丽画卷正在中国大地徐徐铺开。

第八次和第九次两次清查间隔期内，森林资源变化呈现如下主要特点：①森林面积稳步增长，森林蓄积量快速增加。全国森林面积净增1266.14万公顷，森林覆盖率提高1.33%，继续保持增长态势。全国森林蓄积量净增22.79亿立方米，呈现快速增长势头。②森林结构有所改善，森林质量不断提高。全国乔木林中，混交林面积比率提高2.93%，珍贵树种面积增加32.28%，中幼龄林低密度林分比率下降6.41%。全国乔木林每公顷蓄积量增加5.04立方米，达到94.83立方米；每公顷年均生长量增加0.50立方米，达到4.73立方米。③林木采伐量下降，林木蓄积量长消盈余持续扩大。全国林木年均采伐消耗量3.85亿立方米，减少650万立方米。林木蓄积量年均净生长量

7.76亿立方米，增加1.32亿立方米。长消盈余3.91亿立方米，盈余增加54.90%。④商品林供给能力提升，公益林生态功能增强。全国用材林可采资源蓄积量净增2.23亿立方米，珍贵用材树种面积净增15.97万公顷。全国公益林总生物量净增8.03亿吨，总碳储量净增3.25亿吨，年涵养水源量净增351.93亿立方米，年固土量净增4.08亿吨，年保肥量净增0.23亿吨，年滞尘量净增2.30亿吨。⑤天然林持续恢复，人工林稳步发展。全国天然林面积净增593.02万公顷，蓄积量净增13.75亿立方米；人工林面积净增673.12万公顷，蓄积量净增9.04亿立方米。

1. 森林资源状况

据第九次全国森林资源清查资料，全国森林面积22044.62万公顷，森林覆盖率22.96%；活立木蓄积量190.07亿立方米，森林蓄积量175.60亿立方米；森林植被总生物量188.02亿吨，总碳储量91.86亿吨；天然林面积14041.52万公顷，天然林蓄积量141.08亿立方米；人工林面积8003.10万公顷，人工林蓄积量34.52亿立方米。各省、自治区、直辖市森林覆盖率超过60%的有福建、江西、台湾、广西4省份，50%~60%的有浙江、海南、云南、广东4省，30%~50%的有湖南等11个省份。

2. 森林生态状况

据第九次全国森林资源清查资料，针叶林植被型组面积4570.06万公顷、占32.95%，阔叶林植被型组面积8096.50万公顷、占58.38%，灌丛植被型组面积1201.21万公顷、占8.67%。栽培森林植被只涉及木本类型，包括针叶林型、针阔混交林型、阔叶林型、灌木林型和其他木本类型5个植被型。栽培森林植被木本类型中，阔叶林型与针叶林型面积较大，其中阔叶林型面积2645.02万公顷、占33.25%，针叶林型面积2611.49万公顷、占32.83%。

森林资源清查记载乔木树种1400多种，总量达1892.43亿株，蓄积量170.59万立方米。全国森林植被总生物量183.64亿吨，全国森林植被总碳储量89.80亿吨，全国森林生物量166.11亿吨，全国森林年涵养水源量6289.50亿立方米，年固土量87.48亿吨，年保肥量4.62亿吨，年吸收大气污染物量0.40亿吨，年滞尘量61.58亿吨，年固碳量4.34亿吨，年释氧量10.29亿吨。

3. 森林资源分布情况

受自然地理条件、人为活动、经济发展和自然灾害等因素的影响，我国森林资源分布不均衡。东北的大兴安岭、小兴安岭、长白山，西南的四川西部和南部、云南大部、西藏东南，南方低山丘陵区，以及西北的秦岭、天山、阿尔泰山、祁连山，青海东南部等区域森林资源分布相对集中；而地域辽阔的西北地区、内蒙古中西部、西藏大部，以及人口稠密、经济发达的华北、中原及长江、黄河下游地区，森林资源分布相对较少。

我国区域发展格局划分为东部地区、中部地区、西部大开发地区（简称“西部地区”）和东北地区。东部地区包括北京、天津、河北、山东、江苏、上海、浙江、福建、广东、海南10个省份，中部地区包括山西、安徽、河南、江西、湖北、湖南6个省，西部地区包括重庆、四川、贵州、云南、广西、西藏、青海、新疆、陕西、甘肃、宁夏、内蒙古12个省份，东北地区包括黑龙江、吉林、辽宁3个省份。四个地区的森林资源分布情况差别明显。

东部地区土地面积约占国土面积的1/10，森林面积3576.59万公顷，森林覆盖率39.28%，活立木蓄积量220362.92万立方米，森林蓄积量196438.71万立方米。中部地区土地面积约占国土面积的1/10，森林面积3929.99万公顷，森林覆盖率38.29%，活立木蓄积量210773.37万立方米，森林蓄积量183718.51万立方米。西部地区土地面积约占国土面积的7/10，森林面积13291.57万公顷，森林覆盖率19.40%，活立木蓄积量1083117.12万立方米，森林蓄积量1009913.33万立方米。东北地区土地面积约占国土面积的1/10，森林面积3347.16万公顷，森林覆盖率42.39%，活立木蓄积量336256.39万立方米，森林蓄积量315749.04万立方米。

4. 江苏省森林资源状况

据第九次全国森林资源清查资料，江苏省森林面积155.99万公顷，森林覆盖率15.20%，活立木蓄积量9609.62万立方米，森林蓄积量7044.48万立方米，每公顷蓄积量55.57立方米。森林植被总生物量10405.75万吨，总碳储量5008.69万吨。按林木所有权分，森林资源以个人所有的为主，面积112.22万公顷、占71.94%，蓄积量5167.82万立方米、占73.36%。按林种分，以用材林较多，面积83.36万公顷、占53.44%，蓄积量4684.43万立方米、占66.50%。按森林起源分，以人工林为主，人工林面积150.83万公顷、占96.69%，蓄积量6814.82万立方米、占96.74%。在全省的乔木林中，中幼林面积90.33万公顷、占71.26%，蓄积量3404.62万立方米、占48.33%。江苏省优势树种(组)主要为杨树林、樟木林和榆树林。杨树林面积53.90万公顷、占乔木林面积的42.52%，蓄积量4484.98万立方米、占乔木林蓄积量的63.67%；樟木林面积7.57万公顷、占5.97%，蓄积量425.29万立方米、占6.04%；榆树林面积4.10万公顷、占3.23%，蓄积量56.80万立方米、占0.81%。

在江苏，一般用林木覆盖率代替森林覆盖率，截止到2018年年底，江苏省林木覆盖率达到23.20%。

受益于全国生态文明建设的开展和森林资源的保护，我国的森林资源得到良好发展，但不可否认，我们仍然是一个缺林少绿的国家，森林生态系统功能仍然脆弱，森林资源总量相对不足、质量不高。中国森林覆盖率22.96%，低于全球30.7%的平均水平；人均森林面积0.16公顷，尚不到世界人均森林面积0.55公顷的1/3；人均森林蓄积量12.35立方米，仅为世界人均森林蓄积量75.65立方米的1/6；森林每公顷蓄积量94.83立方米，只有世界平均水平130.7立方米的72%。陕西、甘肃、青海、宁夏、新疆等西北5省份的土地面积占国土面积的32%，森林覆盖率仅为8.73%，森林资源十分稀少。

(二)中国林业的发展趋势

林业是经济社会可持续发展与生态环境资源可持续利用的桥梁，这是由林业本身的自然性、可再生性、低能耗性和环境友好性决定的。当前我国林业发展的根本任务就是以增强可持续发展能力，改善生态环境，提高资源利用效率，促进人与自然的和谐发展，推进整个社会的可持续发展。

1. 森林资源将稳步上升

随着六大林业重点工程的深入实施和宜林荒山荒地绿化的推进，国家计划再用50年时间，全面完成各项林业生态工程和用材林、经济林、薪炭林等商品林基地建设。力争在2035年使森林覆盖率达到26%，到21世纪中叶达到世界平均水平，且森林资源布局合理，少林地区森林面积和蓄积量逐步提高，基本实现林业现代化。

2. 生态环境建设中林业的主体作用得到进一步强化

体现生态优先的理念，以林业生态建设为中心，实现可持续发展的全新林业发展。深入开展对退化生态系统的恢复与重建工作，重点治理目前生态环境最脆弱的长江黄河两大流域、荒漠化严重地区、天然林重点保护的国有林区。同时，加强生物多样性保护，通过建设不同类型的自然保护区保护野生动植物资源。

3. 人工商品林的重要性日益突出

我国木材的年消耗量约 2.26×10^8 立方米，随着天然林资源保护工程的实施，木材生产将越来越依赖于人工林。未来我国人工林将呈现三大动向：生产基地向热带、亚热带移动；集约化经营程度提高，无性系和施肥技术大量应用；林、工、贸一体化的发展方向。

4. 森林多目标经营的理念进一步确立

汲取以往将林业生态建设和产业发展割裂、对立的经验教训，充分认识发挥森林的经济、生态和社会效益的重要性，以生态建设为重点，加强林业产业发展，多渠道解决社会用材和群众生产、生活问题，切实保护森林资源，实现生态建设的目标。

5. 林业对社会发展的贡献将日益增强

建立以林果业为主的区域支柱产业，促进山区、沙区的经济发展和社会稳定；通过防护农田增产、生产木本粮食和木本饲料，为解决全国粮食问题服务；保护森林传统和文化遗产，促进民族团结；发展城市林业，提高城市整体绿化水平；建立合理的融资机制，促进林业基础设施建设和国际林业合作等。

6. 科技在林业中的地位和作用不断强化

通过先进林业科技成果的推广与应用，使得森林经营管理科学化、智能化，并应用木质和非木质材料研制新型材料，而栽培技术、监测技术、遥感技术、互联网+、智能技术等应用也大大提高了科技在林业中的重要作用。

三、世界林业的现状与发展趋势

根据分布区域和气候条件，全球的森林可分为温带森林、北方森林、干旱区森林、亚热带森林、热带森林等。温带森林是温带湿润地区的地带性植被，主要为落叶阔叶林。北方森林是寒温带针叶林和针阔混交林的合称。干旱区森林仅分布在水分较多的高山地带或河流两岸。亚热带森林位于亚热带的沿海和近海地区，植被多为常绿阔叶林。热带森林多为热带雨林，作为陆地上物种最丰富和结构最复杂的森林生态系统，热带森林在全球碳循环维持、生物多样性保护以及气候调节等方面都发挥着重要的作用[1]。

（一）世界林业的现状

据联合国粮农组织（FAO）的《全球森林资源评估报告》，2015 年全球森林面积39.99亿公顷，森林覆盖率30.6%，人均面积0.6公顷。天然林面积37.13亿公顷，占全球森林面积的93%。其中，原始林12.77亿公顷，占全部天然林面积的35%；其他天然更新的森林23.37亿公顷，占全部天然林面积的65%。近25年间，人工林(含橡胶林)面积从1.68亿公顷增加到2.90亿公顷，占全球森林面积的7%。世界森林按照用途划分，生产性森林11.87亿公顷，多用途林10.49亿公顷，水土保持林10.15亿公顷，环境服务、文化与精神价值的森林11.63亿公顷，生物多样性保护林5.24亿公顷，自然保护区森林6.51亿公顷。森林蓄积量4310亿立方米，森林单位面积蓄积量为108立方米/公顷，森林碳储量约2500亿吨(含地上、地下)。

森林资源在各个大洲的分布各有不同，其中欧洲10.15亿公顷，南美洲8.42亿公顷，中北美洲7.51亿公顷，非洲6.24亿公顷，亚洲5.93亿公顷，大洋洲1.74亿公顷。前5位森林资源最丰富的国家依次是：俄罗斯、巴西、加拿大、美国和中国，合计占全球森林总面积的54%；森林覆盖率低于10%的国家有64个；另外，马尔维纳斯群岛、卡塔尔、摩纳哥等10个国家和地区几乎完全没有森林。

当前，世界森林的变化呈现以下趋势：

1. 森林面积不断减少，但减速趋缓

世界森林已从人类文明初期的76亿公顷下降到1990年的41.28亿公顷、2015年的39.99亿公顷，年均森林损失率从20世纪90年代的0.18%下降至2015年的0.08%。全球森林年均净减少量从2000年的726.7万公顷，下降到2015年的330.8万公顷。2010—2015年，森林面积减少前5位国家分别是巴西、印度尼西亚、缅甸、坦桑尼亚和尼日利亚；森林面积增长最多的5个国家分别是中国、澳大利亚、智利、美国和菲律宾。其中，中国对抵消全球森林面积净减少的贡献为32%。

2. 森林质量下降日趋严重

农业扩张、采矿、基础设施建设、森林火灾等都能导致森林质量下降，而首要原因是大规模的工业性采伐，这影响着70%以上的濒危森林及其生物多样性，森林生态服务功能大大减弱。此外，由于农业及其他林地转化原因而导致的林地消失面积每年高达1300万公顷。2000—2010年，拉丁美洲约有70%的毁林是因为商业性农业开发，特别是在亚马孙地区。在非洲，大规模的商业性农业开发导致的毁林占比约1/3。此外，放牧、火灾、病虫害等，也都导致森林质量下降。

3. 永久性森林的划定促进了森林保护和可持续经营

为了抑制森林转化为农业用地或其他用途而导致的毁林，各国政府纷纷将国家所有的森林划定为永久性森林，部分私有林在达成意向后也可能划定为永久性森林。高收入国家与低收入国家相比，其永久性森林面积所占比例高。目前，几乎所有拥有永久性森林的国家都制定了促进开展森林可持续经营的法律法规与政策，覆盖了全球约 98% 的永久性森林。

4. 自然保护地建设日益得到重视

2015 年，全球依法设立的森林保护区面积为 6.51 亿公顷，占全球森林面积的 17%，保护区林地面积南美洲最高，占比 34%。热带地区是保护区面积增长最快的地区。除森林保护区以外，被指定用于开展生物多样性保护的森林面积为 5.24 亿公顷，占世界森林的 13%，其中非洲的面积增长速度较快。目前，世界上面积最大的用于生物多样性保护的森林位于美国和巴西，分别占国土面积的 21%和 10%。

5. 森林产权进一步明晰

1990—2010 年，全球森林面积中公有林比例从 64%增加到 74%，私有林比例从 13%增加到 19%，而产权不清或未报告的森林比例从 24%下降至 7%，森林权属呈现逐渐明晰的趋势。公有林比重最高的国家为东帝汶、圣彼埃尔和密克隆岛，所有森林都为公有林。私有林占比较多的是中美洲(46%)、大洋洲(37%)和北美洲(31%)[2]。

(二)世界林业的发展趋势

在全球化时代的今天，国际社会日益认识到林业在人类可持续发展和全球绿色发展中的基础性作用，对森林资源进行可持续利用和生态系统经营，已经成为世界各国的理念共识与实践标准，林业的可持续发展已成为国家文明、社会进步的重要理念[3]。当前，世界林业发展呈现出七大趋势。

1. 林业成为绿色发展的基础

绿色发展是人类共同的价值诉求，人类的文明史就是利用绿色资源来提高人类生活质量的历史。当今世界，各国都在积极追求绿色、智能、可持续的发展。特别是进入 21 世纪以来，绿色经济、循环经济、低碳经济等概念纷纷涌现并付诸实践。随着森林正在从一个部门产业向奠定人类可持续发展基础的定位转变，绿色发展成为实现人类可持续发展的重要手段。

未来，如何投资和培育自然资本，把发展引向以可更新自然资源为基础的发展，将成为人类可持续发展关注的焦点。而森林作为地球上最重要的自然资本，林业将在实现全球绿色发展中承担特殊的历史使命。

2. 全球森林治理成为各国林业发展的共同诉求

当前，森林在促进人类可持续发展中的战略作用已经得到国际社会的广泛认可，森林问题因其全球性的影响而引起全世界的广泛关注。在此背景下，有效应对生态危机的全球森林治理，将成为今后世界林业政策新的关注点。此外，国际社会又提出范围更加宽泛的世界生态系统治理以及全球环境治理的理念，并将森林纳入其中，致力于推进全球森林的保护及可持续经营，力促林业在全球可持续发展中发挥重要作用，提升地球的健康水平和人类的福祉。

目前，国际社会在建立全球环境治理体系方面已取得诸多积极进展，同时对森林价值和作用的认识也日趋深入。森林承担了大量的经济、社会和生态责任，全球的政治、经济、社会发展也日趋集中体现在林业发展中，这是一个推进与适应的过程，特别是随着国际社会对森林问题的共识日益增强，对森林问题做出的政治承诺日渐明晰，建立公平、高效的全球森林治理体系将是今后世界林业发展的焦点问题之一。

3. 气候智能型林业成为应对全球气候变化的有效途径

气候变化是国际社会普遍关心的重大全球性问题。森林由于在应对全球气候变化中的独特作用而日益受到国际社会的广泛关注，特别是随着国际气候变化谈判的深入，应对气候变化的国际行动对林业提出了更高的要求。在此背景下，“气候智能型林业”理念应运而生，它充分认识到森林生态系统服务对于人类适应气候变化的至关重要性，将森林可持续经营作为减缓和适应气候变化的基础，要求在林业政策中纳入减缓气候变化的措施，通过提高森林资源可持续利用效率和林业生产适应能力，寻求最高效和最适宜的减缓气候变化的森林经营方式，实现气候减缓和气候适应协同作用的最大化。同时，气候智能型林业还特别强调利益相关方的积极参与，一方面公平分享那些与适应和减缓气候变化行动相关的效益和成本，同时也共享各利益方丰富的森林资源相关知识，提高森林生态系统应对不断变化的气候模式的能力，促进森林可持续经营与适应和减缓气候变化的双赢。

4. 森林资源弹性管理成为森林可持续经营新的理论基础

弹性是系统承受干扰并仍然保持其基本结构和功能的能力，弹性思维这种新的资源管理思维方式，是基于可持续发展而提出的新理念，现已被许多学者评价为森林可持续经营的理论基础，为人类管理自然资源提供了一种新方式。人们从弹性思维的角度出发来理解森林资源所依存的社会—生态系统，强调人类是社会—生态系统的一份子，人类生存于人与自然紧密联系的社会—生态系统中，人类的行为不得超越系统的弹性，否则会对系统造成无法弥补的损害。另外，森林资源弹性管理还特别指出：过度提高效率与优化结构会损伤系统弹性。例如，种植单一的速生树种，通过严格控制施肥、防治病虫害等措施，实现了木材产量最大化。但这种做法实际上削弱了整个生态系统的弹性，在外界条件变化时系统会表现得极其脆弱，甚至可能导致严重后果，例如单一树种集约化经营会导致病虫害频发、地力衰退、生物多样性下降等诸多问题。因此，森林资源弹性管理尤其要关注生态恢复力。生态恢复力是一片森林、一种植物或动物的种群在逆境环境中生存甚至发展的能力。一些国际组织将生态恢复力作为森林资源弹性管理的重要指标，积极探索如何通过提高森林生态系统的恢复力来增强其适应外界变化的能力，以维持森林生态系统的稳定性。

5. 多元化森林经营成为世界林业发展共识

联合国粮农组织归纳了所有森林政策的共同点，提出了多元化森林经营的理念，并且建议将其纳入国际森林政策。该理念虽然有些抽象，目前也缺乏机制支持，实践起来有些困难，但是已经基本获得了国际社会的认可。多元化森林经营是指随着森林用途的日益多元化，使得森林经营目标也日益多元化，不仅仅包括木材产品生产，还包括饲料生产、野生动植物保护、景观维护、游憩、水源保护等。目前，由于森林所提供的多元化产品的市场限制，降低了多元化森林经营的竞争性。例如，由于非木质林产品市场有限、规模不够而阻碍了其商业化，销售价格往往很低，不仅减少了从业者的利润，也阻碍了森林多元化经营理念的推广。

6. 林业生物经济成为全球生物经济新热点

随着矿产经济的热度减退，生物经济预计将成为全球经济的下一波浪潮。森林作为一种可再生资源，在全球、区域和地区的经济可持续发展中将发挥越来越重要的作用，同时在新兴的生物经济发展中也将发挥关键性的作用。例如，芬兰在林业生物经济发展实践方面走在世界前列。2013 年，芬兰的生物经济产出达到 640 亿欧元，其中一半以上来自林业产品。芬兰的就业与经济部、农林部和环境部联合制定了芬兰首个“生物经济发展战略”，旨在刺激芬兰产业与商业的新一轮发展，目标是将芬兰生物经济产值在2025年时提升至1000亿欧元，并创造10万个新的就业岗位。该战略定义的“生物经济”是指通过可持续的方式利用可再生自然资源，生产和提供以生物技术为基础的产品、能源和服务的经济活动，其中林业生物经济占据了主导地位。

因此，对林业部门来说，林业生物经济蕴藏了重大机会，是林业部门“走出舒适区”，主导与其他部门深度合作的有利时机。国际林联2015—2019年发展战略中就涵盖了生物经济主题，同时它也是国际林联五大核心研究课题之一。今后，林业将在确保森林可持续经营的同时，最大程度地发挥森林可更新资源的作用，确保在全球生物经济发展中占据主导地位。

第二节　林业与人类

一、林业对社会发展的作用

（一）保护生态环境

林业，特别是森林，是陆地生态的主体，在人类文明发展进程中发挥着不可替代的作用，而这主要表现在对环境的生态服务功能上。林业具有保护水土资源的平衡、防风固沙、涵养水源、减少蒸发、固定土壤、净化空气、维持物种平衡和物种多样性等多重作用。此外，林业还能够有效保护地面上的植被，减少地表泥土沙化，防止水土流失，防止自然灾害的发生，为人类和动物创造最基本的生存条件，保留足够的生存空间。

事实上，林业关系人类的生存安全和环境生态保护。党的十八大后，国家启动了新一轮退耕还林、开展大规模国土绿化行动，支持林业建设，进而维护国家生态安全。山水林田湖是一个生命共同体，人的命脉在田，田的命脉在水，水的命脉在山，山的命脉在土，土的命脉在树，由此可知，生态文明建设，环境保护，归根到底是必须做好林业建设。

加快林业建设，大力发展林业生产及其相关产业，充分发挥林业在保护生态环境、维护生态平衡中的作用，保生态、保民生，是今后国家建设中的一项长期和重要的工作。恢复和保护森林资源，进一步加快林业工程的建设和发展，是缓解生态危机、维护自然、保护生态平衡的战略选择。

(二)碳汇作用

当前全球的气候变化，特别是温室效应，对地球、森林和人类产生了严重的威胁，对森林健康和生态系统恢复产生了威胁。而同时，森林又是减缓气候变化的重要因素，可持续森林管理能够增强生态系统和社会系统的弹性，优化森林在吸收和存储二氧化碳方面的作用。

《联合国气候变化框架公约》将“碳汇”定义为：从大气中清除二氧化碳的过程、活动或机制；相反，向大气中排放二氧化碳的过程、活动或机制，就称之为“碳源”。

森林是绿色植物的集合体，绿色植物的叶子通过光合作用，消耗大气中的二氧化碳，转化成碳储存在树体内，从而降低空气中二氧化碳的含量，降低温室效应的影响。森林碳汇就是森林生态系统吸收大气中的二氧化碳并将其固定在植物或土壤中，从而降低其在大气中的含量。

森林作为陆地生态系统的主体，储存了全球约80%的地上碳储量和40%的土壤碳储量，是全球碳循环重要的库与汇[4]。联合国政府间气候变化专门委员会(IPCC)指出，造林、森林可持续管理和减少毁林是林业部门减缓气候变化最具有成本效益的选择[5]。事实上，森林是对二氧化碳进行固定和吸收的最主要生态系统，提高森林面积，可以有效对大气中的二氧化碳进行吸收和固定，实现控制二氧化碳排放量的目的。

目前，世界上已充分认可森林碳汇在应对气候变化中的作用，并越来越重视森林碳汇工作的开展。在我国，森林碳汇主要有3种类型：清洁发展机制碳汇造林项目、中国绿色碳基金支持开展的碳汇造林项目和其他碳汇造林项目[6]。其他碳汇造林项目主要是指由各地政府和外国政府、国内外企业、组织团体等开展的造林活动、森林经营活动等。

(三)促进经济发展

习近平总书记指出“森林是水库、钱库、粮库”。事实上，林业不仅是生态的主体，也是经济社会发展的重要途径。首先，林业能够打造新的经济增长点。近年来，林业经济发展呈现出一番欣欣向荣的新气象，经济总量持续增长，林果、林药、林菌等林业产业经济蓬勃兴起。而生态补偿制度的实施，使得老百姓通过植树造林便能够获得直接的经济收入。其次，农林复合经营工程的实施，林网为农田提供了良好的保护屏障，土地生产力大大提高，农业科技成果的效能得到充分发挥，很好地实现了农田增产和农民增收。再者，加强地方林业建设，为建设美丽中国创造更好的生态条件，能够为当地政府树立良好的形象，通过彰显出林业特色，构筑林业优势，使林业成为当地政府对外宣传和招商引资的闪亮名片，从而间接促进经济发展。

（四）改善民生，消除贫困

习近平总书记强调“环境就是民生，青山就是美丽，蓝天也是幸福”“绿水青山就是金山银山”。事实上，推进林业建设和生态文明建设，能够切实让人民群众感受绿水青山所带来的美感，绿色森林释放的负氧离子促进人们身心健康，为人类提供了天然健康的旅游休闲场所。林业生产中的产出的草药、食用菌、坚果、畜禽产品等无污染的林业食品满足了人民对食品安全的需要。

林业产业链条长、进入门槛低、资金规模小、就业容量大、可持续发展性强，更有利于帮助当地贫困人口脱贫致富。人们可以通过来自森林和林业相关的生产活动来获取收入，包括工资、正规部门的利润和木材收入，从非正规生产活动赚得的收入，如木质燃料和非木质林产品生产等。而来自森林和树木的免费产品可实现消费支出的减少，这些产品包括木质能源、饲料、建筑材料、食物、药用植物和用于家庭消费和自给的其他免费产品。

在我国，大力发展特色林业产业，能够帮助广大农民群众实现发家致富的目标，进而达到精准脱贫的目的[7]。经济林属于森林资源的重要内容，发展经济林就是发展果品、调料、药材等的发展。经济林产业属于生态富民产业，使民生林业与生态林业实现了有效组合。在我国，经济林资源丰富，品种众多，有着十分广泛的应用范围。加强经济林产业的发展，既能对国土资源进行充分利用，又能实现林业增产增收的目标。比如通过对种植无公害、无污染技术标准化的推广，因地制宜地种树，选择培育优良品种，还可根据实际情况进行套种和林下养殖等的同时对农村产业结构进行调整，使农民既增加经济收入又增加就业机会，从而有力地推动当地经济社会的发展，也实现了对国家粮食安全的有效维护。

此外，发展包括林木砍伐、运转存储、加工销售等林产品加工产业，鼓励有条件的农民以创办企业、加入合作社或以员工的身份参与其中，并由此获利，增加收入，脱贫致富。依托自然人文资源优势，发展森林生态旅游，打造富有当地特色的旅游产业，比如开办乡村

(森林)旅游活动、经营农家乐、农耕森林文化体验等旅游产业来促进农民收入增加。

二、人类对林业的影响

人类对森林的影响是指人类活动引起的森林环境质量发生的变化，主要表现在植树造林、森林采伐、森林退化、森林火灾、病虫害发生进而对森林生态系统的改变等方面。目前，人类已经意识到森林对人类的重要性，开始有意识、按计划地改造、使用和保护森林，使森林资源向着为人类造福的目标发展[8]。人类对林业的影响表现正、负两方面。

(一)人类对林业的正面影响

人类在发展进程中，在生产经营中，特别是在林业经营和林业生态工程建设为主的生态环境建设中，充分利用科学理论和实践知识，发挥人类聪明才智，利用森林，保护森林，增加了森林植被，保护了水土资源，保护并改良了土壤，减少了土壤侵蚀，减少了河川输沙量和泥沙淤积，增加了水资源的有效利用量，减少洪涝灾害发生，保护了人民生命财产的安全，改善了农业生产条件，促进了粮食稳产高收。通过人类的各种有益的社会活动，有效地控制了水土流失，使森林的生态系统得到恢复，有林地面积不断增多，森林物种多样性得到保护，获得了显著的生态、经济与社会效益。

(二)人类对林业的负面影响

长期以来，人类对森林的毁林开荒、无节制地开发利用和森林灾害(尤其是火灾)导致森林质量严重下降的现象越来越普遍。由于人类对森林的破坏，森林缓解温室气体的功能大大减弱。人类对森林毫无计划的采伐造成的直接危害是土壤退化，土壤资源质量特别是生产质量的降低。目前，世界上森林土壤退化较严重的现象有土壤侵蚀、地力衰退、土壤荒漠化、土壤盐渍化、泥石流等，由于森林减少，全球沙漠化土地在不断增加。人类对森林的无序开发和无节制地利用，使得森林资源减少，水土流失加剧，而在营林过程中使用的化学肥料、除草剂等化学物质使水质变坏，严重破坏了森林的水环境。人类活动在使森林资源减少的同时，加速了现有物种的灭绝速度，森林生物多样性面临巨大威胁。人类的活动大大提高了森林火灾的发生概率，80%的森林火灾都是人为造成。

第三节　林业生态文明建设

一、林业生态文明的内涵和评价指标

林业生态文明建设指人类遵循自然规律，利用林业改善生态环境而采取的文明活动，是人们对待自然森林、湿地等生态系统所持有的基本态度、理念、认识，并对其实施保护、开发及利用的过程[9]。林业生态文明在当今社会有着举足轻重的地位。林业生态文明评价指标体系主要包括林业生态健康、林业生态经济、林业生态文化和林业生态支撑四个方面。

林业生态健康。广义生态健康是指人类的衣、食、住、行、玩、劳作环境及其赖以生存的生命支持系统的代谢过程和服务功能完好程度的系统指标，是衡量物体品质和环境品质本身及相互之间影响的状态；狭义的生态健康，是指自然和半自然生态系统的健康，即生态系统完整性和健康的整体水平反映。因此，林业生态健康就是关乎林业自然生态系统的健康。而林业生态系统是以林地、森林资源为基础，所以研究林业生态文明要通过林地、湿地、森林等方面的指标来反映林业生态健康问题，也是林业生态文明指标体系的首要方面。

林业生态经济。在保证区域林业生态健康的基础上发展林业产业，根据区域森林资源状况，合理促进满足林业产业发展，并以充足的森林资源为基础优势，鼓励发展林业第三产业，丰富林业生态文明内涵，为林业发展提供经济活力。主要考虑的是林业产业总产值、森林生态功能指数、森林单位面积蓄积量等方面。

林业生态文化。生态文化就是从人统治自然的文化过渡到人与自然和谐的文化，是人类从古到今认识和探索自然界的高级形式体现，通过认识和实践，形成经济学和生态学相结合的生态化理论。该指标主要考虑的是人类的生态行为，考察的是该区域的民众的生态文明认识与素养，从民众居住环境、古树名木保护和义务植树等来评价。

林业生态支撑。林业的发展离不开林业制度、林业管理人才等提供的支持。科学、合理、适用的制度，充足的林业技术和管理人才给林业生态文明提供充足的保障。本项指标主要从森林受灾害情况、林业管理人才队伍和苗木生产供应情况来考察。

二、林业在生态文明建设中的地位[10]

(一)林业生态文明建设是生态文明建设的重要组成部分

生态文明是人类为建设美好生态环境而取得的物质成果、精神成果和制度成果三个层面的总和。其中物质成果主要包括生产生活方式的生态化改造及成果，具体表现为良好的生态环境、充足的生态产品，以及发达的绿色经济、充裕的物质财富等。精神成果主要包括与生态文明要求相适应的理念、道德、意识形态和文化成果，制度成果主要包括有效调控和规范人与自然、人与人关系的法治、标准、制度体系等[11]。

理解林业生态文明建设，必须深刻认识林业与生态文明建设的关系，这种关系并不是简单、线性、静态的，而是一种复杂、综合、动态的关系。将这种关系进行抽丝，构建了林业生态文明建设的“棱锥模型”。该模型由人类文明、生态系统、林业、生态建设四大要素作为顶点，由生态文明的物质性、精神性和制度性三个层面作为重心(垂心、内心)；棱锥的边以及顶点和重心之间的连接代表了这些要素之间的本质关系。其中，“五位一体”总布局是区别于过去人类文明发展、体现中国特色社会主义现代化道路的战略思想；生态系统的自然、和谐、可持续运行是美丽中国全新视镜的真实展现；生态建设将战略思想转化为全新视镜；林业在转化中起到三大作用。这四大要素围绕着生态文明三个层面展开。

具体而言，生态文明强调可持续发展理念，而可持续发展必须遵循生态规律和生态经济规律，因此生态文明建设必须重视和保护作为社会再生产系统物质基础的自然生态系统。“五位一体”总布局通过国土空间规划和生态红线等为生态系统提供了根本保护，从而推动“非生物环境—生态环境—人类社会”三个层次的社会和自然复合的再生产系统达到生态平衡，高度体现了人与自然的和谐以及肯定了“保护生态环境就是保护生产力，改善生态环境就是发展生产力”的判断。

生态系统的高效运行成为生态文明三个层面中绿色生产力的保障；通过自然资源资产产权、用途管制、生态保护红线、国家公园、资源有偿使用、生态补偿、生态环境保护管理为生态建设提供了基本制度保障，通过成立经济体制和生态文明体制改革专项小组为生态建设提供了基本组织保障，反过来生态建设成为生态文明实现的基础，相较于其他诸如节能减排、循环经济、产业结构调整等实现路径，生态建设更为直接且成本更低，同时生态建设也是一项促成生态系统长效运行的公益事业和基础事业；而林业是生态文明建设和保护的主体，承担实现生态文明三个层面的首要任务。就林业和生态系统而言，林是“山水林田湖”生命共同体的核心组成，地球陆生生态系统中有3个系统属于林业，森林生态系统、湿地生态系统、荒漠生态系统及生物多样性，在维护地球生态平衡中起着决定性作用。“棱锥模型”显示，林业作为四大要素之一，与生态文明建设密不可分。因此，林业生态文明建设应该是生态文明建设的重要、必要而且是首要组成部分。

（二）林业是生态文明建设的发动机、转化器和调节器

林业对于生态文明建设和美丽中国的实现具有不可替代的作用，具体可以隐喻为发动机、转化器和调节器。

1. 林业是生态文明建设的“发动机”

林业是农业国民经济基础之基础。“国以民为先，民以食为天”，农业是国民经济基础。党的十八大报告强调要“促进工业化、信息化、城镇化、农业现代化同步发展”，而现代农业是生态农业，是资源节约、环境零损害和可持续发展的绿色产业，要想真正发展现代农业，处理好与生态环境的关系就必须重视生态支撑。一方面，森林是生态系统的支柱和陆地生态系统的主体，人类社会经济的发展包括现代农业的发展必须依赖以森林生态系统为基础的环境而发展，否则就是无源之水、无本之木。

习近平总书记在《关于〈中共中央关于全面深化改革若干重大问题的决定〉的说明》中指出，“山水林田湖是一个生命共同体，人的命脉在田，田的命脉在水，水的命脉在山，山的命脉在土，土的命脉在树”，科学阐明了自然生态系统各个组成部分的相互关系，赋予了林业重要地位。复旦大学张熏华教授在《生产力与经济规律》一书中提出：“农业应是生态农业才有发展前途，森林是生态系统的支柱，没有‘林’，生态系统就会崩溃，就没有农、牧、渔的发展。‘林’，是人类生存问题，‘农’是人们吃饭问题。农业搞不好会饿死一些人，森林砍光了会使整个人类难以生存下去。因此‘林’应放在首位。”[12]

农业大环境建设首先是森林建设，这样可以保证农牧渔业的健康发展，推动大农业发展战略的顺利实施，因此林业也成为最根本的农业基本建设。另一方面，农业稳产、高产离不开林业的发展。建设旱涝保收、稳产高产农田，必须力求在较大程度上改善农业生产的自然条件，林业在抗御自然灾害方面有着其他基本建设所不能代替的巨大作用，能够较低成本地保持水土、改良土壤、防风固沙，成为农田和草原保护等主要承担者。大体上，农业依赖于林业，林业既是农业发展的基础，同时也服务于农业。

2. 林业是生态文明建设的“转化器”

美丽中国全新视镜是生态系统自然、和谐、可持续运行的真实展现，是生态文明建设追求的目的，也是在生态文明建设理论下通过生态建设得到的结果。在美丽中国里，人们拥有和享受着丰富、优质的生态产品，这些产品都离不开生态建设的支撑，更离不开林业的强力支持。

作为生态文明阶段人们生活的必需品和消费品，生态产品简言之是“良好的生态环境”，即包括清新空气、清洁水源、宜人气候、舒适环境等。但从供给来看，生态产品特别是优质生态产品的实际上是稀缺的，而且供给能力实际在减弱。通过生态建设能够从正面提高生态产品的供给，而林业在生态建设中承担重大职责，是最低成本的生态建设方式。但应该意识到，林业的多寡并不是与生态产品的丰裕程度呈正向促进关系，甚至在一定范围内林业的稀缺遏制了生态产品的供给。

如图 2-1 所示，从生态产品和森林数量的关系来看，正常的情况是随着森林数量增加，生态产品数量也增加(图 2-1 中 *OA* 线)，但是实际上，生态产品供给线是断裂的，由 *FD*、*BE* 和 *CA* 三条线构成。生态产品正常供给的前提是森林能够保持自身系统的正常运行。如果森林数量太小，生态产品非常稀缺，供给几乎为零(*OD* 线)，不仅如此，毁林带来的森林数量减小往往会引起水土流失，防风固沙、调节气候、吸纳粉尘、消除噪声能力下降，物种多样性锐减等多种生态危机(*FD* 线) 。当森林数量达到能够维持自身生态系统运行时，生态产品开始提供，但是由于森林处于恢复时期，所以生态产品的供给呈现非常缓慢的增长趋势(*BE* 线)；只有当森林数量足够大，能够在人类活动的影响下健康、可持续发展时，生态产品的供给才会与森林数量呈现正向关系(*CA* 线)。

相对应生态产品供给曲线的 3 段线条，我们给出了按照森林数量作为指标的危险区、转折区和安全区。生态产品提供的最稳定阶段对应于安全区。当前，鉴于各地区经济社会发展程度和森林植被存量的不同，各地的生态文明建设由于区域不同而出现差异。就全国整体而

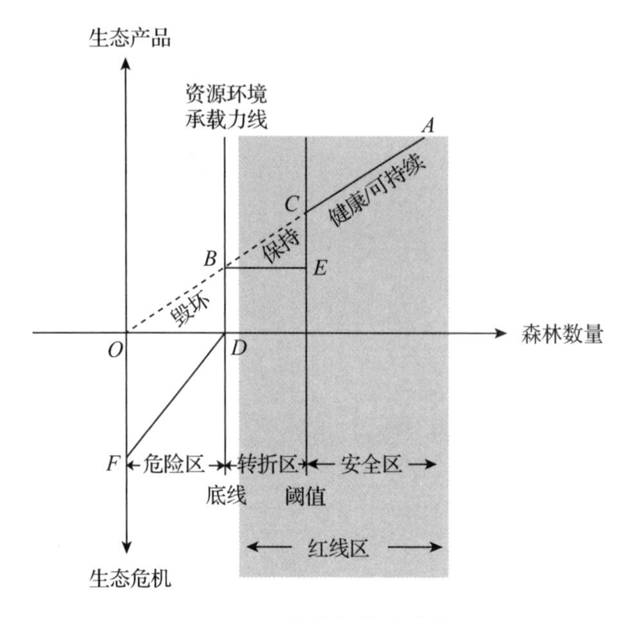

图 2-1 生态产品供给曲线

言，要想实施生态文明建设，就必须将森林数量提高到资源环境承载力曲线的右侧，才能避免生态危机的重复上演。

党的十八大提出的生态红线最优位置应该在安全区，但是针对当前的环境问题，生态红线处于红线区域的最左边，与资源环境承载力底线将近重合。未来，全国乃至各地区力争使生态红线逐渐右移至安全区域，如此才能迎接美丽中国的到来。而实施的手段更多的应该考虑生态建设，因为植树造林、湿地修复和荒漠化治理都有助于低成本的实现生态红线远离资源环境承载力底线，同时能够提高生态产品的供给能力。比如森林生态系统，因其广阔的利用空间、高生产力、稳定的结构和功能性，使之成为最大的能量和物质的贮存库，调节着地球生物化学循环和全球碳平衡[13]。

3. 林业是生态文明建设的“调节器”

林业中的“三个生态系统和一个多样性”在维护地球生态平衡中起着决定性作用，森林是“地球之肺”，湿地是“地球之肾”，生物多样性是地球的“免疫系统”。无论哪一个系统被损害或破坏，地球生态平衡都将会受影响，不仅人类的生存根基受到威胁，而且人类文明的向前发展也将受到阻挠。

林业生态文明建设，首先，需要维护好森林、湿地、生物多样性之间的关系，重点在森林生态系统保护上下工夫，因为该系统对于湿地生态系统、荒漠生态系统又具有多重保障作用，具有调节气候、涵养水源、保持水土、防风固沙、生物多样性保护等多种生态功能，又有贮碳释氧、吸纳粉尘、降解有害气体、阻消噪声、美化环境等防治环境污染功能。

其次，通过林业带动经济结构调整，扩大绿色增长。生态文明物质成果、精神成果和制度成果的取得是绿色增长的结果，而林业在推动绿色增长中承担主要任务，通过发展林业能够促进“自然—人—社会”复合生态系统的和谐协调、共生共荣、共同发展。再次，提升国家生态安全的保障能力。作为陆地生态系统的主体，林业的生态安全在维持国家或地区生态安全中处于首要的和基础性的独特地位，可促使生态系统自身健康、完整和可持续发展[14]，而且能够对人类提供完善的生态服务或保障人类的生存安全，高效地支撑经济、社会的可持续发展，保证国家生态安全[15]。

三、林业推动生态文明建设的具体路径

基于林业的基础性、公益性、民生性、包容性特征，以及林业对自然、社会、经济发展的极端重要性和综合复杂性，林业生态文明建设应该是多路径推进。尤其是面对全球十大危机蔓延以及我国自然生态系统十分脆弱、生态破坏十分严重、生态产品十分短缺、生态差距巨大、生态灾害频繁和生态压力剧增六大生态问题时，林业必须勇于承担起新的历史使命。

（一）生态修复

环境问题当前已经成为全球性问题，环境的不断恶化对人类的生存产生了重要的影响。林业生态修复是发展生态林业的关键，随着经济建设对生态环境造成的严重破坏，林业生态建设与修复成为林业实现可持续发展的必然趋势，同时也对林业发展提出了更高的要求[16]。

林业生态修复的核心理念是在建设生态环境的基础上发展林业经济建设，多结构、多层次的产业链结构才是我国林业产业实现可持续发展的基础保障。这样林业生态才会为我们提供更多的生物多样性与负氧离子，实现环境保护与生态平衡建设的最终目的。

发展林业生态修复必须因地制宜，因势利导，有效发展林业生态修复及产业建设工作。各地需要根据地区发展的现状科学调整农村经

济结构，将林业建设与农业建设、旅游业等相结合，提高林业产业的经济作用，鼓励农民进行林业产业的发展，增加各地区林业的种植面积，提高林业生态修复的作用和对地区经济发展的促进作用。林业生态修复及林业建设工作一方面有利于防风固沙、防止水土流失、改善农业的生产条件，保证了农业的稳定生产。另一方面通过积极鼓励农民因地制宜地发展商品林，能够增加农民的收入，结合林业产业综合发展的优势，大力发展养殖业、种植业、旅游业等，促进农村经济的全面发展。比如大小兴安岭的林业资源重在物种保护；而西北地区的林业资源重在选择适合生存的经济类林木，不仅提高了防土固沙的功能，凸显了林业对于生态保护与防止水土流失的重要作用，而且经济林木增加了当地百姓的经济收入，实现林业修复一举两得的作用。

（二）生态保护

林业生态保护体系是整个生态体系中的重要组成部分，不仅能提升国家综合实力，推动社会经济稳定发展，与人们自身的利益也有着密不可分的联系。在新时代生态林业产业发展的阶段，我们必须重视新时代出现的新变化，科学合理地改变林业发展结构，创新和优化林业发展结构模式，从而推动林业生态保护的可持续发展[17]。

做好林业生态保护，必须加强国家宏观调控。国家和地方政府部门需要按照市场经济的发展规律、生态建设的实际要求，宣传林业生态保护知识，培育全民林业生态保护理念，用积极有效的政策吸引社会资源向林业生态保护倾斜，吸引全国人民积极参与到林业生态保护中来。

开展林业生态保护，必须坚持可持续发展的思路。首先，改变传统以木材为主的模式，减少对林木的采伐，特别是禁止采伐天然林，将生态建设作为最高目标。其次，研制先进的林业技术，促进林业生态建设的发展，创新林业建设的运行系统、发展模式和管理系统，使其符合我国新时代发展需要。再者，保护天然林，加大人工林的栽植抚育和有序采伐，依据市场导向，对人工林施行分类经营模式，全力促进速产林、丰产林以及工业原料林的发展。

促进林业生态保护的可持续发展，需要建立健全林业法律制度，提升林业保护部门的积极性，加强人们的林业保护意识、法制观念等。做好林业生态保护，还要全面加强林业生态保护工作的开发和研究，促进林业生态的可持续发展。

(三)生态惠民

林业横跨国民经济第一、二、三产业，是规模最大的循环经济体，是基础产业，更是重要的公益事业，承担着生态建设和林产品供给的重要任务，能够惠及百姓，实现生态惠民。

1989年，习近平同志在宁德工作时提出："森林是水库、钱库、粮库。"充分发挥林业优势，为林业生态惠民和百姓脱贫致富蹚出了一条可行的路子，即"宁德模式"。

加强林业生态建设和绿化苗木培育，可以达到生态惠民的目的。着力开展国土绿化行动，大力推进绿化苗木培育，积极吸收百姓参与，通过参与劳动实现百姓收入增加。而苗木的繁育，还可以改善当地生态状况，促进生他文明建设。

建立健全生态效益补偿制度，继续提高生态公益林效益补偿标准，实现生态惠民。地方政府要认真贯彻中央关于生态惠民和生态保护脱贫的要求，充分利用生态补偿和生态保护工程资金，完善生态护林员制度，将林业生态建设惠及生态护林员。进一步加强国有林场、自然保护区、森林公园、湿地公园等项目建设，努力为有劳动能力和劳动意愿的百姓创造就业岗位，提高百姓经济收入。

发展特色绿色林业产业建设，实现生态惠民。发展特色经济林、林下经济、花卉苗木等，都是很好的惠民工程，且能够很好地促进林业生态建设。挖掘林业资源，围绕特色的野生动植物资源和自然景观资源，打造森林旅游项目，通过生态旅游发展促进当地第三产业发展，同样是很好的惠民措施。而大力支持林产品生产加工，并通过互联网+等新技术，实现第一、二、三产业和线上线下产业融合发展，同样能够让百姓获得更多实惠。

参考文献

[1]臧润国，张志东．热带森林植物功能群及其动态研究进展[J]．生态学报，2010，30(12)：3289-3296.

[2]韩志扬．浅析世界森林资源产权发展趋势及对我国的启示[J]．安徽农业大学学报(社会科学版)，2013，22(4)：24-27.

[3]胡延杰．世界林业发展七大趋势[J]．中国林业产业，2018，(Z2)：151-155.

[4]刘金山，张万林，杨传金，等．森林碳库及碳汇监测概述[J]．中南林业调查规划，2012，31(1)：61-65.

[5]白彦锋．REDD+谈判对策及森林管理碳计量和监测方法学[D]．北京：中国林

业科学研究院，2010：1-82.
[6]赵良才，浅谈中国林业碳汇的现状与发展趋势[J]. 低碳世界，2017，(32)：310-311.
[7]李永林. 发展林业特色产业助推农民精准脱贫[J]. 绿色科技，2019，(21)：157-158.
[8]曹国民，陈国栋. 浅析森林与人类的相互影响[J]. 科技传播，2010，(3)：9-10.
[9]邓冬梅. 林业生态文明评价指标体系构建与应用[D]. 广州：华南农业大学，2016.
[10]陈绍志，周海川. 林业生态文明建设的内涵、定位与实施路径[J]. 中州学刊，2014，(7)：91-96.
[11]周生贤. 推进生态文明建设美丽中国——在中国环境与发展国际合作委员会2012年年会上的讲话[J]. 理论参考，2013，(2)：8-9.
[12]张熏华. 生产力与经济规律[M]. 上海：复旦大学出版社，1989.
[13]蒋有绪. 中国森林生态系统结构与功能规律研究[M]. 北京：中国林业出版社，1996.
[14]KullenbergG. Regional co-development and security：a comprehensive approach[J]. Ocean and Coastal Management，2002，45(11/12)：761-776.
[15]张智光. 基于生态—产业共生关系的林业生态安全测度方法构想[J]. 生态学报，2013，33(4)：1326-1336.
[16]赵永红. 浅谈林业生态修复现状及对策[J]. 农家参谋，2019，(24)：108.
[17]郝育红. 林业生态保护的可持续发展探析[J]. 现代园艺，2019，(18)：176-177.

第三章　森林经营与管理

森林资源的经营管理是指经营管理者为实现既定的目标，对森林资源的培育、保护和利用等进行规划，并按照规划要求所实施的各种人为干预措施及配套措施的总和。森林资源的经营管理是一项系统工程，包含经营理论、模式、技术、政策、评价等多个组成部分，这些组成部分贯穿森林经营管理的全过程。森林资源的经营管理是实现林业可持续发展的重要举措，能有效保证林业生态效益、社会效益、经济效益的充分发挥。

第一节　森林经营理论

一、森林经营的概念

森林经营的概念有广义和狭义之分。广义的森林经营是一种包括行政、经济、法律、社会、技术以及科技等手段的行为，涉及天然林和人工林，是有计划的各种人为干预措施，目的是保护和维持森林生态系统各种功能，同时通过发展具有社会价值、环境价值和经济价值的物种，来满足人类日益增长的森林产品和服务的需要。狭义的森林经营是以森林和林地为对象，为修复和增强森林的供给、服务、调节和支持等多种功能，持续获得木材等林产品和森林生态产品而开展的一系列森林培育和保护活动，目标是提高森林质量并建立健康稳定、优质高效的森林生态系统[1]。

二、森林经营理论的历史演变

随着人类对森林认识的逐步深入，森林经营理念也由单纯强调木材生产、追求森林的总体效益演变到森林可持续经营。

(一)森林永续利用理论

森林永续利用理论起源于德国。这一理论的出现标志着近代林业兴起与发展。17 世纪中叶，德国林业经营者为了追求木材高额利润，大量采伐森林，导致了木材危机。为了保持森林资源的均衡利用，1713 年德国人卡洛维茨(Carlowitz)首先提出，通过人工造林，实现森林永续利用的思想。此后，整个德国掀起了一场恢复森林的运动。森林永续利用就是在保证森林持续利用的基础上调节森林采伐，使生产作业和木材收获不断继续[2]。

森林永续利用理论认识到森林资源并非取之不尽，只有在培育的基础上适度采伐利用，才能使森林可持续发展。

(二)木材培育理论

木材培育理论由德国林学家哈尔蒂希(Hartig)提出。该理论立足于追求纯森林经济利益，实行以获得木材为目的的森林永续经营。哈尔蒂希任普鲁士国家林业局局长时，提倡营造针叶人工纯林，鼓励选择材积生长量高的树种，从而能在短期内获得大量木材。结果导致到 19 世纪中叶，德国人工林占 99%，原始森林丧失殆尽，森林生物多样性急剧减少。20 世纪 70 年代，法国林学家马丁等人也提出了“木材培育论”，指出人类应该建立一个专门培育木材的企业。在立地条件良好、交通便利的林地，采用科学的营林方法，营造速生丰产林，而让其他类型的森林充分发挥其生态效益和社会效益[3]。马丁的木材培育论比哈尔蒂希早期提出木材培育论前进了一大步。

木材培育论认识到森林资源不仅能自然更新，也能在人力的干预下实现人工更新。对于少林、无林的宜林地区，木材培育是缓解木材供求矛盾的有效途径。

(三)森林多功能理论

1811 年，德国林学家科塔(Cotta)将“木材培育”延伸到“森林建设”，主张营造混交林。1888 年，波尔格瓦提出“森林纯收益理论”，认为森林经营应当追求森林总体效益最大而不是林分收益最高。1905 年，恩德雷斯在《林业政策》中又提出了“森林福利效应”，即森林对气候、水分、土壤和防止自然灾害的影响，以及在卫生和伦理方面对人类健康的积极作用，进一步发展了森林多效益永续经营理论。1953 年，德国林业政策学家第坦利希提出“林业政策效益理论”，认为国家必须扶持林业，木材生产和社会效益是林业的双重目标。德国政府根据森林多效益永续经营理论和林业政策效益理论确定了森林经营为木材生产和社会效益服务的双重战略目标。随后，德国又出现了两种截然不同的主张：一是以木材生产为首带动其他效益发展的“船迹理论”；二是协同理论，即多种效益“和谐经营理论”[1]。德国自20世纪60年代开始推行以和谐经营理论为基础的“森林多功能理论”，这一理论逐渐被美国、瑞典、奥地利、日本和印度等许多国家接受并加以推行。

森林多功能论的最大贡献就是承认森林发挥的生态效益和社会效益不亚于产生的经济效益。

（四）林业分工理论

20世纪70年代，美国林业经济学家克劳森和塞乔等人创立了林业分工论。该理论认为全球森林正朝着森林多效益主导利用方向发展，而不是向森林三大效益一体化方向发展。在不同的时空，人们对森林的某一功能的需求程度不同，所以经营者可根据社会需求划分出一部分森林以提供木材产品为主，称为“商品林业”；另一部分则以提供生态功能和社会服务功能为主，称为“公益林业”[3]。“林业分工论”又有不同的模式，法国模式把国有林划分为木材培育、公益森林和多功能森林三大模块；澳大利亚和新西兰把天然林与人工林实行分类管理，天然林主要是发挥生态效益，而人工林主要是发挥经济效益；中国国有林区则将森林划分为公益林和商品林。

林业分工论摆脱了森林永续利用等理论对森林非木材产品生产潜力发挥的限制，追求森林资源整体效益的最大化，是人类对森林认识的巨大进步。

（五）近自然林业理论

1898年，德国林学家盖耶尔（Gayer）提出近自然林业理论。近自然林业理论是在对木材培育论进行反思的基础上提出的。该理论认为森林经营应遵从自然法则，充分利用自然力，使林分经营过程同天然林的生长过程相接近，达到森林群落的动态平衡，维持林分健康[4]。1989年，德国将近自然林业确定为国家林业发展的基本原则，其已成为当代世界林业发展理论的重要组成部分。

近自然林业理论是在持续保护森林生态健康的前提下，人类获取木材产品的一种策略。其目的就是要充分发挥森林的自我恢复、自我调控能力，使森林的三大效益总体处于最佳状态。

(六)新林业理论

1985年，美国著名林学家福兰克林(Franklin)提出了新林业理论。新林业理论立足于森林生态学和景观生态学原理，吸收了森林永续经营理论中的合理部分，以实现森林的经济价值、生态价值和社会价值相互统一为经营目标，追求永续生产木材和其他林产品，且能持续发挥保护生物多样性及改善生态环境等多种效益的林业[1]。维持森林的复杂性、整体性和健康状态，是新林业理论的核心。

新林业理论是一种新的森林经营哲学，把森林资源视为不可分割的整体，不但强调木材生产，而且极为重视森林的生态效益和社会效益。

(七)森林可持续经营理论

森林可持续经营理论是以可持续发展理论和生态经济理论为基础，结合林业的特点和特殊经营规律形成的林业经营指导思想。森林可持续经营的总体目标是通过现实和潜在森林生态系统的科学管理和合理经营，维持森林生态系统的健康和活力，维护生物多样性及其生态过程，以此来满足社会对林产品及其环境服务功能的需求，保障和促进社会、经济、资源、环境的持续协调发展[5]。该理论的显著特点是更注重森林经营多目标的综合管理。一国要实现森林的可持续经营，不但要通过法律保护林业发展，实施森林生态系统经营，也要提高公众的参与性，使森林经营成为一种全社会的行为。

森林可持续经营的标准和指标分为4个层次，即全球尺度、国家尺度、区域尺度(国内)、经营单位尺度。全球尺度上的森林可持续经营标准与指标体系，主要有泛欧赫尔辛基进程、蒙特利尔进程、国际热带木材组织进程等。我国十分重视森林可持续经营问题，陆续发布了《中国森林可持续经营标准与指标》(LY/T 1594—2002)、《中国东北林区森林可持续经营指标》(LY/T 1874—2010)、《中国热带地区森林可持续经营指标》(LY/T 1875—2010)、《中国西北地区森林可持续经营指标》(LY/T 1876—2010)、《中国西南林区森林可持续经营指标》(LY/T 1877—2010)等，建立了国家级、区域级的标准和指标。

第二节 森林经营模式

中国的森林经营主要经历了以木材利用为主、考虑木材利用的同时兼顾生态建设、以生态建设为中心和森林质量精准提升4个阶段。

森林经营模式也不断发展和完善，在微观和宏观模尺度上形成了一些实践应用模式。

一、微观森林经营模式

（一）平分法

平分法包含面积平分法和蓄积平分法。德、法等欧洲国家于14~16世纪相继出现了森林经营的简单区划轮伐法，即面积平分法。它是将全林面积用轮伐期年数等分区划，每年采伐相等面积的森林。面积平分法操作简单，主要适用于阔叶薪炭林，采伐后利用天然更新，几十年后又可收获利用。蓄积平分法由贝克曼于1759年提出，其要求每年能收获相等数量的蓄积量。蓄积平分法把林分分为可收获林和未成熟林，现有的未成熟林生长到可收获林的期间应与可收获林的收获持续时间相等，因此在可收获林伐尽前，部分未成熟林生长为可收获林，从而使轮伐期各年间能得到相等的收获量。

18世纪末，哈提希(Hartig)和柯塔(Cotta)提出折中平分法。折中平分法吸取了面积平分法和蓄积平分法的优点，期望实现蓄积量持续收获的同时，达到面积的均等状态。

（二）法正林

法正林也称为标准林。法正林是根据森林永续利用的原则，模拟一个最适宜的森林结构，用来与现实林进行比较，作为森林调整的理想目标。理想的法正林能够永续作业和利用，每年有均等数量的木材收获，具有平衡、固定的收获量。法正林实质上是一种数学模型，为森林经营模拟出理想的调整目标[6]。法正林是以林场为基础，以森林经营类型为单位，以规模为保证，没有规模的法正林经营是不可能实现的。

法正林采用的生长量控制采伐量的原则，被大量的森林经营实践证明是合理的，其中反映的采育结合、合理经营的观点到今天仍有价值。法正林不仅简单易懂，可操作性强，也有利于林分天然更新和森林生态系统健康。但法正林标准较高，很难实现，也不能扩大再生产。20世纪50年代，我国的森林经营基本上是采用法正林经营模式，根据森林资源消耗量低于生长量的原则来严格控制森林的年采伐量。

（三）完全调整林

由于法正林经营的局限性，20世纪60年代，美国的戴维斯、克拉特、鲁斯克纳先后提出完全调整林经营模式。完全调整林指每年或定期提供数量和质量上大致相等木材的森林。

完全调整林与法正林在原理上相同，但更加灵活、现实。法正林要求法正生长量，但完全调整林的生长量取决于经营水平；法正林要求法正蓄积量，而完全调整林的蓄积量决定于经营水平，可小于或大于法正蓄积量；法正林要求各龄级面积必须相等，不因时间而改变，但完全调整林各龄级不必完全相等；法正林条件下的蓄积量和采伐量是最大的，而完全调整林的采伐量不一定是最大的，只希望龄级结构保持不变、能够永续利用；法正林只适用于同龄林皆伐作业，而完全调整林既能适用于同龄林作业，也可适用于异龄林作业。

(四)检查法

检查法是通过定期调查来发现森林结构、蓄积量和生长量的变化，用当前的森林生长量和蓄积量为依据确定未来的采伐量，然后通过择伐使林分结构保持稳定和平衡的方法。检查法的目标是持续生产木材，用尽可能少的人力、物力投入来生产尽可能多、尽可能好的木材。

检查法要求定期调查森林，森林调查的间隔期取决于生长速度与经营措施；森林调查中林班是基本区划单位，对林木径阶整化后进行每木调查，再利用一元材积表计算立木材积和林分蓄积量，并实测伐倒木材积；定期进行材积和生长量计算。

森林资源连续清查等都是在检查法的基础上发展起来的。检查法主要是为择伐设计的，操作过程复杂，调查工作量大。相关研究提出用抽样调查来取代每木调查，在保持一定精度的情况下大幅降低了工作量[7]。

二、宏观森林经营模式

(一)分类经营

1. 森林分类经营的概念

森林分类经营就是按林种、按土地生产潜力科学组织森林经营，按各林种的功能定向培育森林，充分发挥森林资源的多种效益，促进林业可持续发展。森林分类经营要求对一定时空的森林确定主导功能，然后按照主导功能开展差异化的经营活动。

2. 森林分类经营的要求

(1)生态公益林经营。生态公益林主要经营措施是保护。对于划入公益林的宜林地，通常采用封山育林、补植等天然更新措施，面积较大又无天然下种来源的可采用飞播。一、二级公益林严禁任何形式的采伐，而三级公益林只准低强度间伐、择伐，不允许主伐。公益林调查监测的重点在于及时准确掌握森林面积变化、生物多样性和生态环境变化、盗伐、森林病虫害等情况。

(2)商品林经营。商品林按照谁经营谁管理、谁经营谁收益的原则，实行企业化管理。商品林分为集约经营的商品林和兼顾生态功能的商品林。对于集约经营的商品林按森林调查小班，主要树种轮伐期采伐。按利用材种目标实行集约经营，宜林地、采伐迹地及时更新。以人工造林为主，缩短森林培育期。禁止大面积皆伐和超强度择伐。对于兼顾生态功能的商品林，在经营利用的时候需要注意水土保持、生物多样性保护等。商品林调查监测重点在于各类森林的面积、蓄积、生长量、消耗量动态变化和森林资源资产的利用和评估监测。

3. 森林分类经营的实践

1985 年施行的《中华人民共和国森林法》，将我国森林划分为五大林种，即用材林、防护林、经济林、薪炭林和特种用途林。1991 年，广东省首先提出森林资源分类经营管理的设想，并在 1994 年正式公布全省公益林和商品林的区划结果。全国范围内开展森林资源分类经营是从 1995 年年底林业部提出“林业分类经营”改革之后。

国外在森林分类经营管理上各不相同。美国、澳大利亚、菲律宾、瑞典等国家将森林划分为两类，虽名称不同，但两类林的含义基本一致：商品林、商业林、生产林等主要功能是生产木材，公益林、非商品林、社会林等主要功能是保护生态环境和满足人类开展森林游憩、旅游等需求。划分三类林的国家主要有法国、加拿大等。法国将森林区分为木材培育林、公益森林和多功能森林三大类，木材培育林主要是生产木材，公益森林主要提供生态、社会效益，多功能森林指能提供珍贵大径级木材的用材林，同时也发挥生态效益和社会效益，按“近自然林业”理论进行经营管理。划分多类林的国家有奥地利、马来西亚(沙巴州)、日本(国有林部分)等。奥地利将森林分为用材林、山地防护林、环境林、休闲林、平原农防林，日本将国有林分为国土保安林、自然维护林、森林空间利用林、木材生产林四类[8]。

(二)近自然森林经营

1. 近自然森林经营的概念

近自然经营发源于德国，利用自然、模拟自然是其核心思想。其对象是人工纯林，目的是将人工纯林培育成近自然林应有的健康、稳定、多样的混交林。近自然经营强调在操作过程中尽可能利用自然过程(如促进自然整枝和天然更新)，在保持森林生态系统稳定的前提下，用尽可能少的森林经营投入来获得尽可能多的林产品[9]。

2. 近自然森林经营的要求

(1)选用乡土树种。近自然森林经营要求造林时应尽量选用乡土树种和适应当地立地条件的树种。外来树种虽能在短时间内带来很高的经济效益，但乡土树种具有保护生物多样性、保持土壤养分的潜力，能有效抵御自然灾害。

(2)培育异龄混交林。异龄混交林相比单一树种纯林能维持生态系统的稳定，抵御不同类型灾害的能力较强，动植物组成更丰富，具有更高的美学价值和森林旅游价值。

(3)减少人为经营。森林经营过程中主要依靠自然更新，尽量减少人为经营。

(4)模拟自然干扰。在混交林形成过程中，适度的人为干扰可以促进非竞争性树种在森林演替中的生存，避免形成由少数优势树种组成的林分。

(5)调节森林环境。通过调节上层林冠郁闭度，小面积皆伐或择伐等措施改善森林环境。

(6)提高立木蓄积量。优先根据目标树的直径及生长，提高目标树个体的蓄积量，从而提高林分蓄积量，而非考虑林分的面积及平均林龄。

(7)保存枯立木。自然死亡形成的枯立木能够提供与活立木相同的生态位，是多种生物赖以生存的场所。

(8)建立森林保护区。生境的破坏及破碎化是种群数量下降并濒临灭绝的重要原因之一。森林保护区对野生动物意味着大面积的森林生境，比小面积生境组合能容纳更多的物种。一些特殊种群也需要大面积的森林保护区。

3. 近自然森林经营的实践

从2000年开始，欧洲林业研究所组织开展了欧洲云杉纯林向混交林转变项目，项目包括了德国、法国、挪威、捷克等国家，目前已取得了初步的成效。其方法主要有：一是皆伐后重新造林。提倡择伐作业，反对皆伐作业，但在风害比较严重的地区皆伐后重新造林。二是在保证连续覆盖的前提下逐步改造。它通过在现有林冠下或林隙营造目的树种逐步形成针阔混交林，而且这种方法通常与目标树收获结合起来。这种改造方法具有生态风险小、造林成本低的优点，也能抑制云杉林过快的自然更新。三是针对林分结构的改造。这种方法与第二种方法相似，区别是尽可能对防护林进行保护，尽量保持云杉林小面积更新，以实现异龄林的目标。其目的不是改变树种组成，而是逐步实现树种龄级结构趋向合理[10]。

我国近自然森林经营技术主要采用单株择伐与目标树经营相结合的方式。目标树经营是以单株林木为对象进行的近自然经营实践手段之一，把所有林木分类为目标树、辅助木、干扰树和其他树木等 4 种类型。目前，中国开展近自然经营技术模式实践应用的区域主要有：中国林业科学研究院热带林业实验中心、陕西省延安市黄龙山林业局、山西省中条山国有林管理局、黑龙江省哈尔滨市丹清河实验林场、河北省木兰围场国有林场管理局等[7]。

(三)森林生态系统经营

1. 森林生态系统经营的概念

森林生态系统经营是森林资源经营的一条生态途径，它通过协调社会经济和自然科学原理经营森林生态系统，并确保其可持续性。森林生态系统经营是实现林业可持续发展的重要手段[11]。

2. 森林生态系统经营的要求

(1)以生态学原理为指导。森林生态系统经营要求以生态学原理为指导，经营者要在生态水平上处理问题，确定生态边界及合适的规模水平；维持森林生态系统的格局和过程，保护生物多样性，模仿自然干扰。

(2)实现可持续性。生态的可持续性体现在维持林地的生产力及森林动植物群落的多样性；社会经济的可持续性表现为森林持续满足人类基本需要(如食物、水、木产品等)及较高水平的社会与文化需要。

(3)重视社会科学的作用。森林生态系统经营不仅要求在技术和经济上具有可行性，也要在社会和政治上具有可接受性。社会科学介入的作用在于协调社会系统与生态系统的关系，可以帮助处理森林经营中的价值选择、公众参与、组织协作、政策制定和制度设计等问题。

(4)进行适应性经营。根据森林生态系统的自适应性和多功能性，通过监测与评估，不断收集新信息，及时调整经营措施等，这是协调人与自然关系的适应性的渐进过程。

3. 森林生态系统经营的实践

美国林务局的 Big Creek“新展望”示范项目是在大尺度景观水平上的森林生态系统经营项目。Big Creek 属于 Chattooga 河流域在北卡罗来纳州的支流，生物多样性丰富。1990 年年底，美国林务局决定采用生态系统途径来开展森林经营活动。项目的规模设定在 4000 公顷(约 1 万英亩)的景观水平，以可持续性原则及景观生态学原理指导森林经营实践活动。项目重视公众参与，保障当地居民在决策过程中的参与，包括确定期望的景观状况，制定森林经营的原则及标准，计划的执行与监控等；在项目的设计及执行中，注重加强不同组织间协作和多学科综合[11]。

我国第一个森林生态系统经营项目——天山森林系统可持续经营方法研究于 1996 年启动。天山森林为水源涵养林，以山地森林水文生态过程为主导，以生态可持续为目的，以天山北坡森林系统为对象，建立了森林生态可持续经营等级系统，提出森林生态系统自我维持的“双循环”模式，为破碎化森林景观的恢复与重建提供了科学途径[12]。

第三节　国有林场管理

一、国有林场概述

(一)国有林场现状

我国国有林场是新中国成立初期，国家为加快森林资源培育，保护和改善生态环境，在重点生态脆弱区和大面积集中连片的国有荒山荒地上，采取国家投资的方式建立起来的专门从事营造和管护森林的林业事业单位。经过 70 多年的发展，国有林场由少到多，由弱到强，已成为我国生态功能最完善、森林资源最丰富、森林景观最优美、生物多样性最富集的区域之一，为我国生态文明建设和林业事业的发展做出了巨大贡献。

截止到 2019 年，我国国有林场共 4855 家，分布在全国 31 个省

(自治区、直辖市)的1600多个县(市、旗、州、区)。其中，省级管理的占10%，地市级管理的占15%，县级管理的占75%。国有林场经营总面积11.5亿亩，其中林地面积8.7亿亩，森林面积6.7亿亩，森林蓄积量23.4亿立方米，分别占全国林地面积、森林面积和森林蓄积量的19%、23%和17%[13]。我国国有林场森林资源主要包括生态公益林和商品林两大类，分别占国有林场林地总面积的82.63%和17.37%。其中，生态公益林由国家级公益林和地方公益林组成。国有林场商品林是我国生产木材和非木材产品的重要基地。

(二)国有林场的发展历程

新中国成立以来，我国国有林场(20世纪90年代以前称为国营林场)的发展主要经历了初建试办、快速发展、停滞萎缩、恢复稳定、困难加剧和改革推进等主要阶段。

1. *初建试办阶段(1949—1957年)*

1950年，新中国将旧中国各级政府、资本家管理的林场改造为国营林场。1955年，全国林业会议要求国有林场以营造用材林为主，适当发展经济林，开展多种经营。这一时期，我国在无林少林地区设立了一批以造林为主的国有林场，在天然次生林区建立了一批护林站、抚育站、森林经营所。到1957年年底，全国共建立国有林场1387处。

2. *快速发展阶段(1958—1965年)*

1958年，国家印发了《关于在全国大规模造林的指示》，掀起了大建国营林场的高潮，各地将大部分森林经营所和伐木场改为国有林场，同时接纳大批下放干部，建立新的国有林场，林场数量快速增长。1963年，林业部提出林场要实行“以林为主，林副结合，综合经营，永续作业”的经营方针，成立了国有林场管理总局，各地林业部门也相继成立了国营林场管理部门，出台了一批关于国营林场育苗、造林、抚育等技术规程，提高了管理水平，促进了森林资源的培育质量。到1965年年底，全国国营林场达到3564处，经营面积达到10.1亿亩[13]。这一时期，我国基本确立了国有国营和集体所有集体经营的林业经营管理制度，初步形成了保护森林资源和发展林业的经营管理模式。

3. *停滞萎缩阶段(1966—1976年)*

“文化大革命”期间，林业部国营林场总局被撤销，各省(自治区、直辖市)的国有林场管理机构均被撤并，人员被下放，83%的国有林场被下放到县、公社或大队。导致国有林场生产无计划，集中过伐，采育失调，对森林资源造成了严重破坏。到1976年，国有林场经营总面积萎缩到6.94亿亩，其中森林面积3.45亿亩、森林蓄积量10.46亿立方米，分别比1965年减少32.03%、21.05%和43.79%，损失惨重。

4. 恢复稳定阶段(1977—1997年)

1981年，国家印发《关于保护森林发展林业若干问题的决定》，要求各省(自治市、直辖市)以用材林的消耗量低于生长量为原则，严格控制采伐量。1985年，《中华人民共和国森林法》实施，为国营林场健康发展提供了法制保障，并逐步形成了省、地、县三级管理的国有林场体系格局。林业部在此期间多次召开全国国有林场工作会议，对国有林场的发展起到了重要的推动作用。

5. 困难加剧阶段(1998—2002年)

国家实施以生态建设为主的林业发展战略，采取禁伐限伐，不少国有林场木材产量大幅度调减，收入明显减少，木材加工类项目受到制约，富余职工增加，林场发展面临巨大困难。

6. 改革推进阶段(2003年至今)

2003年，中共中央、国务院下发了《关于加快林业发展的决定》；2010年，国务院第111次常务会议对国有林场改革进行了明确部署。各地充分结合本地实际，在国有林场改革方面做了大量的探索。

(三)国有林场的功能定位

生态公益型事业单位为主、商品经营性企业为辅是我国国有林场的功能定位。国有林场的功能定位有力地凸显了国有林场的生态属性和公益属性，要求国有林场的发展规划、森林资源经营管理等都应当服从和围绕生态文明建设要求，充分发挥林业的生态效益，向社会提供公共服务产品。同时国有林场要兼顾社会效益和经济效益，生产满足社会需要的物质产品和精神产品，提高综合效益[13]。我国国有林场的功能定位不仅对于促进生态文明建设，保护生态环境等具有重要作用，也可以有效提高人民生活质量，解决当前林场发展中存在的问题，保障国有林场可持续发展。

二、国有林场改革

为有效解决当前国有林场面临的严峻挑战，促进国有林场科学发展，2015年3月，中共中央、国务院印发了《国有林场改革方案》。

（一）改革的基本原则

1. 坚持生态导向、保护优先

把维护和提高森林资源生态功能作为改革的出发点和落脚点，实行最严格的国有林场林地和林木资源管理制度。

2. 坚持改善民生、保持稳定

稳步推进改革，切实解决好职工最关心的利益问题，充分调动职工的积极性、主动性和创造性，确保林场稳定。

3. 坚持因地制宜、分类施策

以"因养林而养人"为方向，根据各地林业和生态建设实际，探索不同类型的国有林场改革模式。

4. 坚持分类指导、省级负责

中央对各地国有林场改革工作实行分类指导，在政策和资金上予以适当支持。省级政府对国有林场改革负总责，根据本地实际制定具体改革措施[14]。

（二）改革的主要内容

（1）明确界定国有林场生态责任和保护方式。将国有林场主要功能明确定位于保护培育森林资源、维护国家生态安全。同时明确森林资源保护的组织方式，原为事业单位的国有林场，主要承担保护和培育森林资源等生态公益服务职责的，继续按从事公益服务事业单位管理，从严控制事业编制；基本不承担保护和培育森林资源、主要从事市场化经营的，要推进转企改制。目前已经转制为企业性质的国有林场，通过政府购买服务实现公益林管护，或者结合国有企业改革探索转型为公益性企业[14]。

（2）推进国有林场政事分开。林业行政主管部门减少对国有林场的微观管理和直接管理，落实国有林场法人自主权。在稳定现行隶属关系的基础上，综合考虑区位、规模和生态建设需要等因素，合理优化国有林场管理层级。科学核定事业编制，用于聘用管理人员、专业技术人员和骨干林业技能人员，经费纳入同级政府财政预算[14]。

（3）推进国有林场事企分开。国有林场从事的经营活动要实行市场化运作，对商品林采伐、林业特色产业和森林旅游等暂不能分开的经营活动，严格实行"收支两条线"管理。鼓励优强林业企业参与兼并重组，通过规模化经营、市场化运作，提高国有林场的运营效率。逐步将林场所办学校、医疗机构等移交属地管理，逐步理顺国有林场与代管乡镇、村的关系[14]。

(4)完善以购买服务为主的公益林管护机制。国有林场公益林日常管护要引入市场机制，通过合同、委托等方式面向社会购买服务。鼓励社会资本、林场职工发展森林旅游等特色产业，有效盘活森林资源。企业性质国有林场经营范围内划分为公益林的部分，由中央财政和地方财政按照公益林核定等级分别安排管护资金。鼓励社会公益组织和志愿者参与公益林管护，提高全社会生态保护意识[14]。

(5)健全责任明确、分级管理的森林资源监管体制。国家、省、市三级林业行政主管部门分级监管森林资源，对林地性质变更、采伐限额等强化多级联动监管。保持国有林场林地范围和用途的长期稳定，严禁林地转为非林地。加强对国有林场森林资源保护管理情况的考核，将考核结果作为综合考核评价地方政府和有关部门主要领导政绩的重要依据。建立健全国有林场森林资源管理档案，定期向社会公布国有林场森林资源状况，接受社会监督，对国有林场场长实行国有林场森林资源离任审计。实施以提高森林资源质量和严格控制采伐量为核心的国有林场森林资源经营管理制度，按森林经营方案编制采伐限额、制定年度生产计划和开展森林经营活动。探索建立国有林场森林资源有偿使用制度。启动国有林场森林资源保护和培育工程，合理确定国有林场森林商业性采伐量[14]。

(6)健全职工转移就业机制和社会保障体制。多渠道解决国有林场富余职工就业问题：一是通过购买服务方式从事森林管护抚育；二是由林场提供林业特色产业等工作岗位逐步过渡到退休；三是加强有针对性的职业技能培训，鼓励和引导部分职工转岗就业。将全部富余职工纳入城镇职工社会保险范畴，确保职工退休后生活有保障。将符合低保条件的林场职工及其家庭成员纳入当地居民最低生活保障范围[14]。

(三)改革的成效

截止到2019年12月30日，我国4855个国有林场改革任务全面完成。国有林场森林面积较改革前增加1.7亿亩，森林蓄积量增加6.1亿立方米。职工年均工资达4.5万元，是改革前的3.2倍。改革实施4年多来，国有林场年减少天然林消耗556万立方米，全国国有林场6.7亿亩森林资源得到有效保护。累计完成国有林场职工危旧房改造54.5万户，基本养老保险、基本医疗保险实现全覆盖，16万富余职工得到安置，多年来职工住房无着落、工资无保障、社保不到位的问题得到有效解决。国有林场事业编制数由 40 万精简到 18.9 万，74%被定为公益一类事业单位、21%被定为公益二类事业单位、5%被定为公益性企业。193 所学校、230 个场办医院移交属地管理，理顺了 667 个代管乡镇、村的关系[15]。

三、国有林场改革样本

福建省作为森林覆盖率全国第一的林业大省，国有林场改革走在全国前列。福建省积极推动林业发展由木材生产为主转变为生态修复和建设为主、由利用森林获取经济利益为主转变为保护森林提供生态服务为主作为目标，稳步推进国有林场改革。

2016 年，福建省委、省政府印发了《福建省国有林场改革实施方案》《福建省县属国有林场改革指导意见》，全面推进国有林场改革。2017 年，福建颁布了《福建省国有林场管理办法》，把国有林场发展纳入法制化管理轨道。改革后，福建省属国有林场由 106 个优化整合为 88 个。县属国有林场按照每个县(市、区)不超过 2 个、每个国有林场经营区面积原则上不少于 10 万亩的标准，将全省 109 个县属国有林场整合成 45 个，其中 15 个界定为生态公益一类事业单位，其余的 30 个界定为公益型企业国有林场。

改革后，福建全省省属国有林场事业经费由 2016 年前每年 5717 万元增加到每年 16428 万元。市县级财政也对国有林场改革给予了积极支持，如厦门市将 4 个省属国有林场事业经费全部纳入市级财政预算，宁德市对省属国有林场给予每年 150 万元的资金补助。

改革中，福建国有林场通过受让经营、合作造林、租赁造林、合作经营等措施，统筹整合资金和资源，加快推进数量扩张和质量提升。在对外购买森林资源的同时，福建国有林场选择近自然经营模式，开展了森林资源质量精准提升工程。通过开展林业近自然经营，树种结构得到优化，森林质量有效提升。在福建全省的国有林场中，营林生产、森林抚育、木材生产等林业生产性活动也全面引入了市场机制，面向社会购买服务，实现了一般性用工的社会化。

改革有力促进了新森林经济的培育。将乐国有林场旗下的金溪森林公园康养基地每年吸引游客 15000 人次。上杭白砂林场大力发展林下经济，利用马尾松林下种植金花茶、黄花远志等药用植物 500 亩，林下种植红豆杉、竹柏等绿化树种 2100 亩。林业碳汇交易也在国有林场实现突破。2016 年 12 月 22 日，福建林业碳汇在碳市场首发上线。当天，顺昌国有林场共售出 15.6 万吨林业碳汇减排量，进账约 288 万元。随后，顺昌洋口等 7 个省属国有林场陆续开展了林业碳汇交易试点，助力国有林场将生态优势进一步转化为经济优势[16]。

第四节 林权林地管理

一、林权管理

(一)林权概述

1. 林权的含义及内容

林权问题历来是我国林业政策的核心和根本。林权即森林、林木、林地的权属，是森林、林木、林地的合法所有者和使用者依法支配林地和林木的财产权利。《中华人民共和国物权法》将林权进一步规范为林业物权，具体指权利人依法对林权证上记载的林地、林木享有直接支配和相应的排他权利，包括林地所有权、林地使用权、林木所有权、林木使用权，也包括在林地和林木上设立的其他物权形式，如在承包的林地上设立的地役权、在林地林木上设立的抵押权等。林权作为一种森林资源产权，在影响人的行为决定、资源配置和经济绩效的制度变量中具有重要作用。林权的内容包括以下四个方面。

(1)林地所有权。在林地物权体系中，林地所有权是权能最完全的物权。根据《中华人民共和国物权法》，所有权人可以对自己的动产或不动产，依法享有占有、使用、收益和处置的权利。我国土地只能为国家和集体所有，所有林地也只有国家所有和集体所有两种形式，不存在林地私人所有权。集体林权制度改革后，林地仍归集体所有，而林地上的林木则随林地承包经营权发生转移。

(2)林地使用权。林地使用权是一种特殊的用益物权，其权能表现为占有、使用、收益和在一定条件下处置权。林地承包经营权是林地使用权的一种表现形式。

(3)林木的所有权和使用权。林木所有权指对林木的占有、使用、收益和处置的权利。森林资源属于国家和集体所有。国家和集体所有的森林、林木和林地，个人所有的林木和使用的林地，由县级地方人民政府登记造册，发放证书，确认所有权或使用权。个人林木所有权只限于在房前屋后、自留地、自留山和集体组织指定的地方种植的林木，以及个人承包宜林荒地荒山后种植的林木。

林木使用权随林木所有权的变化而变化，有了林木所有权就拥有了林木使用权。但如果林木所有权人通过合法形式将林木使用权转让，就会出现林木所有权和林木使用权相分离的情况。

(4)林地林木抵押权。担保物权包括抵押权、质权和留置权。林权制度改革涉及的担保物权主要是抵押权。抵押权是指债务人或者第三人不转移占有的担保财产，在债务人届期不履行债务或者发生当事双方约定的实现抵押权的情形时，债权人依法享有的就该抵押财产的变价处分权和优先受偿权的总称。对于商品林，不论是所有权人在自己林地上种植的林木，还是林地承包经营权人在承包经营他人的林地上种植的林木，均可按相关法律规定设置抵押权。公益林法律上不允许抵押，随着改革的不断推进，部分地方开始探索以公益林抵押贷款。

2. 林权的主体及客体

林权作为一种财产性权利，其权利主体具有广泛性，既可以是国家、集体，也可以是自然人、法人或者其他组织。

林权的客体是林权所指向的具体物，包括森林、林木和林地。根据《中华人民共和国森林法实施条例》，森林，包括乔木林和竹林；林木，包括树木和竹子；林地，包括郁闭度 0.2 以上的乔木林地、竹林地、疏林地、未成林造林地、灌木林地、采伐迹地、火烧迹地、苗圃地和县级以上人民政府规划的宜林地。

3. 林权的类型

根据归属主体不同，产权分为国有产权、共有产权和民有产权。国有产权指产权归国家所有；共有产权在我国农村主要指集体产权；民有产权，即把资源的使用、转让和收益的享有权界定为一个特定的自然人或民营主体。

在我国，林地和林木的权属存在差异。林木的所有权与一般财物的产权相同，包括国有、集体和民有三种类型，林木权利可以在不同的权利主体间依法转让。但林地所有权在我国只有国家和集体所有，两种所有权都属于公有制形式，使用权可以多元化。

(二)集体林权制度改革

1. 集体林权制度改革的意义

新中国成立后，集体林权制度经历了土改时期的分山到户、农业合作化时期的山林入社、人民公社时期的山林统一经营和改革开放初期的林业“三定”(划定自留山、稳定山权林权、确定林业生产责任制))四次变动，都没有触及产权，使得林地使用权和林木所有权不明晰、经营主体没有落实、经营机制不灵活、利益分配不合理的问题依然存在，制约了林业生产力的发展[17]。

2003 年，中共中央、国务院出台了《关于加快林业发展的决定》，福建、江西作为试点省份，率先拉开了新林改的序幕。两省林改主要包括明晰所有权、放活经营权；开展林权登记、发换林权证；建立规范有序的林木所有权、林地使用权流转机制；深化林业配套改革、落实林木经营者对林木的处置权和收益权等方面的内容。在试点经验的基础上，2008 年 6 月 8 日，国务院制定出台了《关于全面推进集体林权制度改革的意见》，决定用 5 年时间，在全国基本完成集体林权制度改革。集体林权制度改革是农村经营体制的又一次深刻变革，是家庭承包经营政策在林业上的丰富和完善，是农村生产力的又一次大解放。

2. 集体林权制度改革的主要任务

(1)明晰产权。在坚持集体林地所有权不变的前提下，依法将林地承包经营权和林木所有权，通过家庭承包方式落实到本集体经济组织的农户。对不宜实行家庭承包经营的林地，可以通过均股、均利等其他方式落实产权。

(2)勘界发证。承包关系明确后，要依法进行实地勘界、登记，核发林权证，做到图、表、册一致，人、地、证相符。

(3)放活经营权。对商品林，农民可依法自主决定经营方向和经营模式，生产的木材自主销售。对公益林，在不破坏生态功能的前提下，可依法合理利用林地资源，发展林下种养业、森林旅游业等。

(4)落实处置权。在不改变林地用途的前提下，林地承包经营权人可依法对拥有的林地承包经营权和林木所有权进行转包、出租、转让、入股、抵押或作为出资、合作条件。

(5)保障收益权。农户承包经营林地的收益，归农户所有。征收集体所有的林地，要依法足额支付林地补偿费、安置补助费、地上附着物和林木的补偿费等费用，安排被征林地农民的社会保障费用。经政府划定的公益林，已承包到农户的，森林生态效益补偿要落实到户；未承包到农户的，要确定管护主体，明确管护责任，森林生态效益补偿要落实到本集体经济组织的农户[18]。

3. 完善集体林权制度改革

截至2016年，全国已确权集体林面积27.05亿亩，累计发证面积26.41亿亩，占确权面积的97.6%，共有1亿多农户直接受益。林改充分调动了广大林农经营林业的积极性，释放了集体林的巨大潜能，增加了林农财产性收入。但仍存在产权保护不严格、生产经营自主权落实不到位、规模经营支持政策不完善、管理服务体系不健全等问题。

2016年11月，国务院办公厅印发了《关于完善集体林权制度的意见》(以下简称《意见》)。完善集体林权制度，核心是要建立健全集体林业良性发展机制，在坚持和完善农村基本经营制度的基础上，落实集体所有权，稳定农户承包权，放活林地经营权，推进集体林权规范有序流转，促进集体林业适度规模经营，完善扶持政策和社会化服务体系，创新产权模式和国土绿化机制，广泛调动农民和社会力量发展林业，充分发挥集体林生态、经济和社会效益，切实推进增绿、增质和增效。《意见》明确提出，到2020年，集体林业良性发展机制基本形成，产权保护更加有力，承包权更加稳定，经营权更加灵活，林权流转和抵押贷款制度更加健全，管理服务体系更加完善，实现集体林区森林资源持续增长、农民林业收入显著增加、国家森林生态安全得到保障[19]。

(三)林权流转

1. 林权流转的含义

林权流转指所有权人或者使用权人将其可以依法流转的森林、林木的所有权或使用权以及林地的使用权，按照法定程序以有偿或者其他方式转移给他人的行为。我国林地所有权禁止流转，因此，林权流转一般是指林地使用权与林木所有权的流通转移。林权流转是林权的分离、流转和转移，使林权权利人能灵活处分所有权和经营权，能盘活既有资产，实现森林资源价值的最大化。

林权流转通常会引起林权变动。林权流转是林权变动的内容，而林权变动是林权流转的形式。但林权流转与林权变动又有诸多不同。林权流转采用转包、互换、转让、出租等形式，而林权变动采用登记为原则、交付使用为例外的形式；林权流转既可能是整个权利的变化和转移，也可能只是某个权能的变化和转移，而林权变动是所有权或使用权整个权利的变化；林权流转要通过合同来实现，而林权变动既可以通过合同，也可以通过合同以外的其他法律行为或法律事件来实现(如权利人死亡引起继承)[20]。

2. 林权流转的要素

(1)商品。林权流转市场中流通的商品是一种权能，包含林地使用权、林木所有权和使用权。林权是一种无形资产，也是有价值的，所以可以用价格来衡量。

(2)供给方。供给方是林权的提供者，指愿意并且能够提供出售林权的农户。该类农户有大量可供自己支配的闲置林地，愿意将其所持有的林地使用权出售或出租出去。

(3)需求方。林权需求方是林权的需求者或者购买者，指愿意并且能够购买林业产权的这类农户。

(4)市场中的其他微观主体。其他微观主体包括各级政府组织、林业主管部门及各类中介服务机构。各级政府组织和林业主管部门是各种林地流转政策的制定者、实施者和监督者，是林权流转行为的引导者。各类中介服务机构包括林权流转交易中心、土地流转咨询公司，林业资源评估机构、各银行金融机构，是林权流转市场得以顺利发展的中介辅助机构[21]。

3. 林权流转的形式

(1)承包。林地承包经营权是一种物权化的债权，在《中华人民共和国物权法》中被规定为一种用益物权。承包是最基本的林地使用权流转方式。承包可派生出转包、互换、转让等林地使用权流转方式。中国的林地承包经营权在客观上具有一定的社会保障功能。

(2)互换、转让、租赁。互换是林权主体当然之权利，但是若互换后的林权未经登记，则不能对抗善意第三人。林权转让是指在不改变林地所有权和林地用途的前提下，通过招标、拍卖、协商的方式，将林地使用权和林木所有权有偿转让给他人的行为。林权租赁是林权权利人作为出租人将一定期限的林地使用权和林木租赁给承租人使用，由承租者按合同约定支付租金的行为。林权转让侧重于一次性的大量获益，而租赁时林权主体可能考虑的是多次长期获利[22]。

(3)抵押。抵押是抵押人以其合法的林地使用权或林木，以不转移占有的方式，向抵押权人提供债务履行的担保，当债务人(抵押人)不履行债务时，抵押权人有依法从抵押的不动产拍卖所得的价款优先受偿的权力。抵押是林业生产经营者融资的重要方式，也是林业实现规模化经营的重要途径。抵押权是对林权的一种限制，而林权抵押也不必然导致林权之流转，只有债务不履行，抵押权实现时才能产生林权之流转。

(4)出资。林权出资是指林权所有者以其林权作价入股，或者作为合资、合作造林、经营林木的出资、合作条件而使林木所有权或林地使用权发生转移的行为。林权是一种物权，林农在不违背法律的禁止性规定和不损害公共利益的前提下享有充分的自主权。林农可以将其作价入股成立林业公司，也可以作价入股投入到专业的林业公司之中[22]。

二、林地管理

(一)林地管理的内涵

林地是特殊类型的土地，是土地资源和森林资源的重要组成部分，是林业生产建设最基本的生产要素。林地管理是运用差别化管理理念，对人们利用林地的过程和行为进行精细化的控制和调节，也是政府及其林业行政主管部门依据法律和运用法定职权对林地的组织和管理活动[23]。

(二)林地管理的主要内容

1. 林地地籍管理

包括林地界定、林地分类、森林调查、林地质量评价等。

2. 林地利用管理

包括合理组织林地利用、调整林地利用关系、制订林地保护法律等。

3. 林地规划管理

包括林地区域布局、利用方向、保护管理、动态监测等。分区施策、分类管理、分级保护、分等利用是林地保护利用规划重点解决的问题。

4. 林地日常管理

林地日常管理包括权属管理和保护与利用管理。权属管理包括确定森林、林木、林地的所有权和使用权，调处山林纠纷，维护和保障森林、林木、林地的所有者和使用者的合法权益。依法办理征用、占用林地的审核手续等。保护与利用管理主要包括查清各类林地的数量、质量、分布和利用状况；制订和实施林地保护利用规划；进行林地监测、统计、评估，监督林地使用情况等[23]。

(三)林地管理的形式

1. 行政手段

指管理者运用行政权力，通过强制性的行政命令，直接指挥和控制管理对象，按照行政系统自上而下实施的管理办法。常用的行政手段有命令、指示、规定、通知、条例、章程、指令性计划等。

2. 经济手段

指管理者运用经济手段调节和引导林地利用活动，以实现管理职能的方法。常用的经济手段有价格杠杆、财政杠杆、金融杠杆、税收杠杆等。

3. 法律手段

指管理者通过贯彻、执行有关森林法规，调整人们在林地开发、利用、保护、整治过程中的各种关系，规定人们必须遵守的准则来进行管理的方法。包括立法和司法两种途径。

4. 技术手段

指管理者运用遥感、地理信息系统、全球定位系统等科技手段来执行管理职能的方法[23]。

(四)林地管理的指标要求

1. 森林覆盖率

森林覆盖率是反映一个国家或地区森林资源、林业发展状况和生态状况的一个综合性指标，是现代林地管理的首要约束性指标。

2. 森林保有量

森林保有量是指计算森林覆盖率的有林地和国家特别规定的灌木林的保存数量，它是一定时期确保森林覆盖率目标实现的最低森林面积。

3. 林地保有量

林地保有量是林地达到一定利用率水平时，确保实现森林覆盖率目标的最低量，即林地面积“红线”。林地保有量数量大小取决于森林面积和林地利用率水平的高低。林地利用率水平越高，林地保有量就越小。

4. 占用征收林地定额

占用征收林地定额是指年度内国家允许省、区、市范围内勘察、开采矿藏和各项建设工程占用征收林地面积的最大限量，是林地保护利用规划的约束性指标。

5. 林地生产率

林地生产率是指林地经营的生产水平和产出效果，是反映森林资源质量和生态学质量的重要指标，也是目前世界上评价森林生产力水平的主要因子，主要以林分(乔木林)单位面积蓄积量来表示，是林地经营利用的预期性指标。

6. 林地利用率

林地利用率是指森林面积与林地面积之比，是林地面积一定的情况下的森林面积水平，它反映了林地经营利用水平的高低，也是林地经营利用的预期性指标。

7. 重点公益林地比率

重点公益林是指按《森林法》《森林法实施条例》《国家级公益林地区划界定办法》规定的国家重点防护林和特种用途林。重点公益林地比率是指国家重点公益林面积占林地总面积的比例，是林地保护利用规划的预期性指标。

8. 重点商品林地比率

重点商品林包括速生丰产用材林和能源林，重点商品林地比率是指重点商品林林地面积之和与林地总面积之比[23]。

参考文献

[1]国家林业局．全国森林经营规划(2016-2050年)[R/OL].(2016-07-06)[2016-07-28]. http://www.forestry.gov.cn/main/58/content-892769.html.

[2]陈柳钦．林业经营理论的历史演变[J]．中国地质大学学报(社会科学版)，2007，7(2)：50-56.

[3]陈世清．广东省国有林场经营理论与实践研究[D]．北京：北京林业大学，2007.

[4]张永利．现代林业发展理论及其实践研究[D]．杨凌：西北农林科技大学，2004.

[5]杨建平，罗明灿，陈华．森林可持续经营研究综述[J]．林业调查规划，2007，32(6)：96-101.

[6]王希群，王安琪．法正林理论的创立者——洪德斯哈根[N/OL]．中国绿色时报，2015-07-17. http://www.greentimes.com/greentimepaper/html/2015-07/17/content_3272143.htm.

[7]胡雪凡，张会儒，张晓红．中国代表性森林经营技术模式对比研究[J]．森林工程，2019，35(4)：32-38.

[8]谢守鑫．我国森林资源分类经营管理的哲学思考与实践剖析[D]．北京：北京

林业大学，2006.
[9]李慧卿，江泽平，雷静品，等．近自然森林经营探讨[J]．世界林业研究，2007，20(4)：6-11.
[10]雷静品，李慧卿，江泽平．在我国实施近自然森林经营的分析[J]．世界林业研究，2007，20(5)：63-67.
[11]邓华峰．森林生态系统经营综述[J]．世界林业研究，1998，(5)：9-16.
[12]石小亮，陈珂，曹先磊．森林生态系统管理研究综述[J]．生态经济，2017，33(7)：195-201.
[13]李烨．多重功能需求约束下国有林场森林资源经营管理模式研究[D]．北京：北京林业大学，2015.
[14]中共中央，国务院．国有林场改革方案[R/OL].2015-03-18. http：//www. gov. cn/gongbao/content/2015/content_ 2838162. htm.
[15]王钰．我国4855个国有林场改革任务全面完成[N/OL]．中国绿色时报，2020-01-02. http：//www. greentimes. com/greentimepaper/html/2020-01/02/content_ 3339585. htm.
[16]迟诚，谢乐婢，黄海，等．国有林场改革的福建样本[N/OL]．中国绿色时报，2018-04-16. http：//www. greentimes. com/greentimepaper/html/2018-04/16/content_ 3320562. htm.
[17]贾治邦．集体林权制度改革是兴林富民的伟大实践[J]．中国机构改革与管理，2011，(4)：10-15.
[18]中共中央，国务院．关于全面推进集体林权制度改革的意见[R/OL].2008-06-08. http：//www. gov. cn/gongbao/content/2008/content_ 1057276. htm.
[19]国务院办公厅．关于完善集体林权制度的意见[R/OL].2016-11-25. http：//www. gov. cn/zhengce/content/2016-11/25/content_ 5137532. htm.
[20]徐丰果，周训芳．论集体林权制度改革中的林权流转制度[J]．林业经济问题，2008，28(4)：283-286.
[21]刘静，潘武林，赵猛，等．林权流转分析及激励路径研究[J]．湖北农业科学，2012，51(14)：3144-3146.
[22]韩帮助．林权流转法律问题探析[J]．环境保护与循环经济，2011，31(3)：23-25.
[23]王洪波．中国林地现代管理模式关键问题研究与实践探索[D]．北京：北京林业大学，2011.

第四章　森林生态系统

森林生态系统是森林生物群落(包括植物、动物和微生物)与其非生物环境(光、热、水、气、土壤等)在物质循环和能量转换化过程中形成的功能系统，系统内生物成分(绿色植物)能持续生产出有机物质，继而发展成自我维持和稳定的系统。森林生态系统是陆地生态系统中面积最大、最重要的自然生态系统，对陆地生态环境具有重要的影响。

第一节　森林生态系统的组成与结构

一、森林生态系统组成

森林生态系统(forest ecosystem)的组成与结构的多样性及其变化，涉及从个体、种群、群落、生态系统、景观、区域等不同的时空尺度，其中交织着相当复杂的生态学过程。通常情况下，生态系统包含4种主要组成部分，分别是非生物环境、生产者、消费者、分解者(还原者)。

(一)非生物环境

非生物环境(abiotic environment)一般包括以下三部分：①无机元素和化合物，如碳、氮、二氧化碳、氧、钙、磷和钾，它们参加物质循环；②有机物质，如蛋白质、糖类、脂类和腐殖质类等，它们联系生物和非生物成分；③其他物理条件，如温度、压力、光照、风等。

(二)生产者

生产者是指能以简单的无机物制造食物的自养生物(autotroph)如蓝藻、硝化细菌、绿色植物等。一般情况下，生产者把无机物转化为有机物，这些被转化的有机物，既可以供给生产者自身的发育生长所需，同时也为森林生态系统中的其他生物提供生长所必需的物质和能量，在生态系统中居于首要地位。

生产者包括所有的绿色植物和某些光合、化合和化能自养细菌，这些生产者是生态系统中最活跃的部分。对于森林而言，生产者主要是绿色植物。绿色植物利用太阳能将二氧化碳和水等无机物合成糖等有机质，并释放氧气。这个光合作用的过程直接或间接地为人类和其他生物，提供了进行生命活动所必需的能量和物质。

当然，自然界中除了绿色植物外，还有一些能自养生活的细菌，如：绿色硫细菌、紫色硫细菌和紫色非硫细菌等，这些细菌被统称为光合细菌(photosynthetic bacteria)。光合细菌有特殊的色素系统，在厌氧的生境下合成有机物。这类光合细菌多生活在湿地、沟渠、湖泊、河水、泥滩等环境中。

(三)消费者

相对生产者而言，消费者(consumer)是指不能利用无机物制造有机物，而只能通过直接或者间接消耗其他生物，来维持自我存活的生物，属于异养生物，如动物。

从生物上讲，消费者是自然界中的一个生物群落，按照其营养方式上的不同，又可以分为3类，包括草食动物(herbivore)、肉食动物(carnivore)和大型肉食动物或者顶级肉食动物(top carnivore)。根据不同的取食地位，消费者又可以分为直接依赖植物的活体器官(枝、叶、果实、种子)和凋落物的一级消费者，如蝗虫、野兔、鹿、牛、马、羊等食草动物；以草食动物为食的肉食动物为二级消费者，如黄鼠狼、狐狸、青蛙等；在肉食动物之间，由于弱肉强食关系的存在，其中的强者成为三级和四级消费者，如狮、虎、鹰和鲨鱼等。此外，有些动物既吃植物又吃动物，因而称为杂食动物，如某些鸟类和鱼类等。消费者在生态系统的物质和能量转化过程中处于中间环节。

消费者在生态系统中发挥着重要的作用。它不仅对初级生产物质起着加工、再生产的作用，而且许多消费者对其他生物种群数量起调控的作用。如食叶甲虫对落叶层的分解就发挥着重要作用。

(四)分解者(还原者)

分解者(decomposer)又称还原者，主要是指生态系统中的各种细菌、真菌和放线菌等，它们能够分解动植物残体中的有机物，利用其中的能量，并且在此过程中，将有机物转化成为无机物。分解者也属于异养生物，又称小型消费者。分解者在生态系统中占有极其重要的地位。如果没有细菌、真菌等分解者，地球上的动植物残体将无法降解，终究会堆积成灾，同时无机物将被永远固锁在有机质中不再参与物质和能量循环，整个生态系统的物质循环功能将终止，生态系统将会崩溃。

分解者有机体主要指细菌、真菌，除此之外，还包括一些原生动物，它们依靠分解动植物的排泄物和死亡的有机残体取得能量和营养物质，同时把复杂的有机物降解为简单的无机化合物或元素，归还到环境中，被生产者有机体再次利用。分解者有机体广泛分布于生态系统中，时刻不停地促使自然界的物质发生循环。陆地上的分解者，既有生活在枯枝落叶和土壤中的细菌和真菌，也有蚯蚓、螨、屎壳郎等。池塘里的分解者有两类：一类是细菌和真菌；另一类是蟹、某些种类的软体动物和蠕虫。草地上有蚯蚓、螨等无脊椎动物，还有生活在枯枝落叶和土壤上层的细菌和真菌。

二、森林生态系统结构

（一）形态结构

1. 水平结构

生态系统的水平结构是指一定生态区域内的生物类群在水平空间上的组合与分布。在不同的地理环境条件下，地面上的植物分布并非是均匀的，有的地段种类多、植被盖度大，这些地段的动物种类也相应多，反之则少。这种生物成分的区域分布差异性，也体现在区域景观类型的变化上，并形成了多种形式的景观格局。

2. 垂直结构

生态系统的垂直结构包括不同类型生态系统在海拔高度不同的生境上的垂直分布和生态系统内部不同类型物种及不同个体的垂直分层两个方面。

生物类型会随着海拔高度的变化，出现有规律的垂直分层现象，这是由于生物生存的生态环境因素发生变化的缘故。群落的垂直结构，主要指群落的分层现象。植物群落在其形成过程中，由于环境的逐渐分化，导致对环境有不同需求的植物生活在一起，这些植物各有其生长型，其生态幅度和适应特点也各有不同。植物按照空间高度或者土壤深度的垂直分配，形成了群落的层次，即群落的成层现象。

陆上群落的地上分层，与光的利用有关。森林群落的林冠层吸收了大部分光辐射，随着光照强度减弱，依次发展为林冠层、下木层、灌木层、草本层、地被层等层次。林冠层是固定能量的主要场所，对其他层次的形成和发育具有重要的作用；下木层、灌木层、草本层和地被层的发育主要与林冠层的郁闭度有关；地被层主要由苔藓、地衣等构成。

（二）营养结构

营养结构是指生态系统中生物与生物之间，生产者、消费者和分解者之间以食物营养为纽带所形成的食物链和食物网，它是构成物质循环和能量转化的主要途径。

1. 食物链

植物所固定的能量通过一系列的取食和被取食的关系，在生态系统中传递，通常把生物之间存在的这种传递关系称之为食物链（food chain）。在自然界中，受能量传递效率的限制，食物链一般有4~5个环节，最少3个环节，例如，鹰吃蛇，蛇吃蛙，蛙吃蝗虫，蝗虫吃草，这就是一条含5个环节的食物链。食物链越长，能量流失就越多。

食物链主要可分为3类：一类是以活体为起点的，称之为牧食食物链，这种食物链通常以活的绿色植物为基础，从食草动物开始的食物链。如小麦→蚜虫→瓢虫→食虫鸟；一类是以死的有机体为起点的，称之为碎屑（或称腐屑）食物链，碎屑食物链从死的有机物到微生物，接着到摄食腐屑生物及它们的捕食者；一类是寄生链，以活的动植物体为起点，经各级寄生物，如黄鼠→跳蚤→细菌→噬菌体。

在自然生态系统中，牧食食物链和腐屑食物链往往同时存在。如，森林的树叶、草，当其活体被取食时，它们是牧食食物链的起点；当树叶、草枯死落在地上，被微生物分解，形成碎屑，这时又成为腐屑食物链的起点。

2. 食物网

食物链所表达的主被动关系相对简单，而食物网中的生物关系要比食物链中的复杂得多。多数情况下，食物网中的一种生物既被多种生物食用，同时也食用其他多种生物。

从能量传递的角度来看，生态系统中的生物之间有着各种各样的能量传递关系，这种错综复杂的关系普遍存在，就像是一个无形的网，把所有的生物都包括在内，并通过能量传递，在它们彼此之间构建起了某种直接或间接的关系。在一个生态系统中的这种食物关系，可以理解成各种食物链相互交织在一起，并最终在生态系统中组成一张涵盖所有生物的、相互交错的食物网。通常情况下，复杂程度高的食物网较复杂程度低的食物网在其所在生态系统内抵抗外力干扰的能力强。

3. 营养级

为了更好地解释物种之间食物链和食物网的营养关系，也为了定量地进行能量流动和物质循环方面的研究，营养级的概念被引入到生态学中[1]。

一个营养级指的是处于食物链某一环节上的所有生物中的总和。例如，绿色植物和所有自养生物处于食物链的起点，是食物链上的生产者，是第一营养级。以生产者为食的动物属于第二营养级，也就是常说的食草动物营养级。以食草动物为食的食肉动物则为第三营养级。以此类推，还可以列出第四营养级和第五营养级。

4. 生态金字塔

生态金字塔是生态系统中能量流在各个营养级中单向流动的图形展示，一般可以分为数量金字塔、生物量金字塔和能量金字塔 3 类。数量金字塔是指在各个营养级以生物的个体数量进行比较而得到的图形；生物量金字塔是指将各个营养级以生物量的形式表达，并按照营养级水平由下而上叠加形成的图形；能量金字塔是指将各个营养级以能量的形式表达，这样建立起来的金字塔图形。

通常情况下，生态系统中的能量流是单向的，逐级减少的。能量金字塔始终保持金字塔形，不可能出现倒置的情形，而生物量金字塔有可能出现倒置的情况。例如，在湖泊和海洋生态系统中，生产者(浮游生物)的数量很大、个体很小，生活史很短，大量的被浮游动物所取食。这种情况下，调查的生物量，就可能出现浮游动物的生物量超过浮游植物生物量的情形，倒置生物量金字塔就会出现。

5. 能量流动过程

能量流动的起点主要是生产者通过光合作用所固定的太阳能或者自养型生物通过化学能改变生产的能量。流入生态系统的总能量主要是生产者通过光合作用所固定的太阳能总量。食物链和食物网是能量流动的主渠道。

生态系统中能量的流动和转化，遵循热力学第一、第二定律。热力学第一定律即能量守恒定律。生态系统通过光合作用所增加的能量等于环境中太阳所减少的能量，总能量不变，所不同的是太阳能转化为潜能，输入了生态系统，表现为生态系统对太阳能的固定。热力学第二定律即能量衰变定律。在生态系统中，当能量以食物的形式在生物之间传递时，食物中的部分能量被降解为热而消散掉，其余则用于合成新的组织作为潜能储存下来。由于动物在利用食物中的潜能时，常把大部分转化成热，仅有小部分转化为新的潜能。因此能量在生物之间每传递一次，大部分的能量就被降解为热而损失掉，这也就是为什么食物链的能量金字塔必定呈尖塔形的热力学解释。

6. 生态效率

能流过程中各个不同点上能量之比，被认为是生态效率或传递效率(transfer efficiency)。生态效率随动物类群而异，一般来说，无脊椎动物有较高的生产效率，约 30%~40%；外温性脊椎动物居中，约 10%；而内温性脊椎动物很低，仅 1%~2%，它们为维持恒定体温而消耗很多已同化能量。

7. 生态系统生产力

生态系统生产力(ecosystem productivity)是指生态系统的生物生产能力，是反映生态系统功能的主要指标。生态系统生产力可分为：初级生产力和次级生产力。

初级生产(primary production)是指地球上的各种绿色植物通过光合作用，将太阳辐射能以有机物的形式储存起来的过程。初级生产者是地球上一切能量流动的源泉。初级生产力(primary productivity)是指生产者(包括绿色植物和数量很少的自养生物) 生产有机质或积累能量的速率。净初级生产力，指初级生产力减去植物呼吸消耗所剩下的数量。

次级生产(secondary production)是指生态系统初级生产以外的生物有机体的生产，即消费者和分解者利用初级生产所制造的物质和储存的能量进行新陈代谢，经过同化作用转化形成自生物质和能量的过程。次级生产力(secondary productivity)是消费者和还原者利用初级生产产物构建自身能量和物质的速率。

8. 养分循环

生态系统养分循环通常称为物质循环，是养分在生物之间传输的过程。这个过程牵涉到地球环境中元素循环的整体过程。根据养分循环的路径和范围，地球化学循环(气态循环、沉积循环)、生物地球化学循环、生物化学循环是生态系统中养分元素的 3 个循环类型。

森林生态系统的吸收是由森林植物完成的，从吸收途径上看可以分为地上吸收和地下吸收两部分。其中，地上吸收部分主要依赖于植物的叶片和茎干表皮，而地下部分的吸收则主要通过植物的根系来进行。森林植物地上部分的养分吸收主要是通过光合作用，将二氧化碳和水合成糖类。森林中的碳几乎完全通过叶片吸收。大多数研究表明，短期植物光合能力随着二氧化碳浓度的升高而增加，这种现象被称之为二氧化碳施肥效应。森林生态系统所需要的大部分营养物质直接从土壤溶液中吸收。此外，植物根系也可以与根紧密接触的土壤矿物质中吸收养分。森林植物吸收的养分元素通过输导组织传递到植物体各部分，用于植物体生长、代谢过程或者暂时存储起来。

森林生态系统的养分生物地球化学循环发生于土壤、林木、枯落物和大气之间，循环过程包括林木吸收、留存、凋落物归还、淋溶归还、大气降水及飘尘输入、径流输入和人为输入等不同路径。森林生态系统中生物有机体在生活过程，大约需要30~40种元素，这些基本元素在被植物吸收利用后，再以有机物的形式从一个营养级传递到下一个营养级。当动植物有机体死亡后被分解者生物分解时，它们又以无机形式的矿质元素回归到环境中，再次被植物重新吸收利用。这样，矿质养分不同于能量的单向流动，而是在生态系统内一次又一次地利用、再利用，即发生循环，这就是森林生态系统中的养分物质循环或叫生物地球化学循环[1]。

第二节　森林生态系统的地带性分布

森林植被的地理分布，既有与生物、气候条件相适应，表现为广域的(地带性)水平分布规律和垂直分布规律，也有与地方性(地域性)的母质、地形、土壤类型相适应，表现为地域性的分布规律。由于生物气候条件决定而发育的土壤上生长着不同的森林植物类型，这种木本植物类型所构成的不同生态系统是广域分布的森林生态系统，称为地带性森林生态系统。

一、森林生态系统的地带性分布规律

(一)纬度地带性

随着地球表面上地理纬度的高低不同，太阳辐射提供给地球表面的热量分布，呈现南北之间规律性的差异，森林植被沿纬度方向有规

律更替的森林植被分布，称为纬度地带性。

一般情况下，低纬度区域，接受太阳总辐射量大，热量在季节间分配均匀，全年温度高；高纬度区域，接受太阳辐射量少，全年温度低，季节间温度差异大。在北极区域，地面接收太阳辐射量少，终年寒冷。太阳辐射量随纬度变化而存在的这样一个变化规律，导致植被呈现出带状分布特性，在北半球，从高纬度到低纬度，依次为极地荒漠、北方针叶林、寒带冻原、温带落叶阔叶林、亚热带常绿阔叶林和热带雨林。

（二）垂直地带性

在山地，环境随着海拔的变化而呈现规律性的变化。一般情况下，随着海拔的升高，气温逐渐降低，生长季逐渐缩短，海拔每升高100 米，气温下降 0.5~0.6℃，降水量也随着海拔的升高而增加(在一定高度后不再持续增加)，风速增强、辐射增大。山地的森林生态系统随着海拔高度的变化而出现的规律性变化，称为山地森林生态系统垂直带谱。不同纬度地带的山地，其垂直带谱是不同的，但垂直带谱的基带与该山体所在维度的水平地带性是一致的。因而，在划分时，通常是在与之对应的纬度森林生态系统前加上“山地”。例如，在纬度地带分布的季雨林、常绿阔叶林，其在垂直地带性分布则依次为山地季雨林、山地常绿阔叶林。

森林生态系统在纬度与垂直带分布的区别主要有 3 点：一是引起纬度带形成的环境因素和引起垂直带形成的环境因素，在性质和数量上，以及配合状况上都有不同的；二是垂直带分布的宽度比水平带窄很多，纬度带以几百公里计，垂直带宽度以几百米计；三是纬度带是连续成片分布，具有相对不间断性，垂直带分布经常有所间断。

（三）经度地带性

由于海陆分布、大气环流等综合因素的作用，陆地降水量沿海地区高，而内陆地区，离海岸线越远，降水越少。由于受到降水的影响，沿海地区森林分布广袤，而内陆地区森林分布少，植被多以荒漠植被为主，少有典型的森林生态系统出现。这种以水分条件为主导因素，引起植被分布由沿海到内陆发生由东到西(按经度方向)呈带状依次更替，被称为森林植被分布的经度地带性。

中国东临太平洋，西连内陆。从西北内陆到东南沿海依次呈极端干旱、干旱、半干旱、半湿润、湿润气候，植被变化从西北荒漠到东南沿海，依次为西部内陆荒漠区、中部半干旱草原区、东部湿润森林区。

二、森林生态系统类型及分布

热带雨林、亚热带常绿阔叶林、温带落叶阔叶林及北方针叶林、红树林生态系统等是地球上森林生态系统的主要类型。此外，这些相邻的类型之间还有一些过渡类型。

(一)热带雨林

热带雨林(tropical rainforest)中木本和草本的附生植物均多，或通常主要是由较少或无芽体保护的常绿树组成，无寒冷亦无干旱，真正常绿，个别植物仅短期无叶，但非同时无叶，大多数种类的叶子具滴水尖。热带雨林是地球上抵抗力稳定性最高的生态系统，生物群落演替速度极快，是世界上一半以上动植物物种的栖息地。热带雨林主要分布在南美洲的亚马孙盆地(美洲雨林群)、非洲的刚果盆地(非洲雨林群)、东南亚的一些岛屿(印度马来雨林群)。热带雨林的土壤带是赤道棕色黏土(铁铝土热带红壤)，土壤营养成分贫瘠，腐殖质含量低，并只局限于上层，缺乏盐基也缺乏植物养料，土壤呈酸性。热带雨林最重要的特征之一就是树种丰富、植物区系多样和有花植物繁多。

(二)常绿阔叶林

常绿阔叶林(evergreen broad-leaved forest)是指由常绿阔叶树构成的地带性森林，其优势树种主要来自壳斗科、樟科、山茶科和木兰科等类群的乔木成分。主要分布在地球表面热带以北或者以南的中纬度地区，典型的常绿阔叶林分布地区具有明显的亚热带季风气候。土壤类型，在低山、丘陵区主要是红壤和黄壤，在山区为山地黄棕壤或山地棕壤。常绿阔叶林群落外貌终年常绿，一般呈暗绿色而略闪烁反光，林相整齐，由于树冠浑圆，林冠呈微波状起伏，树木叶片多革质、表面有光泽，叶片排列方向垂直于阳光，因此也被称为“照叶林”。常绿阔叶林整个群落全年均为营养生长。内部结构复杂，群落结构仅次于热带雨林，可以明显地分出乔木层、灌木层、草本层、地被层。乔木层是光合作用的主要层，净生产量的绝大部分为乔木层所产生，其中尤以林冠层最多，向林内依次减少[1]。

(三)落叶阔叶林

落叶阔叶林(deciduous broad-leaved forest)是温带、暖温带地区海

洋性气候条件下的地带性森林类型。由于分布区内冬季寒冷而干旱，树木冬季落叶、夏季葱绿，又称夏绿林。中国的落叶阔叶林类型很多，根据优势种的生活习性和所要求的生境条件的特点，可分成3大类型：典型落叶阔叶林、山地杨桦林和河岸落叶阔叶林。

(四)北方针叶林

北方针叶林又称泰加林(taiga)，是寒温地带性森林，多为单优势种森林。群落结构极其简单，可分为乔木层、灌木层、草本层、低层苔藓层，常由1~2个树种组成，下层常有一个灌木层(各种浆果灌木)、一个草木层(悬钩子等)和一个苔原层(地衣、苔藓类植物)。北方针叶林几乎全部分布在北半球高纬度地区，主要分布在欧亚大陆北部和北美洲北部。在中国主要分布于大兴安岭和阿尔泰山。北方针叶林分布区以大陆性气候为特点，夏季温凉而短暂，冬季寒冷多雪且很长。与植物结构相对应，北方针叶林的动物组成也比较简单，而且大多数动物活动的季节性明显(如休眠、迁徙等)。北方针叶林是由松科类植物组成的森林，乔木组成以松属、云杉属、冷杉属、落叶松属、铁杉属等属种为主。其间，还有少量的落叶阔叶树会出现在该地区。森林生态系统内物质循环速度慢，死地被物层厚，分解周期长，因而生产力很低。

(五)红树林

红树林(mangrove)指生长在热带、亚热带低能海岸潮间带上部，受周期性潮水浸淹，以红树植物为主体的常绿灌木或乔木组成的潮滩湿地木本生物群落，被誉为“海上森林”。它生长于陆地与海洋交界带的滩涂浅滩，是陆地向海洋过度的特殊生态系。其突出特征是根系发达，能在海水中生长。红树林的成分以红树科的种类为主。红树科有16属120种，一部分生长在内陆，一部分组成红树林。中国红树林主要分布在广东、海南、广西、福建与台湾，其天然分布的北界在福建省福鼎市，人工营造的红树林可北移到浙江平阳一带。

三、中国主要森林生态系统类型与分布

中国森林类型多样，就生态系统分布来看，基本上符合纬度地带性。就分布面积来看，针叶林和阔叶林面积各约占一半，另有少量的针阔混交林。其中，针叶林具有广泛的水平地域分布性，几乎在每个地带中都有一定量的分布。就针叶林而言，还可以将其进一步细分为

寒温带的落叶针叶林、暖温带的温性针叶林、亚热带的暖性针叶林、热带的热性针叶林；在垂直带上还分布着亚高山针叶林(主要是云杉、冷杉林)。此外，还有各种次生松林，以及人工营造而成的杉木林等次生性针叶林。

落叶阔叶林是中国东部暖温带地带性植被，在温带、暖温带和亚热带分布广泛。常绿阔叶林是中国湿润亚热带森林地区的地带性植被类型。硬叶常绿阔叶林在川西、滇北和藏东南一带存在。季雨林、雨林主要分布在台湾、广东、广西、云南、西藏等省份的南部和海南地区。

鉴于森林生态系统对生态环境保护和人类社会可持续发展的特殊作用，中国高度重视植树造林和天然林保护工作，森林面积和蓄积量连续 30 多年保持“双增长”，成为全球森林资源增长最多的国家[2]。

第三节 森林生态系统的服务功能

森林生态系统的服务功能是指人类直接或间接从森林生态系统及其生态过程中所获取的自然环境条件与效用，包括直接服务功能和间接服务功能[3]。直接服务功能是指能商品化的服务功能，如森林生态系统产品等；间接服务功能是指无法商品化的服务功能，如维持生物多样性、调节气候、净化空气、减轻自然灾害、休闲娱乐、美学文化素养等。2008 年，国家林业局发布的《森林生态系统服务功能评估规范(LY/T1721——2008)》将森林生态系统服务功能总结为涵养水源、保育土壤、净化环境等 8 个类别。至此，中国森林生态系统服务功能分类有了统一的参考和规范[4,5]。

一、直接服务功能

森林生态系统林产品和林副产品是最典型的森林生态系统直接服务功能。森林生态系统通过森林植物的光合作用，合成与生产人类基本生存所必需的基础林(副)产品，用作人类的原料、燃料、建筑材料等，如木(薪)材、药材、树脂、树胶、纤维、工业原料、粮食(饲料)、建材等。

在许多山区，薪材作为主要的能源，其消费量最高占总能源消耗量的 90%[6]。在美国 150 种最常用的药物中，有 118 种的主要成分来源于自然物，其中来自森林植物的约 74%，如人参、三七、天麻等名贵中药材[7]。

二、间接服务功能

森林生态系统服务功能的间接服务功能依据其间接价值，如调节气候、净化环境、维持生物多样性等，其价值的评估采用防护费用法、恢复费用法、市场替代法进行估价[8]。森林生态系统服务功能直接价值是其间接价值发挥所依赖的基础，但森林生态系统服务功能的间接价值要高于其直接价值，如直接价值(木材及林副产品)与间接价值(涵养水源、保持水土、防风固沙、改善气候、释氧固碳等)之比，美国为 1∶9，芬兰为 1∶3，日本为 1∶7[9]。

(一)保持水土

森林在保持水土方面起着重要作用。林冠对降水有截留作用，可以有效降低雨水对土壤的侵蚀作用，从而延缓地表径流的过程，减少水土流失。森林在涵养水源方面起着重要作用，主要表现在蓄水功能、调节径流功能、削洪抗旱功能和净化水质等。森林土壤像海绵体一样，吸收林内降水并很好地加以蓄存。由于林木根系的作用，森林土壤形成涵水能力很强的孔隙，当森林土壤的根系空间深达 1 米时，每公顷森林可贮水 500~2000 立方米，所以森林通常被比喻成“绿色水库”。林地涵养水源的能力比裸地高 7~8 倍，一片 10 万公顷的森林相当于一个 20 万公顷的水库。据测定，在降雨时，森林的树冠截留 65%的雨水，35%变成地下水；一棵 25 年生天然树木每小时可吸收 150 毫米的降水；在有林地区，年降雨量 2000 毫米时，其水分消失量仅为 50 毫米[10]。

(二)防风固沙

森林可以有效降低风速、稳定流沙、增加和保持田间湿度，减轻干热风危害，在风沙危害地区保护农业的作用非常突出。森林防风固沙的功能主要体现在降低风速和改变风向两个方面。有研究显示，一条疏透结构的防护林带，迎风面防风范围可达林带高度的 3~5 倍，背风面可达林带高度的 25 倍。在防风范围内，风速减低 20%~50%，如果林带和林网配置合理，可将灾害性的风减弱，转而变成微风或者小风。灌木、乔木、草的根系都能够有效固着土壤颗粒，防止土壤沙化，或者把固定的沙土经过生物改变成具有一定肥力的土壤。

(三)调节气候

森林生态系统对大气层及局部气候均有调节作用，对温度、降水和气流产生影响。森林树冠层密集，在白天，林内太阳能辐射少，空气湿度大，林外的热空气不易传导到林内；在夜间，林冠又能起到保温的作用。因此，森林内部昼夜之间、冬夏之间的温差减小，林内地表蒸发比无林地显著减小，林地土壤中含蓄水分多，可保持较多的林木蒸腾和地面蒸发的水气，因而林内相对湿度比林外要高。由于森林的蒸腾作用，森林上空水蒸气含量就要比无林地区上空多，空气湿润，容易增加地域性降水量。据测定，在夏季，森林内的气温，要比城市空阔地低 2~4℃，相对湿度则要高 15%~25%[11]。

(四)消除污染

森林具有净化大气和城市污水、消除噪声等作用。森林生态系统防治大气污染和净化环境空气，主要是通过植物叶片的吸附作用来实现的，一方面，通过植物叶片的物理吸附作用暂时“固定”起污染物，使其脱离大气物质循环；另一方面，通过化学吸附作用，吸收污染物进入植物体内，通过系列的生物化学过程，将有毒污染物物质(二氧化硫、氟化物、重金属等)的数量减少、浓度降低，毒性减弱，进而降解转化为无毒物质[12]。森林中的许多树木和植物，都能够分泌多种杀菌素，这些杀菌素可杀死众多病菌，从而可以有效降低森林中空气含菌量。

噪声被认为是现代化都市的一大公害。噪声通过森林后，可降低声音强度，一般一条 40 米宽的林带即可减低 10~15 分贝。有实验结果显示，公园或片林可降低噪声 5~40 分贝，比离声源同距离的空旷地自然衰减效果多 5~25 分贝。

此外，森林对大气中的灰尘有阻挡、过滤和吸收的作用，可减少空气中的粉尘和尘埃。植物的叶片表面在经降水冲洗后，还可以继续阻滞尘埃，持续发挥降尘功能。

(五)维持生物多样性

生物多样性是森林生态系统服务功能的基础，是人类文化多样性的源泉，是人类生态文明的重要组成[13]。生物多样性的概念包含了至少三个层次，分别是遗传多样性、物种多样性和生态系统多样性，此外，景观水平的生物多样性即景观多样性(landscape diversity)也越来越受到重视。

森林生态系统通过森林群落整体创造生物繁衍生息与生存的环

境，为生物多样性的形成和生物进化提供资源条件，从而森林生态系统可避免由于环境因子的变动而导致物种的灭绝。与此同时，丰富的遗传基因信息保存在森林生态系统里，为人类开发新的药品、食品和品种改良提供了基因库，那些森林生态系统维持而尚未被人类驯化的物种，既是人类潜在的药品、食品的来源，又是品种改良与新的抗逆品种的基因来源[14]。

(六)休闲娱乐

森林旅游已经成为现代人休闲娱乐、远离城市生活压力、舒缓心情的重要选择。它所能提供的休闲娱乐活动主要有两种形式：一种是以森林浴、森林疗养、露营、野炊、登高爬山等为主体的森林空地休闲活动；另一种是以水上娱乐、动植物观赏、狩猎等为主体的森林内休闲娱乐活动。无论是森林内还是森林空旷地的这些活动形式，都具有很好的娱乐性、参与性、健身性和休闲性，参加这些活动，既可以强身健体，又可以改善人们心理健康状态和减轻人们的各种生活压力[15]。

森林生态系统服务功能是人类生存、经济发展、社会进步和生态文明的基础。保护和维持好森林生态系统的服务功能，就是保护人类赖以生存的生态环境，它是实现社会经济可持续发展、促进生态文明建设的重要保障。

第四节　全球气候变化对森林生态系统的影响

森林生态系统与气候之间联系密切。全球气候变化对森林生态系统的作用主要表现在二氧化碳浓度升高及降低的直接作用和温室气体引起全球气候变化的间接作用两方面。气候是决定森林类型分布及生产力的主要因素，影响森林生态系统生产力和分布的两个最为显著的气候因子是温度的总量和变量以及降水量及其变率。

一、森林植物物候的变化

物候学是研究自然界动植物和环境条件(气候、水文、土壤条件)周期变化之间相互关系的学科。其中，植物物候受气候变化的影响最大，同时气候的变化也能准确反应在植物的变化上。目前，在全球气候变暖的情况下，植物物候变化已成为重要的研究方向，物候法也被认为是当下研究植物物候变化和气候变化的重要方法之一。研究表明，植物开花时间受到气候变化的影响，温度升高，开花时间提前。据观测，在中国，由于温室效应，气温上升，长江流域和黄河流域地区的春季物候期明显提前，衰落季节延迟。

二、森林结构、分布和组成的变化

森林结构包括森林植被的营养结构、年龄结构、空间结构和组成结构，它在一定程度上受到气候变化的影响。研究显示：调节树种地理分布的首要因子是气候，并且随着气候的变化，大部分植物有向北扩张的趋势，这种现象在北半球表现的更加突出。

三、森林生产力的变化

森林和森林生产力对于人类发展有着重要影响。有关模拟试验表明：短期内，植物生长率、生物量、植物生产力，随着二氧化碳浓度的上升而明显提升；但是，在气候变化背景下，如果二氧化碳浓度持续升高，则会导致森林生产力下降。另外，二氧化碳的持续增加，所带来的全球温室效应，也会带来一些极端气候发生的频率，在这些极端气候的干扰下，森林生态系统也会受到影响。

四、森林碳库的变化

生物量碳和土壤碳是目前森林碳库的两种主要形式。占陆地面积1/5的森林是陆地生态系统中最大的碳库。气候变化对森林碳库有着重要影响。大气中的二氧化碳浓度持续增加，全球温室效应越来越明显，植物生长期不断延长，再加上植树造林措施的不断实施和氮沉降，森林碳库碳储量呈现上升趋势。

森林生物量及其碳储量是反映森林生态环境的重要指标。研究表明，森林生态系统在应对气候变化中具有重要作用的原因主要表现在两个方面：一方面是森林生态系统的植被、凋落物、有机质残体及土壤有机质中储存有大量的碳，约占陆地生态系统有机碳地上部分的80%，地下部分的40%；另一方面是森林生态系统在被破坏或干扰的情况下，系统中储存的碳，会逐渐释放到大气中，并导致大气中二氧化碳浓度升高[16]。

五、森林生物多样性的变化

随着气候变暖，森林生态系统的稳定性受到严重威胁，物种的数量和有效生境也受到了影响，很有可能导致部分物种灭绝。气候变化下，大气中二氧化碳浓度的增加，有利于C3植物生长，但对C4植物构成威胁，从而导致低营养生态系统更易受到入侵，这在一定程度上改变了森林生态系统的生态结构。另外，全球气温变暖会影响海平面的高度，海平面上升会导致很多沿海地区的森林物种灭绝。研究发现，气候变化除了会导致部分物种灭绝外，还会导致其他物种数量增加，北方林种逐步被南方林种替代，寄生虫科、步行虫科物种数量及森林树种密度会降低，而膜翅目昆虫、软体动物类密度会有一定增加[17]。

六、对森林生态系统的间接影响

气候变化对森林生态系统的间接影响通常要显著大于直接影响，而森林火灾和森林病虫害是其中两种最主要的间接影响方式。研究表明，气候是林火动态变化的主导因素，气候变化会通过对森林植被和可燃物类型与载量的影响来改变林火行为。同时，森林燃烧产生的温室气体又对气候变化产生反馈作用。

全球气候变化带来的暖干化，以及极端气候事件发生的强度和频率的加强已毋庸置疑，在此背景下，森林火灾的发生频率和发生重特大火灾的可能性也相应增加。此外，气候条件为病虫害年际间波动的主要控制因子，气候变暖，尤其是冬季气温升高，有利于病虫害越冬、繁殖，病虫危害程度加重[18]。

参考文献

[1]薛建辉．森林生态学(修订版)[M]．北京：中国林业出版社，2016.

[2]常钦．我国森林面积和蓄积30多年保持双增长为全球森林资源增长最多的国家[EB/OL]．http://paper.people.com.cn/rmrb/html/2019-12/10/nw.D110000renmrb_20191210_2-14.htm，2019-12-10/2020-1-4.

[3]余新晓，鲁绍伟，靳芳，等．中国森林生态系统服务功能价值评估[J]．生态

学报，2005，25(8)：2096-2102.
[4] Millennium Ecosystem Assessment Board. Ecosystems and Human Well being：Health Synthesis[D]. Washington：World Resources Institute，2005.
[5]欧阳志云，王如松，赵景柱．生态系统服务功能及其生态经济价值评价[J]. 应用生态学报，1999，10(5)：635-640.
[6]毛永文．生态环境影响评价[M]. 北京：中国环境科学出版社，1998.
[7]蔡晓明．生态系统生态学[M]. 北京：科学出版社，2000.
[8]魏嘉伟．岑王老山自然保护区森林生态系统服务功能评价研究[D]. 桂林：广西师范大学，2010.
[9]黄海伟．潭江流域森林生态系统服务功能及其价值研究[D]. 广州：中山大学，2005.
[10]孙钢．生态系统服务的划价[J]. 环境保护，2000，(6)：41-43.
[11]施清，赵景柱，吴钢，等．生态系统的净化服务及其价值研究[J]. 应用生态学报，2001，12(6)：908-912.
[12]肖强，肖洋，欧阳志云，等．重庆市森林生态系统服务功能价值评估[J]. 生态学报，2014，34(1)：216-223.
[13]黄海伟．潭江流域森林生态系统服务功能及其价值研究[D]. 广州：中山大学，2005.
[14]殷茵，李爱民．森林生态系统服务功能及其价值[J]. 江西科学，2016，34(6)：822-826，857.
[15]王万同，唐旭利，黄玫．中国森林生态系统碳储量：动态及机制[M]. 北京：科学出版社，2018.
[16]朱美荣．全球气候变化背景下森林生态系统现状和响应机制研究[J]. 河南农业，2019，(20)：42-43.
[17]王姮，李明诗．气候变化对森林生态系统的主要影响述评[J]. 南京林业大学学报(自然科学版)，2016，40(6)：167-173.
[18]任海，邬建国，彭少麟，等．生态系统管理的概念及其要素[J]. 应用生态学报，2000，11(3)：455-458.

第五章　湿　地

湿地是一种介于水陆之间的独特复杂的生态系统，广泛分布于世界各地，拥有众多野生动植物资源，与海洋、森林一并列为地球三大生态系统。相比于陆地生态学和水域生态学，湿地生态系统具有蓄洪防旱、调节水位、净化水质、保持生物多样性、维护区域生态平衡等重要生态功能，使其有"地球之肾""物种的基因库""生命的摇篮"的美誉。保护湿地，科学合理地管理利用湿地，维持正常的湿地生态功能，对于促进人与自然和谐，实现经济社会可持续发展，具有十分重要的意义。

第一节　湿地的定义

湿地是自然界中的一类非地带性景观类型，是由喜湿生物和浸水环境构成的独特的自然综合体。湿地研究已有100多年的历史，由于湿地分布的广泛性、类型的多样性、面积的差异性、淹水条件的易变性以及湿地边界的不确定性，到目前为止，国际上并没有统一的湿地定义。1986年国际湿地学会主席 William J. Mitsch 在其所著的《湿地》(*Wetlands*)一书中对湿地概念进行了系统描述："认识上的差异和目的的不同，使不同的人在对湿地定义时强调不同的方面。湿地科学家感兴趣的是弹性较大、全面而严密的定义，便于进行湿地分类、外业调查和研究；湿地经营者则关心管理条例的制定，以阻止或控制湿地的人为改变，人们的这些不同需要，就产生了各种不同的湿地定义，因此需要准确而具有法律效力的定义。"[1,2]

根据湿地定义外延和内涵的差异，可将湿地定义划分为狭义和广义两种。

一、狭义的湿地定义

狭义的湿地定义把湿地看作是陆地生态系统与水域生态系统的交错区或过渡地带。主要有下列几种。

(一)美国的湿地定义

美国于20世纪中叶以后才逐渐重视湿地的研究和湿地管理工作，在不同时期提出了多种湿地定义，具代表性的有[3-6]：

1. 美国39号通报(Circular 39)的定义

1954年，美国鱼类和野生动物保护局根据首次湿地清查与编目工作的调查结果，重点放在与水禽栖息地有关的重要湿地，结集出版了《美国的湿地》(Shaw and Fredine，1956)，被称为“39号通报”。

这是最早的湿地定义之一，即湿地“是指被浅水和有时被暂时性或间歇性积水所覆盖的低地”。它们常常以木本沼泽、草本沼泽、藓类沼泽、塘沼、湿草甸、淤泥沼泽以及滨河泛滥地等名称被大众所提及。浅湖或浅塘通常以挺水植物为显著特征，也包括在这一定义之中。但河流、水库和深水湖泊等稳定水体不包括在内，因为这些水体不具有这种暂时性，对潮湿土壤植被的发展几乎毫无作用。

39号通报的定义至今仍是美国所用的主要湿地分类基础，它包括了20种湿地类型，强调了湿地作为水禽生境的重要性，但该定义对水深未作规定。

2. 美国军人工程师协会的定义

美国军人工程师协会(The US Army Corps of Engineers)在1977年对湿地作出定义：“湿地指那些地表水和地面积水浸淹的频度和持续时间很充分，能够供养(在正常环境下确实供养)适应于潮湿土壤的植被的区域。通常湿地包括草本沼泽、灌丛沼泽、苔藓泥炭沼泽，以及其他类似区域。”这一概念主要为了法律和管理中应用的简便，因此只给出了植被一项指标。

3. 美国鱼和野生动物保护局的定义

1979年，美国鱼和野生动物保护局在《美国湿地及其深水生境的分类》的研究报告中提出的定义：“湿地是指陆地生态系统和水域生态系统之间的转换区，其地下水位通常是达到或接近地表或处于浅水淹覆状态，至少具备以下三个属性之一：①至少周期性地以水生植物生长为优势；②基底以排水不良的水成土为主；③若土层为非土质化土壤(非土质化土壤是指非自然发生的土壤，如填土、冲洪积物，一般情况下土层较薄，多小于10厘米，土体结构不明确；还包括有机物厚度低于40厘米且水淹的粗骨土)，则每年生长季的部分时间被水浸或水淹。”还包括在低水位时水深2米以内的湖泊地带，水深超过2米的湖泊地带不再纳入湿地范畴。

这一定义较为综合，提出后被美国湿地学界广为接受。该定义包含了对植被、水文和土壤的描述，主要适用于科研应用。当时印度接受这一定义为其官方湿地概念，美国的部分州把这一概念作为立法概念。和“美国39号通报”提出的定义一样，为美国的湿地分类和综合详查提供了依据。

4. 美国 William J. Mitsch 等的定义

国际湿地学会主席 William J. Mitsch 等综合各种湿地定义的内涵后，在《湿地》一书中提出湿地的确定是以水的出现为标准：生长着适应于潮湿环境的水生植物，通常具有独特的、不同于其他地区的土壤。此外，湿地还有许多与其他生态系统相区别的特征：湿地阶段性地积水深度和积水时间各不相同；常处于陆地和深水体间的共同边缘区，且同时受水体与陆地两种生态系统的影响：湿地面积小则几公顷，大则几万公顷，差异很大。湿地分布广泛，从内陆到滨海，从乡村到城区都有分布，人类影响湿地的程度在不同的区域及不同类型的湿地上变化巨大。《湿地》是美国湿地研究综合性强、最全面的文献，这一定义的最大问题是对湿地范围未有明确的界线描述。

(二)加拿大的湿地定义

加拿大国家湿地工作组在进行北方(寒带)内陆泥炭地研究中提出了一种特殊的湿地定义：“湿地系指被水淹或地下水位接近地表，或浸润时间足以促进湿成和水成过程，并以水成土壤、水生植被和适应潮湿环境的生物活动为标志的土地。”加拿大的湿地定义强调湿润土壤条件，尤其是生长季节的湿润土壤条件。

1987年，加拿大学者在加拿大埃德蒙顿国际湿地与泥炭研讨会上提出的定义是：“湿地是一种土地类型，其主要标志是土壤过湿、地表积水(但水深不超过2米，有时含盐量高)、土壤为泥炭土或潜育化沼泽土，并生长有水生植物。水深超过2米的，因无挺水植物生长，则算作湖泊水体。”这一定义提出了水深不超过2米的指标[7]。

(三)英国的定义

1993年，英国 Jw. Lloyd 等将湿地定义为：“一个地面受水浸润的地区，具有自由水面，通常是常年积水，或季节积水，但也有可能在有限的时间内没有积水。自然湿地的主要控制因子是气候、地质和地貌条件。人工湿地还有其他控制因子。”[8]

(四)日本的定义

日本学者井一 1993 年认为，“湿地的主要特征首先是潮湿，其次是地下水位高，三是至少在一年的某一段时间内土壤水处于饱和状态。土壤积水导致特征植被发育”[9]。这一定义与英国的湿地定义相同，强调水分和土壤，忽略了植被状况。

(五)中国的定义

佟凤勤、刘兴土和赵魁义(1995)对湿地做了如下的定义：“湿地是指陆地上常年或季节性积水(水深 2 米以内，积水期达 4 个月以上)和过湿的土地，并与其生长、栖息的生物种群构成的独特生态系统。”这一概念强调了构成湿地的三要素：积水、过湿地及生物群落，但并未明确地说明 3 个因子的组合与湿地之间的确定关系，同时对水质状况亦未加说明，但这被认为是国内最完整的一个有关湿地的定义[6,7,8,9]。

陆健健参照《关于特别是作为水禽栖息地的国际重要湿地公约》(简称《湿地公约》)及美国、加拿大和英国等国家的湿地定义，根据我国的实际情况，定义我国湿地为“陆缘为含 60%以上湿地植物的植被区；水缘为海平面以下 6 米的近海区域，包括内陆与外流江河流域中自然的或人工的、咸水或淡水的所有富水区域(枯水期水深 2 米以上的水城除外)，无论区域内的水是流动的还是静止的、间歇的还是永久的”，并对湿地的要素、条件和类型进行了界定[10]。

综合我国学者的定义，湿地是指地球表层的一种水域和陆地之间过渡的地理综合体，具有 3 个互相关联、互相制约的基本特征，即：有喜湿生物栖息活动；地表常年或季节性积水；土层严重潜育化。

狭义的湿地定义强调湿地生物、土壤和水文三大因子的同时存在和彼此作用，但那些枯水期水深超过 2 米，水下或水面已无植物生长的明水面和大江大河的主河道则不算作湿地，这给湿地保护和管理带来了较大的困难。

二、广义的湿地定义

《湿地公约》是全球第一个环境公约，1975 年 12 月 21 日正式生效。《湿地公约》采用了更为广义的定义：“湿地系指天然或人工、永久或暂时之死水或流水、淡水、微咸或咸水、沼泽地、湿原、泥炭地或水域，包括低潮时水深不超过 6 米的海水区。”《湿地公约》在第二条第一款还明确：“湿地，可包括与湿地毗邻的河岸和海岸地区，以及位于湿地内的岛屿或低潮时水深不超过 6 米的海洋水体，特别是具有水禽生境意义的地区岛屿与水体。”[11]

湿地的定义延伸至更广泛的湿地水禽栖息地类型，不仅包括河流及泛洪平原、湖泊、沼泽及泥炭地、沿海滩涂、红树林以及珊瑚礁等天然湿地，而且还包括水库、农田、盐池、鱼(虾)塘、砂砾矿坑、污水处理厂以及运河等人工湿地。以此看来，地球上所有水体、水饱和和被水浸渍的土地以及受沿海潮汐影响的地带都被划为湿地管理的范畴。

《湿地公约》对湿地的定义是所有缔约国必须接受的，它有利于管理部门划定湿地管理边界，有利于建立流域联系，以阻止或控制流域不同地段的湿地被人为破坏[10]。

第二节 湿地的类型与分布

一、湿地的类型

湿地的分类是湿地整体各部分之间相互有序关系的反映，是湿地科学的重要基础性研究工作，同时也是湿地保护与决策的依据。

(一)湿地水文分类

湿地水文分类以湿地水文条件的差异为基础进行的分类。20 世纪 50 年代早期，美国鱼类和野生动物保护协会将湿地分为内陆淡水湿地、内陆咸水湿地、海岸淡水湿地和海岸咸水湿地 4 大类，再根据淹水深和淹水持续时间分为 20 种湿地类型并将此分类系统发表在美国鱼类和野生动物保护协会 39 号通报上(表 5-1)[7,12,13]。

Brinson 提出，不同水源补给条件与沼泽类型具有相关性(图 5-1)。

20 世纪初，欧洲和北美对泥炭地的分类是根据水源补给条件不同进行泥炭地类型划分(表 5-2)，这一方法至今被普遍应用于泥炭地研究中。

表 5-1 美国鱼类和野生动物保护协会 39 号通报湿地分类

湿地类型		特征
内陆淡水湿地	季节性淹水	土壤被水覆盖或经常淹水，但在生长季节大部分时间里排水良好；分布于低洼盆地或平地部位
	淡水草甸	生长季节无长期积水；表面淹水在几厘米之内
	浅水沼泽	生长季节土壤积水；水深一般 15 厘米左右
	深水沼泽	土壤积水 15~100 厘米
	开阔水体	水深小于 2 米
	灌丛沼泽	土壤积水；水深般在 15 厘米以上
	木本沼泽	土壤积水；水深一般 30 厘米；沿水流缓慢的溪流、平坦高地浅水湖泊分布
	藓类沼泽	土壤积水；覆盖有海绵状苔藓
内陆咸水湿地	盐碱平地	大雨过后地表海水；生长季节地表积水深在几厘来之内
	盐碱沼泽	生长季节土壤积水；水深一般 70~100 厘米，分布于浅水湖泊周围
	咸水水体	长期咸水淹没的地方；水深不稳定
海岸淡水湿地	浅水沼泽	生长季节土壤积水；高潮时水深 15 厘米；分布于潮汐性河流、海湾、三角洲深水沼泽，在向岸一侧
	深水沼泽	高潮时水深 15~100 厘米；沿潮汐性河流和分布
	开阔水体	潮汐性河流和海湾浅水部分
海岸咸水湿地	盐滩	生长季节土壤淹水；有时很有规律地被高潮淹没；向陆一侧分布有盐化草甸和盐沼
	盐化草甸	生长季节土壤淹水；几乎不被潮水淹没；向陆一侧分布盐沼
	不规律淹水盐沼	在生长季节不规律地间歇性被风暴潮淹没；沿海湾等岸边分布
	规律性淹水盐沼	平均高潮淹水 15 厘米以上；沿开阔海洋和海湾分布
	海湾	平均低潮线以下的浅海
	红树林沼泽	平均高潮水深 15~100 厘米，土壤覆盖，沿佛罗里达南海岸分布

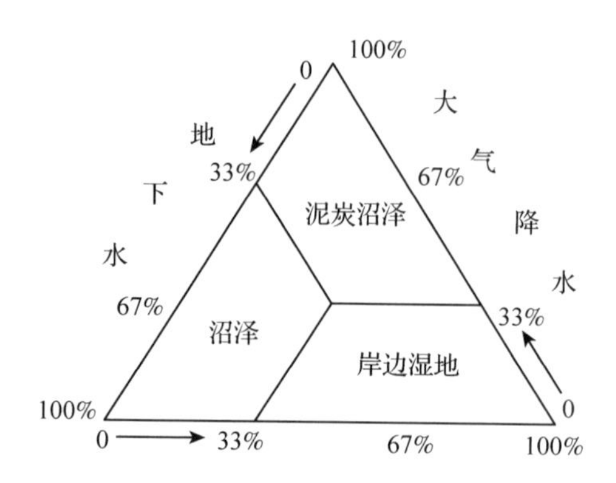

图 5-1 不同水源补给与沼泽类型关系

表 5-2 欧洲泥炭地水文分类

A. 地表水补给的沼泽—受集水区地表水和大气降水补给的泥炭地	
类型 1	持续流水淹没泥炭地表面
类型 2	植被“浮毯”状，下有持续流水
类型 3	间断性流水淹没泥炭地表面
类型 4	植被“浮毯”状，下有间断性流水
B. 过渡沼泽 仅靠集水区内地表水补给的泥炭地	
类型 5	连续性流水
类型 6	间歇性流水
C. 雨水补给的沼泽	
类型 7	仅靠降雨补给，无地表水补给

注：引自 Bellamy，1968；Moore 和 Bellamy，1974。

（二）湿地水文地貌分类

Brinson 于 1993 年提出水文地貌分类系统，可广泛应用于湿地物理、化学和生态功能评价。湿地水文地貌分类系统包含 3 个主要因素，地貌条件、水动力条件、水源补给类型。其特征视为湿地的 3 个同等重要的基本属性。地貌条件主要有河岸地、低洼地、边缘湿地和广阔的泥炭地 4 种；水源补给主要为降水、地表水和地下水 3 种类型，且一般为混合补给。湿地中水流动的方向和强度称为水动力条件，包括蒸发蒸腾作用、降水或地下水补给导致的水面垂直起伏流，地形梯度引起的单向水平流和双向水平流 3 个主要类型[7]。

（三）湿地能量梯度分类

不同类型湿地的形成和发育受环境要素梯度变化的影响，瑞典科学家提出了瑞典湿地类型与水分、养分等梯度的关系模型(图 5-2)。

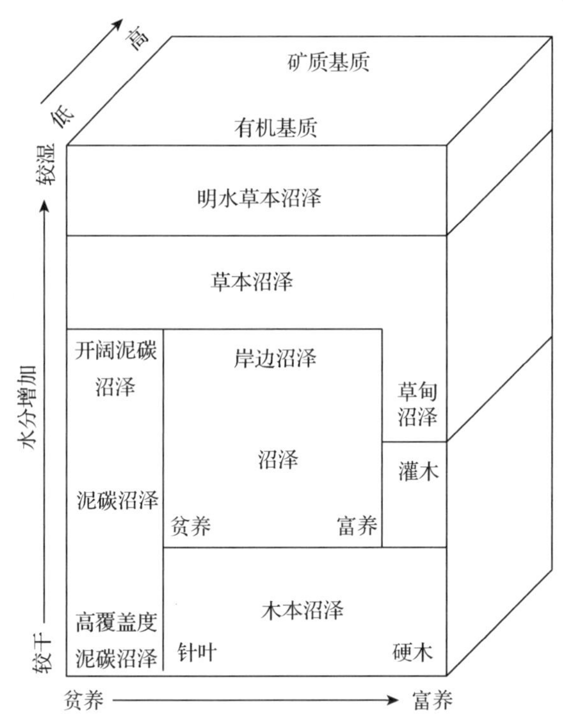

图 5-2　水分梯度、养分梯度与湿地类型地关系

(四)《湿地公约》国际重要湿地类型分类系统

《湿地公约》国际重要湿地类型分类系统是从湿地保护与管理的角度出发，尤其是从保护水禽栖息地的角度出发制定的湿地分类系统，详见表 5-3[12,13,14]。

表 5-3　《湿地公约》确定的湿地分类系统

湿地系统	湿地类	湿地型	公约指定代码	说明
天然湿地	海洋/海岸湿地	永久性浅海水域	A	多数情况下低潮时水位小于 6 米，包括海湾和海峡
		海草层	B	包括潮下藻类、海草、热带海草植物生长区
		珊瑚礁	C	珊瑚礁及其邻近水域
		岩石性海岸	D	包括近海岩石性岛屿、海边峭壁
		沙滩、砾石与卵石滩	E	包括滨海沙洲、海岬以及沙岛、沙丘及丘间沼泽
		河口水域	F	河口水域和河口三角洲水域

（续）

湿地系统	湿地类	湿地型	公约指定代码	说明
天然湿地	海洋/海岸湿地	滩涂	G	潮间带泥滩、沙滩和海岸其他咸水沼泽
		盐沼	H	包括滨海盐沼、盐化草甸
		潮间带森林湿地	I	包括红树林沼泽和海岸淡水森林沼泽
		咸水、碱水潟湖	J	有通道与海水相连的咸水、碱水潟湖
		海岸淡水潟湖	K	包括淡水三角洲潟湖
		海滨岩溶洞穴水系	Zk(a)	滨海岩溶洞穴
		永久性内陆三角洲	L	内陆河流三角洲
		永久性河流	M	包括河流及其支流、溪流、瀑布
	内陆湿地	时令河	N	季节性、间歇性、不定期性的河流、溪流、小河
		湖泊	O	面积大于8公顷，永久性淡水湖，包括大的牛轭湖
		时令湖泊	P	大于8公顷的季节性、间歇性的淡水湖；包括漫滩湖
		盐湖	Q	永久性的咸水、半咸水、碱水湖
		时令盐湖	R	季节性、间歇性的咸水，半咸水、碱水湖及其浅滩
		内陆盐沼	Sp	永久性的咸水、半咸水、碱水沼泽与泡沼
		时令碱、咸水盐沼	Ss	季节性、间歇性的咸水、半咸水、碱性沼泽、泡沼
		永久性的淡水草本沼泽、泡沼	Tp	草本沼泽及面积小于8公顷泡沼，无泥炭积累，大部分生长季节伴生浮水植物
		泛滥地	Ts	季节性、间歇性洪泛地，湿草甸和面积小于8公顷的泡沼
		草本泥炭地	U	无林泥炭地，包括藓类泥炭地和草本泥炭地
		高山湿地	Va	包括高山草甸、融雪形成的暂时性水域
		苔原湿地	Vt	包括高山苔原、融雪形成的暂时性水域
		灌丛湿地	W	灌丛沼泽、灌丛为主的淡水沼泽，无泥炭积累
		淡水森林沼泽	Xf	包括淡水森林沼泽、季节泛滥森林沼泽、无泥炭积累的森林沼泽
		森林泥炭地	Xp	泥炭森林沼泽
		淡水泉及绿洲	Y	
		地热湿地	Zg	温泉
		内陆岩溶洞穴水系	Zk(b)	地下溶洞水系

（续）

湿地系统	湿地类	湿地型	公约指定代码	说明
人工湿地		水产池塘	1	鱼虾养殖池塘
		水塘	2	包括农用池塘、储水池塘，一般面积小于8公顷
		灌溉地	3	包括灌溉渠系和稻田
		农用泛洪湿地	4	季节性泛滥的农用地，包括集约管理或放牧的草地
		盐田	5	晒盐池、采盐场等
		蓄水区	6	水库、拦河坝、堤坝形成的一般大于8公顷的储水区
		采掘区	7	积水取土坑、采矿地
		废水处理场所	8	污水场、处理池和氧化塘等
		运河、排水渠	9	输水渠系
		地下输水系统	Zk(c)	人工管护的岩溶洞穴水系等

注：引自国家林业局野生动植物保护司，2001。

(五)中国湿地分类系统

我国湿地面积广大、类型复杂、生物多样性丰富，从寒温带到热带，从平原到山地、高原，从沿海到内陆都有广泛发育。主要包括沼泽湿地、湖泊湿地、河流湿地、河口湿地、海岸滩涂、浅海水域、水库、池塘、稻田等各种自然和人工湿地，其中青藏高原的陆极湿地具有世界特色[15]。

2008年，国家林业局根据中国的实际情况以及《湿地公约》分类系统，将中国的湿地划分为近海与海岸湿地、河流湿地、湖泊湿地、沼泽与沼泽化湿地、库塘等5大类34种类型，如表5-4[14]。

表5-4 中国湿地类型及划分标准

代码	湿地类	代码	湿地型	划分技术标准
I	近海与海岸湿地	I1	浅海水域	浅海湿地中，湿地底部基质为无机部分组成，植被盖度<30%的区域，多数情况下低潮时水深小于6米。包括海湾、海峡
		I2	潮下水生层	海洋潮下，湿地底部基质为有机部分组成，植被盖度≥30%，包括海草层、海草、热带海洋草地
		I3	珊瑚礁	基质由珊瑚聚集生长而成的浅海湿地
		I4	岩石海岸	底部基质75%以上是岩石和砾石，包括岩石性沿海岛屿、海岩峭壁

（续）

代码	湿地类	代码	湿地型	划分技术标准
Ⅰ	近海与海岸湿地	I5	沙石海滩	由砂质或沙石组成的，植被盖度<30%的疏松海滩
		I6	淤泥质海滩	由淤泥质组成的植被盖度<30%的淤泥质海滩
		I7	潮间盐水沼泽	潮间地带形成的植被盖度≥30%的潮间沼泽，包括盐碱沼泽、盐水草地和海滩盐沿
		I8	红树林	由红树植物为主组成的潮间沼泽
Ⅰ	近海与海岸湿地	I9	河口水域	从近口段的潮区界(潮差为零)至口外海滨段的淡水舌锋缘之间的永久性水域
		I10	三角洲/沙洲/沙岛	河口系统四周冲积的泥/沙滩，沙州、沙岛(包括水下部分)植被盖度<30%
		I11	海岸性咸水湖	地处海滨区域有一个或多个狭窄水道与海相通的湖泊，包括海岸性微咸水、咸水或盐水湖
		I12	海岸性淡水湖	起源于潟湖，与海隔离后演化而成的淡水湖泊
Ⅱ	河流湿地	Ⅱ1	永久性河流	常年有河水径流的河流，仅包括河床部分
		Ⅱ2	季节性或间歇性河流	一年中只有季节性(雨季)或间歇性有水径流的河流
		Ⅱ3	洪泛平原湿地	在丰水季节由洪水泛滥的河滩、河心洲、河谷、季节性泛滥的草地以及保持了常年或季节性被水浸润内陆三角洲所组成
		Ⅱ4	喀斯特溶洞湿地	喀斯特地貌下形成的溶洞集水区或地下河/溪
Ⅲ	湖泊湿地	Ⅲ1	永久性淡水湖	由淡水组成的永久性湖泊
		Ⅲ2	永久性咸水湖	由微咸水/咸水/盐水组成的永久性湖泊
		Ⅲ3	季节性淡水湖	由淡水组成的季节性或间歇性淡水湖(泛滥平原湖)
		Ⅲ4	季节性咸水湖	由微咸水/咸水/盐水组成的季节性或间歇性湖泊
Ⅳ	沼泽湿地	Ⅳ1	藓类沼泽	发育在有机土壤的、具有泥炭层的以苔藓植物为优势群落的沼泽
		Ⅳ2	草本沼泽	由水生和沼生的草本植物组成优势群落的淡水沼泽
		Ⅳ3	灌丛沼泽	以灌丛植物为优势群落的淡水沼泽
		Ⅳ4	森林沼泽	以乔木森林植物为优势群落的淡水沼泽
		Ⅳ5	内陆盐沼	受盐水影响，生长盐生植被的沼泽。以苏打为主的盐土，含盐量应>0.7%；以氯化物和硫酸盐为主的盐土，含盐量应分别大于1.0%和1.2%

（续）

代码	湿地类	代码	湿地型	划分技术标准
Ⅳ	沼泽湿地	Ⅳ6	季节性咸水沼泽	受微咸水或咸水影响，只在部分季节维持浸湿或潮湿状况的沼泽
		Ⅳ7	沼泽化草甸	为典型草甸向沼泽植被的过渡类型，是在地势低洼、排水不畅、土壤过分潮湿、通透性不良等环境条件下发育起来的，包括分布在平原地区的沼泽化草甸以及高山和高原地区具有高寒性质的沼泽化草甸
		Ⅳ8	地热湿地	由地热矿泉水补给为主的沼泽
		Ⅳ9	淡水泉/绿洲湿地	由露头地下泉水补给为主的沼泽
Ⅴ	人工湿地	Ⅴ1	库塘	为蓄水、发电、农业灌溉、城市景观、农村生活为主要目的而建造的，面积不小于8公顷的蓄水区
		Ⅴ2	运河、输水河	为输水或水运而建造的人工河流湿地，包括灌溉为主要目的的沟、渠
		Ⅴ3	水产养殖场	以水产养殖为主要目的而修建的人工湿地
		Ⅴ4	稻田/冬水田	能种植一季、两季、三季的水稻田或者是冬季蓄水或浸湿的农田
		Ⅴ5	盐田	为获取盐业资源而修建的晒盐场所或盐池，包括盐池、盐水泉

二、湿地分布

（一）世界湿地分布

全球湿地面积约为 7×10^6 ~ 9×10^6 平方公里，约占地球陆地面积的4%~6%。56%的湿地分布在热带和亚热带。气候、地貌和排水模式是决定湿地分布的重要因素[16]。

（二）我国湿地分布

我国地处欧亚大陆东南部，拥有广阔领土和管辖海域。因地理环境气候条件的多样性，导致湿地地貌类型千差万别，我国是世界上湿地类型最齐全、数量最丰富的国家之一。我国湿地面积约占世界湿地面积的10%~13%左右。居亚洲第一位，世界第四位。

受自然条件的影响，我国湿地类型的地理分布呈现明显的区域差异。如一个地区内有多种湿地类型，一个湿地类型分布于多个地区。构成了丰富多样的组合类型。主要分布特点有：

1. 沼泽湿地

我国沼泽湿地多分布于东北三江平原、大小兴安岭、长白山、四川若尔盖和青藏高原，各地河漫滩、湖滨、海滨一带也有沼泽发育。全国22个省(自治区、直辖市)分布有沼泽湿地，其中黑龙江、内蒙古、青海、西藏的沼泽湿地占全国沼泽湿地总面积的近90%。

2. 湖泊湿地

我国湖泊湿地多分布于长江及淮河中下游，黄、海河下游和大运河沿岸的东部平原地区、蒙新高原地区、云贵高原地区、青藏高原地区、东北平原地区与山区。

3. 河流湿地

河流的地域分布受自然条件如地形、气候影响，分布很不均匀，多分布在东部湿润多雨的季风气候区，而西北内陆地区干旱少雨，河流较少，甚至有大面积的无流区。

4. 滨海湿地

我国滨海湿地主要分布在沿海的省份和港、澳、台地区。以杭州湾为界，分成杭州湾以北和杭州湾以南的2个部分。

(1)杭州湾以北的滨海湿地除山东半岛、辽东半岛的部分地区为岩石性海滩外，多为沙质和淤泥质型海滩，由环渤海滨海和江苏滨海湿地组成。[16]环渤海滨海主要包含黄河三角洲和辽河三角洲两个重要滨海湿地区域。江苏滨海湿地主要由长江三角洲和黄河三角洲的一部分构成包含南通地区湿地和连云港地区湿地以及盐城地区湿地。

(2)杭州湾以南的滨海湿地以岩石性海滩为主。其主要河口及海湾有钱塘江口-杭州湾、晋江口-泉州湾、珠江河口湾和北部湾等。

5. 人工湿地

我国的稻田广布亚热带与热带地区，淮河以南广大地区的稻田约占全国稻田总面积的90%。人工湿地还包括渠道、塘堰、精养鱼池等，主要分布于我国水利资源比较丰富的东北地区，长江中上游地区，黄河中、上游地区以及广东等[13,17,18]。

第三节 湿地生态系统的组成和特征

一、湿地生态系统的组成

湿地生态系统包括非生物要素和生物要素两大组成要素[19]。

(一)非生物要素

1. 水文

湿地的水文条件创造了独特的物理、化学环境一如降水、地表径流、地下水、潮汐和泛滥河流为湿地输送或带走能量和营养物质，且水文的输入、输出形成的水深、水流模式和洪水暴发频率持续时间都会影响土壤的生化条件，影响湿地生物生长。气候和地貌是影响湿地水文的重要条件。在其他条件相同的情况下，湿地更普遍地发育在冷、湿的气候条件下，寒冷气候条件下蒸发蒸腾作用弱，失水量较小，而潮湿气候会带来大量降水。陡峭的地形不容易形成湿地，而平缓的景观容易形成湿地。所以气候、流域地貌和水文条件又称为“水文地貌”。

2. 土壤

湿地土壤既是湿地中化学转换的中介，也是大多植物可获得的化学物质来源场所。根据土壤中的有机物质的含量，可分为两类：矿质土壤和有机土壤。有机物质少于20%~35%(干重)为矿质土。

湿地土壤相比其他生态系统中的土壤，较为黏重，通气性及渗水性较差，但持水能力较强；湿地土壤还具有矿物质含量和有机质含量高的特点。有机土壤和矿质土壤在物理、化学特征上也不同：

(1)容重和孔隙度。较矿质土而言，有机土有较低的容重，较高的持水能力。

(2)渗透系数。矿质土壤和有机土壤的渗透系数都有较宽的变化幅度，有机土壤依赖于分解程度。有机土壤比矿质土壤能保存更多的水分。

(3)养分有效性。有机土一般比矿质土有更多的、以有机形式存在的矿物质，且更不易被植物吸收。例如，有机土壤中生物可吸收的硫或铁的含量非常低，限制了植物的生产力。

(4)阳离子交换能力。有机土一般有更强的阳离子交换能力。矿质土的交换主要以金属阳离子(如Ca^{2+}、Mg^{2+}、K^{+}、Na^{+})为主，随着有机质含量的增加，可交换的氢离子的比例和量也会增加。

(二)生物要素

1. 湿地植物

湿地植物生长在地表经常过湿、常年或季节性淹水的环境中。分为5种类型：①耐湿植物，指生长在地表无积水但土壤饱和或过饱和的地方；②挺水植物，植物的基部在水之中，茎、叶基本上挺于水面空气中；③浮水植物，植物体浮在水面上，一些植物根着生在水底沉积物中；④沉水植物，植物体完全没于水中，部分仅在花期将花伸出水面；⑤漂浮植物，植物体漂浮于水面，根悬浮于水中，常群居而生，盘根错节，随水和风浪漂移在水面上，形成“浮岛”[20]。

2. *湿地动物*

根据动物生存中对湿地的依赖程度分为 6 种：完全居住在湿地中、定期从深水生境迁移进入、定期从陆地迁移进入、定期从其他湿地中迁入(如水鸟)、偶尔进入湿地、非直接依赖湿地的生物(如遮篷处的昆虫)。同时，有许多动物利用湿地生存(如食草)但不在湿地中进行繁殖。

湿地上的哺乳动物种类并不多，消费者主要是喜湿的鸟类和鱼类。它们是湿地中的优势种类，包含很多珍稀和濒危物种。绝大多数鸟类都喜欢湿地环境，它们成为湿地上最主要的消费者。我国拥有湿地鸟类 262 种，隶属 9 目 31 科 104 属，种类极其丰富，在世界鸟类保护中占有重要地位。例如，世界共有鹤类 15 种，我国拥有 9 种，占 60%；其中丹顶鹤主要生存在我国湿地中，黑颈鹤是我国特有的、世界上唯一的高原湿地鹤类。亚洲 57 种濒危鸟类中，我国有 31 种，占据 57%。

二、湿地生态系统的特征

(一)湿地生态系统的结构特征

湿地生态系统由湿生、中生和水生植物、动物及微生物等生物因子以及与其紧密相关的阳光、水和土壤等非生物环境，通过物质循环和能量流动共同构成。湿地的特殊性质——积水或淹水土壤、厌氧条件和相应的动植物活动，是既不同于陆地系统也不同于水体系统的本质特征[21,22]。

根据水体系统和陆地系统相互作用的方式和强度的差异，湿地发育的类型也相应不同。湿地一般发育在陆地系统和水体系统的相接处：海滨湿地、湖滩湿地、河滩湿地、河口湿地等，也有湿地可以独立发育在内陆沼泽等水分饱和地方。

湿地生态系统的特点决定其中生长的植物多具有发达的通气组织，根系较浅，以不定根进行繁殖或以芽蘖方式生长，具有适应高湿、缺氧、贫营养环境的特征，同时湿地分解者以厌氧微生物为主，使有机残体分解不完全，有机质积累明显。湿地上的哺乳动物很少，消费者主要是喜湿的鸟类和鱼类，还有不少濒危物种，是国家乃至世界的重点保护物种。

(二)湿地生态系统的功能特征

1. 高生产力特征

湿地生态系统多样的动植物群落是其高生产力的客观基础，湿地对水文流动的开放程度是其潜在初级生产力的最重要的决定因素。此外，影响湿地生产力的因子还有气候、水化学性质、沉积物化学性质与厌氧状况、盐分、光照、温度、种内和种间作用、生物的再循环效率及植物本身的生产潜力等[20]。

2. 多样性特征

湿地生态系统的多样性特点包含湿地生境和生物群落的多样性。其水文、土壤、气候等条件为品种繁多的动植物群落提供了复杂而完备的生活环境。植物群落包括乔木、灌木、多年生禾本科、莎草科、多年生草本植物以及苔藓和地衣等，动物群落包括哺乳类、鸟类、两栖类爬行类、鱼类以及无脊椎动物等[21]。

3. 过渡性特征

湿地生态系统具有水陆相兼的分布特点。其过渡性特点不仅表现在地理分布上，也体现在其生态系统结构上具有明显的过渡性质。如湿地土壤是在水分过饱和的厌氧条件下形成的动植物残体不易或缓慢分解，土壤中有机质含量很高，湿地土壤具有很强的持水能力，对洪水控制、减小洪峰冲击有重要作用。

4. 脆弱性

湿地生态系统处于水陆交界的生态脆弱带，易受自然和人为活动的影响，生态容易失衡。且湿地一旦遭到破坏，由于湿地所具有的介于水陆生态系统之间的独特水文条件，很难得到有效恢复。水文稳定性决定湿地生态系统的稳定性，影响湿地的因子除水文条件外，还有气候、环境、人为活动等变化。其中对湿地威胁最主要的 4 个方面是：①水源变化；②直接的自然变化；③有害污染物质流；④营养物输入和沉积非平衡。湿地的退化乃至消失不仅直接导致湿地植物分布面积和野生动物生存环境的缩减，也导致生物群落结构的破坏，使生物多样性降低，生物资源受到破坏[22]。

5. 两重性

湿地生态系统处于由低级向高级的不断发展中，是从不成熟向成熟演替的过渡阶段，因此它既具成熟生态系统的性质，又具不成熟(年轻)生态系统的性质。湿地生态系统初级生产力高，生产量与生物量亦高，而稳定性(对外界扰动的抗性)差；湿地生态系统的两重性既是过渡性特点的体现，也是湿地生态系统特殊性的体现[23]。

第四节 湿地生态系统服务与评估

生态系统服务指生态系统及生态过程所形成与所维持的人类赖以生存的自然环境条件与效用，包括对人类生存及生活质量有贡献的生态系统产品和生态系统功能[24]。研究表明，湿地的单位面积生态服务价值在各类生态系统中都居于首位。国际上对湿地生态服务的研究日益重视，这与湿地生态价值评估较高有密切的关系。

一、湿地生态系统服务

湿地的生态服务取决于系统本身的结构和功能，总的来说，湿地生态系统所提供的服务主要包括以下几方面[24,25,26]。

(一)物质生产

湿地生态系统蕴藏着种类繁多的资源，且各项资源与人类生活和国家经济建设关系密切，有重要的物质生产功能。

1. 湿地动物资源

湿地是一类高生产力的生态系统，浅淡水湿地和沿海地湿地是鱼类重要的觅食和繁育场所，湿地水产品如鱼、贝、蟹、虾类等是重要的蛋白质来源。从某种程度上来说，几乎所有的淡水物种和海洋鱼类(除整个生活史在深海的鱼类之外)都依靠湿地生存。据报道，每年每平方米湿地平均生产蛋白质约是陆地生态系统的3.5倍，经济收益非常可观。

2. 湿地植物资源

湿地的植物产品类别丰富，如木材、浆果、造纸、工业树脂等，还有部分饲用植物、蜜源植物、水生经济植物等。稻田也是一类历史悠久的人工湿地，提供着人类主要的食粮。

(二)能量转换

湿地以多种方式转换能量，如水力发电、薪柴、泥炭等。很多河口有生产潮汐电的能力，湿地中的泥炭也是一种新的能源，在供暖、发电中广泛使用。湿地中草本植物也是一个潜在的能量源。面临不可再生的资源枯竭的威胁，湿地植物作为生物质能的一个重要方面，应用前景值得期待。

（三）水分供给

湿地作为一种常态存在、有着丰富水资源的生态系统，常常作为工业用水和农业用水、居民生活用水的重要水源。

（四）调节气候

湿地被称为“天然空调器”“加湿器”。湿地的热容量大，异热性差，湿地上方气温变化相对缓和。同时湿地水域面积大，大量水分在毛管力的作用下源源不断地输送到地表；为大气提供充沛的水分，增加大气湿度，调节降水。

（五）调节气体循环

湿地在全球氮、二氧化碳和甲烷的循环中起到重要作用。

1. 氮循环

湿地在氮循环中通过反硝化作用将一部分多余的氮返回大气。大多数湿地都是肥料过剩的农田径流的接收器和理想的反硝化环境，它们对世界的氮平衡是非常重要的。

2. 硫循环

空气中人为产生的硫的含量几乎达到了一半，大多数是由于化学燃料的燃烧所产生的。当硫酸盐被雨从空气中淋洗出来进入沼泽，沉淀物的还原环境把它们还原成了硫化物，部分硫化物以氢、甲基硫化物和二甲基硫化物的形式再次进入大气循环。

3. 碳循环

湿地既是碳汇又是碳源。湿地所积累的碳对抑制大气中二氧化碳的上升和全球变暖非常重要。沼泽中的植物也在大气中高效吸收二氧化碳，对冷却地球有重要贡献。同时湿地也是温室气体的重要释放源，湿地中有机残体的分解过程产生二氧化碳和甲烷。这时就变成了碳源，达成碳循环。

（六）调蓄水量和消减洪峰

湿地能贮存大量水分，是巨大的天然蓄水库。如湖泊、沼泽湿地能够暂时蓄纳洪水，湿地植物也能降低洪水流速，部分在较缓慢的流动中蒸发或下渗，避免其在短期内下泄，起到涵养水源、调洪的功能。

（七）水质净化

湿地是天然的“污水处理厂”。由于其自然特性能减缓水流，利于固体悬浮物的吸附和沉降，在一定限度内减少氮、磷、有机质以及重金属等污染物的含量。部分湿地植物具有很强的降解和转化污染物的能力，如香蒲、芦苇、水湖莲等对含银、镉、铜、钒、锌等重金属的污水处理效果较为明显。湿地还能吸纳多余的营养物，营养物随沉降物沉降之后通过湿地植物吸收，通过化学和生物学过程转换而储存起来，可使营养物以可被再利用的形式释放。

（八）支撑生物多样性

湿地生态系统处于水陆系统的过渡带，具有高度的生物多样性特点，为众多野生动植物提供独特的生境和丰富的遗传物质，被称为“生物超市”。我国湿地野生动物（哺乳类、鸟类和爬行类、两栖类、鱼类）有2000多种，包括亚洲57种濒危鸟中的31种，如丹顶鹤、黑颈鹤、遗鸥等，40多种国家一级保护的珍稀鸟类约有一半在湿地生活[27]。湿地是迁徙鸟类必需的停歇地。湿地是全球生态系统的组成部分，任何一个国家的湿地状况都会影响全球生态环境。

（九）人文效益

1. 水上运输

在湿地地区，水运是最利于环境的旅游运输方式，且对当地市场的物品供应及农产品和湿地产品的长途运输来说也是非常重要的。

2. 休闲娱乐

湿地，特别是河流、湖泊、海岸等视野开阔，空气新鲜，秀丽独特，环境宜人，具有丰富观赏类动植物，为人们旅游、休闲、娱乐提供场所。很多著名旅游景区都分布在湿地，如滇池、西湖、鸣翠湖以及一些海岸带湿地等。在湿地基础上开发丰富娱乐休闲活动，如旅游、体育、钓鱼、划船等，都可产生可观的经济效益。

3. 科研和教育价值

湿地具有很高的研究价值，湿地的类型、演化、分布、结构和功能等为生态学、地理学等多门学科的科学工作者提供了丰富的研究课题。比如湿地可以记录历史，动植物残骸因为缺氧而积累在湿地，由此产生的泥炭和沉积层可以记录过去上千年间当地植物物种的出现次序。如果知道这些植物所需要的环境条件，那么就可以重建环境的历史变迁过程。

二、湿地生态系统服务的价值评估

传统的湿地价值评价着重于湿地的功能价值的定性描述，即湿地项目的盈利和损失。而对于湿地环境产生多少影响，则少有计量。只有科学全面的经济分析，才能预见到湿地的真正利益及其引起的环境后果，从而对各种湿地有的放矢地实行管理。湿地价值评估的方法很多，概括起来有：市场价值法，即运用货币价格及价值规律的杠杆，直接放置市场中对资源为背景的产品进行定价；费用支出法，从消费者的角度，计算支出，来评价生态系统服务的价值；替代费用法，计算多少费用才能替代开发某个项目对湿地所造成的损失，如替代费用大于防治环境损失消耗的费用，则环境破坏就没必要，完全可以避免；碳税法，运用光合作用方程式，以干物质生产量来换算湿地植物固定二氧化碳和释放氧气的量，再根据国际和我国对二氧化碳排放收费标准，将生态指标换算成经济指标，得出固定二氧化碳的经济价值[24]。影子补偿法则是用重置受损环境服务的项目来补偿某项活动可能带来的环境损害。通过替代工程造价直接反映价值。

第五节　湿地生态系统的管理

湿地生态系统管理是根据湿地生态系统固有的生态规律与外部扰动的反应进行各种调控，从而达到系统总体最优的过程[28]。在遵循统一规划的基础上，运用政治、经济、法律、教育、科技等手段，限制损害湿地质量的各项活动，协调人与自然的关系，促进经济与社会可持续发展。

一、湿地生态系统管理策略

(一)社区共管策略

社区共管策略，是指让社区居民参与湿地保护区方案的决策、实施和评估，参与保护区共同管理自然资源的管理模式，具有开放性、参与性、互利性等特征，社区民众参与自然保护区和社区的保护和开发，在一定程度上，促进工作开展，缓和管理双方矛盾。

(二)加强立法和教育宣传

湿地处于水陆交错地带，因此湿地管理需要多部门、多区域的协调管理，完善的制度和法律体系是有效保护湿地生态系统和实现对湿地资源可持续利用的关键。考虑到惩罚和制裁不是湿地环境保护的目的，还需要对民众普及湿地管理的法律、法规的宣传和教育，使其了解行为界限及湿地保护的长远意义，起到事半功倍的效果。

（三）加强湿地调研

调查是一切管理活动及正确决策的前提，在了解湿地性状、条件、价值的基础上，制定科学管理方案，运用政治、经济、法律、教育等手段，引导管理对象朝既定管理目标发展。

二、湿地生态系统管理的主要内容

（一）湿地规划

湿地规划是湿地生态系统管理的主要内容之一。它是指管理人员对未来进行预测和选择行动方案的过程，其基本任务是通过计划的编制，建立明确的管理目标，提出解决问题的措施，防止湿地的退化和功能的丧失，使湿地的资源和环境持续发展，永续利用[29,30]。

（二）湿地控制

理想的湿地项目审批应以经过深入研究和论证的项目标准为基础，逐条鉴证，如有不符合要求，又无法弥补和替代，就必须坚决拒绝项目的上马实施。

（三）湿地自然保护体系的建立和管理

建立湿地自然保护体系（如湿地自然保护区、湿地公园和保护小区等）是湿地生态系统保护和管理的有效方式，是保护自然资源和生态环境的战略性措施，根本目标是达到环境效益、经济效益和社会效益的有机统一。其管理工作主要内容包括以下几个方面：

物种编目，建立自然保护体系检索表和资源数据库；建立健全湿地生态管理法律法规体系，违法必究，执法必严，量刑要足以遏制对野生动物和其他湿地资源的非法捕杀和破坏，真正起到震慑作用；对湿地管理专业技术人员及其他相关就职人员进行执法、管理、行政手段、领导艺术等方面系统培训；加强宣传教育，建立与周围社区民众密切的公共关系；不断开展调研监测工作，做好数据的收集和分析工作，为保护管理工作提供有力的科学依据；推进已退化湿地生态系统的恢复与重建。湿地重建前，须明确湿地重建的目的，查明导致湿地退化因子的行为和效应。湿地重建须遵循 3 个原则：可行性原则（环境的可行性和技术的可操作性)；稀缺性和优先性原则(是否具备高价值和紧迫性)；美学原则(即美学、旅游和科研价值)。

三、我国湿地保护与管理

(一)我国湿地保护体系

我国初步建立了以自然保护区为主体，湿地公园和保护小区并存，其他保护形式互为补充的湿地保护体系。在此保护体系的有力支持下，我国大部分重要湿地得到了有效保护，重要区域湿地生态系统的完整性得到维护，湿地的防灾减灾、供水和净化水质等生态功能得到有效发挥。

1. 湿地自然保护区

湿地自然保护区，是指对有代表性的自然湿地生态系统、珍稀濒危湿地野生动植物种的天然集中分布区、有特殊意义的自然湿地遗迹等保护对象所在的陆地、陆地水体或海域，依法划出一定面积予以特殊保护和管理的湿地区域。

我国于1994年颁布实施了《中华人民共和国自然保护区条例》。湿地自然保护区在我国发展早，基础好，是我国湿地保护体系的主体。根据第二次全国湿地资源调查统计，自然保护区保护的湿地面积1633.54万公顷，占全国保护湿地的70.28%。各省(自治区、直辖市)湿地自然保护区湿地保护面积方面，西藏和青海最大，都超过300万公顷，比例都超过20.00%。内蒙古、新疆和黑龙江，都超过100万公顷。以上5省份湿地自然保护区面积占全国湿地保护区总面积的68.71%。截至2018年2月，我国拥有国际重要湿地57个，建成湿地自然保护区602个。

由于湿地类型的多样性和生态系统的复杂性，以湿地及其要素作为保护对象的保护区，不仅仅包括内陆湿地和水域生态系统类型，也包括部分海洋和海岸生态系统类型，同时在野生生物和自然遗迹中也有湿地生态系统或者湿地生物作为保护对象的保护区。例如野生动物类型的扎龙、鸭绿江上游、鄂尔多斯遗鸥等国家级自然保护区，其保护对象分别为丹顶鹤等珍禽及湿地生态系统、珍稀冷水性鱼类及其生境和遗鸥及湿地生态系统，都是典型的湿地保护区，其中扎龙被录入国际重要湿地名录；地质遗迹类型的大布苏国家级自然保护区(位于吉林省乾安县)保护对象为泥林、古生物化石及湿地生态系统；古生物遗迹类型的古海岸与湿地国家级自然保护区(位于天津市)，保护对象为贝壳堤、牡蛎滩古海岸遗迹、滨海湿地；海洋海岸类型的黄河三角洲国家级自然保护区，属于典型的湿地自然保护区，保护对象为河口湿地生态系统及珍禽。

2. 湿地公园

湿地公园是指以保护湿地生态系统、合理利用湿地资源为目的，可供开展湿地保护、恢复，宣传、教育、科研、监测、生态旅游等活动的特定区域。湿地公园是湿地保护和合理利用的结合体，是我国湿地生态系统和生物多样性保护的重要举措之一，是我国湿地保护管理体系的重要组成部分。

目前，我国湿地公园分为国家级湿地公园和地方湿地公园。国家林业主管部门依照国家有关规定组织实施建立国家湿地公园，并对其进行指导、监督和管理。县级以上地方人民政府林业主管部门负责本辖区内国家湿地公园的指导和监督。地方湿地公园由地方政府和部门依照国家相关规定负责组织实施。国家湿地公园边界与自然保护区、森林公园等不得重叠或者交叉。国家湿地公园建设，遵循“保护优先、科学修复、合理利用、持续发展”的基本原则，分为湿地保育区、恢复重建区、宣教展示区、合理利用区和管理服务区等，实行分区管理。湿地保育区除开展保护、监测等必需的保护管理活动外，不得进行任何与湿地生态系统保护和管理无关的其他活动。恢复重建区仅能开展培育和恢复湿地的相关活动。宣教展示区可开展以生态展示、科普教育为主的活动。合理利用区可开展不损害湿地生态系统功能的生态旅游等活动。管理服务区可开展管理、接待和服务等活动。国家湿地公园应当设置宣教设施，建立和完善解说系统，宣传湿地功能和价值，提高公众的湿地保护意识。同时，一般要求国家湿地公园湿地率不低于30%，保育区和恢复区湿地面积应大于拟建国家湿地公园湿地总面积的60%，合理利用区湿地面积应控制在湿地总面积的20%以内，这样切实保障了湿地公园把保护优先原则落到实处。截止到2020年3月底，全国共建立国家湿地公园901处(含试点)。

3. 湿地保护小区和其他保护形式

保护小区是保护湿地自然资源的另一种方式，主要针对有保护价值的湿地生态系统或湿地要素但面积较小的湿地区。我国已经建立湿地自然保护小区51个，保护湿地面积8.48万公顷，保护了0.16%的湿地。“十二五”期间，为了抢救性保护我国湿地区域内的野生稻基因，在全国范围内建设了13个野生稻保护小区。

除上述3种主要方式外，森林公园、风景名胜区、水源保护地、水利风景区、海岸公园等，在一定程度上也起到了保护湿地的作用。

（二）我国国际重要湿地名录

截至2020年9月，我国内地已有64处湿地分10批列入了《湿地公约》的《国际重要湿地名录》。主要分布在24个省（自治区、直辖市）和港澳台地区。列入《国际重要湿地名录》是一种荣誉，列入名录的湿地将接受《湿地公约》相关规定的约束，一旦发现湿地生态退化，就可能被列入黑名单。如果湿地在规定期限内未得到相应治理的，就会被逐出名录。我国的国际重要湿地至今还未被列入过黑名单。

（三）湿地保护战略

1. 加强湿地保护法制建设，促进我国湿地保护有法可依

加强湿地保护法律法规体系建设，全面推进湿地立法进程，提高我国湿地管理能力。国家层面加快出台有关湿地保护条例，明确湿地保护职责权限、管理程序和行为准则，明晰湿地主管部门组织协调与多部门分工合作的管理机制，理顺制约湿地保护管理制度和机制问题。地方层面继续加大省级湿地保护法律法规建设，已建湿地自然保护区、国家湿地公园要实行“一区（园）一法”，使我国湿地资源保护有法可依、有章可循，使我国湿地管理迈进科学的法制管理轨道。

2. 健全湿地保护管理制度，形成湿地保护长效机制

完善湿地管理政策，健全湿地保护制度体系，形成湿地保护管理长效机制，实现湿地科学化、制度化管理目标，促进我国湿地生态系统良性循环。抓紧制定维护我国国土空间安全的湿地红线，加快推进生态文明建设，促进我国经济社会可持续发展。尽快制定湿地生态补偿相关政策和制度，形成湿地保护长效机制，实行湿地分类管理，改善民生，实现湿地保护与生态惠民双赢。

3. 实施重大湿地恢复工程，扩大湿地面积

着重加强重要区域湿地保护、恢复、综合治理等方面建设扩大湿地面积，改善湿地生态质量。在调查数据成果基础上，进一步谋划构建重大湿地生态修复工程，选择重点区域编制专项规划，优先考虑候鸟迁飞路线和国家重点生态功能区等范围内的重要湿地。

4. 完善湿地保护体系，增强湿地保护能力

强化湿地保护管理，完善湿地保护体系，提高湿地保护管理监督水平，夯实湿地保护管理工作。进一步完善以湿地自然保护区为主

体，湿地公园和自然保护小区等为补充的湿地保护体系，加大湿地自然保护区、湿地公园和自然保护小区建设力度，扩大湿地保护范围，提高湿地保护成效。加强各级湿地保护管理机构建设，强化湿地保护管理的组织、协调、指导、监督工作，提高湿地保护管理能力。

5. 加大科技支撑力度，提高湿地保护科技含量

建立健全湿地保护科技支撑体系，加大投入，加强湿地研究能力建设，积极引进人才，提高科研能力，增大湿地保护科技含量。开展湿地重点领域科学研究，依托科研院所对湿地保护与恢复、湿地与气候变化等课题进行攻关。扩大湿地保护与恢复科技试点示范的范围，建立适合不同类型湿地的恢复模式，全面推进湿地保护恢复工作。建立健全科学决策咨询机制，为湿地保护决策提供技术咨询服务。

6. 开展湿地生态监测与评估，提升湿地保护管理水平

开展湿地资源和生态状况的监测与评估，加强国家、省级层次湿地监测能力建设，指导建立湿地监测站点，初步建立湿地专项监测网络，建立湿地生态状况、服务功能价值评估体系，构建全国湿地资源信息系统，及时动态掌握我国湿地资源与生态状况的变化情况，为科学决策提供有力支撑，提升湿地保护管理能力。

7. 强化湿地保护宣传教育，提升全民湿地保护意识

加大对公众的湿地保护意识和资源忧患意识的教育，牢固树立“尊重自然、顺应自然、保护自然”的生态文明理念，增强全民生态保护意识，形成全社会保护湿地的良好氛围。常态化开展湿地保护宣传活动，借助“世界湿地日”“爱鸟周”“野生动物保护月”等活动，利用电视、报刊等宣传湿地保护知识，并基于自然保护区和湿地公园等建立湿地科普宣教基地，开展湿地保护、湿地生态功能、湿地服务价值等培训。

参考文献

[1]梁士楚．广西湿地植物[M]．北京：科学出版社，2011.

[2]谢玉洁．苏南水乡湖泊型湿地规划设计研究[D]．苏州：苏州大学，2014：101-106.

[3]王琪．哈尔滨城市湿地景观规划设计研究[D]．哈尔滨：哈尔滨师范大学，2014：3-9.

[4]殷书柏，李冰，沈方，等．湿地定义研究进展[J]．湿地科学，2014，4(12)：504-514.

[5]卜倍．公路路域植被和湿地固碳效应评估模型及其应用研究[D]．南京：东南大学，2016：7-14.
[6] Kusler J A, Mitsch W J, Larson J S. Wetlands [J]. Scientific American, 1994, 270(1): 50-56.
[7]严军．基于生态理念的湿地公园规划与应用研究[D]．南京：南京林业大学，2008.
[8]P. D. 柯马尔．海滩过程与沉积作用[M]．北京：海洋出版社，1985.
[9]日本土木学会，孙逸增．滨水景观设计[M]．大连：大连理工大学出版社，2002.
[10]陆健健，等．湿地生态学[M]．北京：高等教育出版社，2006.
[11]国家林业局《湿地公约》履约办公室．湿地公约履约指南[M]．北京：中国林业出版社，2001.
[12]孙步伟．安庆沿江湖泊湿地信息提取及变化研究[D]．芜湖：安徽师范大学，2010：13-15.
[13]倪晋仁，殷康前，赵智杰．湿地综合分类研究：Ⅰ．分类[J]．自然资源学报，1998，(3)：214-220.
[14]马妍妍．基于遥感的胶州湾湿地动态变化及质量评价[D]．青岛：中国海洋大学，2006：8-11.
[15]陈宜瑜．中国湿地研究[M]．长春：吉林科学技术出版社，1995：34-41.
[16]侍菲菲．湿地概念与湿地公园的营造[D]．南京：东南大学，2006：7-9.
[17]雷昆，张明祥．中国的湿地资源及其保护建议[J]．湿地科学，2005，(2)：81-86.
[18]吕宪国．中国湿地与湿地研究[M]．石家庄：河北科学技术出版社，2008.
[19]于洪贤，姚允龙．湿地概况[M]．北京：中国农业出版社．1995.
[20]储蓉．洞庭湖湿地生态系统保护与管理研究[D]．长沙：中南林业科技大学，2007：4-6.
[21]严军．基于生态理念的湿地公园规划与应用研究[D]．南京：南京林业大学，2008：5-9.
[22]何勇田，熊先哲．试论湿地生态系统的特点[J]．农业环境保护，1994，(6)：275-278.
[23]王宪礼．我国自然湿地的基本特点[J]．生态学杂志，1997，(4)：64-67.
[24]张素珍，李晓粤，李贵宝．湿地生态系统服务功能及价值评估[J]．水土保持研究，2005，(6)：125-128.
[25]张峰，周维芝，张坤．湿地生态系统的服务功益及可持续利用[J]．地理科学，2003，(6)：674-679.
[26]佘国强，陈扬乐．湿地生态系统的结构和功能[J]．湘潭师范学院学报，1997，(8)：77-81.

[27] 王义，黄先飞，胡继伟，等．湿地价值评估研究进展[J]．广东农业科学，2012，(1)：146-150.

[28] 牛翔．宿鸭湖湿地省级自然保护区管理模式研究[D]．杨凌：西北农林科技大学，2007：5-7.

[29] 戴建兵，俞益武，曹群．湿地保护与管理研究综述[J]．浙江林学院学报，2006，(3)：328-333.

[30] 贾喜波，兰春梅，姜风鹏．湿地自然保护区的管理[J]．林业勘察设计，2002，(2)：23-24.

第六章　草　原

草原是地球上面积最大、分布最广的植被类型，是全球陆地生态系统的重要组成部分，是世界上重要的陆地生态系统类型之一。草原具有生产食物、保持水土、饲养家畜、维持生物多样性、休闲旅游等作用。我国是世界上草原面积最大的国家，认识和了解草原，加强草原生态的保护与修复，是生态文明建设的主要内容之一。

第一节　草原概述

一、草原的形成

草原是由分布于半湿润、半干旱到干旱地区主要由耐旱的多年生草本植物组成的植物群落，是不受地表水与地下水影响而形成的地带性的天然植物群落[1]。在国家颁布的《中华人民共和国草原法》中，草原是指天然草原和人工草地，天然草原包括草地、草山和草坡，人工草地包括改良草地和退耕还草地，不包括城镇草地。草原是草地上的生物资源、环境资源和社会资源的总和。

草原的形成主要源于全球气候的变化。早在6500万年到2330万年前的早第三纪，阳光充足、雨水丰沛、气候温暖，是被子植物的繁盛时期。从第三纪中期开始，禾本科植物开始分化，渐新世后期，全球气温下降，气候干冷，为草原的发展创造了条件，草原不断进行扩展。随着降水量减少，土壤层变薄，木本植物无法广泛生长，而草本植物所受的影响较小，草原不断形成。此外，在高山或高出林木线以上的地方，由于气候寒冷，导致乔木无法生长，或在土壤贫瘠、土壤较浅乔木无法生长的地方，草原也随之出现。除此之外，在一些季节性泛滥或浸水的区域，如山麓河道谷地、河道两岸的滩地、湖泊四周等地方，由于长期的洪水泛滥，泥沙淤积，或河水溢出河床泥沙沉积，形成了大面积的或狭长的平坦草地。一年的时间中，草原在一半时间里扩张，水浅的湿地在另外一半时间里扩张，加之淹水导致土壤过湿，木本植物无法继续生长，禾草大肆蔓延，草原便发展起来。

在草原的形成过程中，除草本植物的出现外，还有几个重要条件。草本植物和草本动物同步发展，草原的生长为食草动物提供生存需求，食草动物通过采食、排泄种子，促进草原植物的萌发；木本被子植物将土壤深层的营养物质吸收、分解，形成疏松肥沃的表层，为浅根系草本植物的发展创造了条件；季风环流系统和第四季冰川的影响，出现温带干旱气候和干热气候；人类对草原的利用，促使了现代意义的草原形成[2]。

二、我国草原概况

（一）我国草原的分布

我国是世界上草原面积最大的国家，是欧亚大陆草原的重要组成部分。我国草原总面积近 4 亿公顷，约占全国土地总面积的 40%，是现有耕地面积的 3 倍。我国地域辽阔，气候类型复杂，除了热带、亚热带、暖温带、中温带和寒温带的草地植被，我国还拥有世界上独一无二的高寒草原类型。我国主要草原分布区包括以下三个区。

1. 北方温带干旱半干旱草原区

该区域干旱少雨，降水分布不均，冷季寒冷漫长，暖季干燥炎热，水分蒸发量大，包括黑龙江、吉林、辽宁、内蒙古、甘肃、新疆、陕西、宁夏、河北、山西 10 个省份，是我国北方重要的生态屏障。该区域东部以温性草甸草原为主体，形成呼伦贝尔和松嫩两片重点牧草区；中东部以温性草原为主体，形成锡林郭勒和科尔沁两片重点牧草区；中部以温性荒漠草原为主体，形成乌兰察布重点牧草区；西部为温带荒漠区。

2. 青藏高寒草原区

主要位于我国青藏高原，包括西藏和青海全境，以及四川、甘肃和云南部分地区，是黄河、长江、雅鲁藏布江等大江大河的发源地，是我国水源涵养、水土保持的核心区，有中华民族“水塔”之称，也是我国生物多样性最丰富的地区之一。该区域的草原主要分布在海拔

3000米以上，空气稀薄，气候寒冷，无霜期短，地势为西高东低，从东南向西北依次为高寒草甸类、高寒草甸草原类、高寒草原类、高寒荒漠草原类、高寒荒漠类。

3. 南方和东部湿润草原区

该区为各种森林破坏后发育形成的次生草地，气候温暖湿润，水热资源丰富，包括我国南部15个省份，以秦岭至淮河为界，北部为暖性草丛和暖性灌草丛草地，南部为热性草丛和热性灌草丛草地。

（二）我国主要草原

1. 呼伦贝尔草原

呼伦贝尔草原总面积1126.67万公顷，地处欧亚大草原最东部，内蒙古自治区的东北部，东临黑龙江省，西北与蒙古国、俄罗斯接壤，位于大兴安岭以西的呼伦贝尔草原，因呼伦湖、贝尔湖而得名。呼伦贝尔草原地域辽阔，地跨森林草原、草甸草原和干旱草原三个地带。草原四季气候变化剧烈，热量不足，昼夜温差大，包括山地草甸、山地草甸草原、丘陵草甸草原、平原丘陵干旱草原、沙地植被草地、低地草甸草场等类型，是欧亚大草原中保存最为完好、景观最为壮美的草原。

2. 锡林郭勒草原

锡林郭勒草原位于内蒙古自治区中部偏东，面积1960万公顷。草原春季风多风大雨少，夏季凉爽多雨，秋季凉爽，冬季漫长严寒，由西向东分布着荒漠草原、典型草原和草甸草原，是温带草原中具有代表性和典型性的草原。草原拥有丰富的自然资源，草场类型齐全，动植物种类繁多，是内蒙古最主要的天然牧场，是华北地区重要的生态屏障，也是我国重要的畜产品基地。

3. 巴音布鲁克草原

巴音布鲁克草原位于新疆维吾尔自治区巴音郭楞蒙古自治州和静县西北、天山山脉中部的山间盆地中，四周山体海拔均在3000米以上，为典型的高寒草原、高寒草甸、高寒沼泽和山地草甸草原类型，是新疆最重要的畜牧业基地之一。冰雪溶水和降雨给草原提供水源补给，部分地区还有地下水补给，因此形成了大量的湖泊和沼泽草地。

4. 伊犁草原

伊犁草原位于新疆维吾尔自治区西部天山以北的伊犁河谷内，由那拉提、喀拉峻、库尔德宁、巴音布鲁克、唐不拉、巩乃斯等众多草原组成。伊犁草原从高至低依次呈现出高寒草甸、山地草甸、山地草原、山地荒漠草原、平原荒漠和河谷草甸的多样性垂直分布带。

5. 祁连山草原

祁连山草原位于甘肃省、青海省境内，由一群西北东南走向的高山与宽谷盆地并列组成。东部降雨丰富，生长着茂密的森林，向西森林逐渐减少，草原丰盛，是我国重要的草原牧区。气候随海拔的升高，具有明显的山地垂直气候带。祁连山草原属典型的高山寒温带草原，包括草甸草原、典型草原、荒漠草原和高寒草原等类型。祁连山草原具有强大的涵养水源、保持水土、防风固沙等功能，其特别之处为山水相连，是西北地区重要的生态安全屏障、生物种质资源库和野生动物迁徙的重要廊道，是黄河、青海湖的重要水源补给区。

三、草原的分类

世界各国对草原的分类基于地形、土壤、植被、人为因素等。我国草原的分类主要有气候-土地-植被综合顺序分类法、植被-生境学分类法、植物群落学分类法。按照农业部于1995年组织编写的《中国草地资源》一书，综合考虑草地植被特征、生境因素(气候、地形、土壤等)，采用类、组、型三级分类系统，将我国草原划分为温性草甸草原类、温性草原类、温性荒漠草原类、高寒草甸草原类、高寒草原类、高寒荒漠草原类、高寒荒漠类、温性草原化荒漠类、温性荒漠类、暖性草丛类、暖性灌草丛类、热性草丛类、热性灌草丛类、干热稀树灌草丛类、低地草甸类、山地草甸类、高寒草甸类、沼泽类18个类[3]。

(一)温性草甸草原类

在温带半湿润、半干旱的气候条件下形成，多年生丛生禾草和根茎禾草占优势。该类草地分布广泛，受所处地理纬度和海拔高度不同的影响，气候条件差异大，在不同地区，表现出不同的区域气候特征。草地生产力高、质量好，植物种类丰富，牧草生长茂盛，产草量较高。温性草甸草原在我国内蒙古、吉林、黑龙江、辽宁、河北等10个省份均有分布，是我国最好的天然草地之一。

(二)温性草原类

在温带半干旱气候条件下发育形成，以典型旱生的多年生丛生禾草占绝对优势的一类草地，广泛分布于内蒙古、新疆、甘肃、青海等省份。温性草原分布较广，生境条件复杂，形成的草地类型多种多样，地带性明显，除在水平地带的不同自然条件下，分化为不同的草地类型外，坐落于不同自然地带的山地上，垂直带分布也有不同的草地类型。温性草原类可以划分为平原丘陵草原、山地草原、沙地草原三个亚类。

（三）温性荒漠草原类

发育于温带干旱地区，以多年生旱生丛生小禾草为主，由一定数量的旱生、强旱生小半灌木、灌木组成，分布于温性典型草原带往西的狭长区域内，是中温型草原中最干旱的一类。在生境条件的制约下，草群低矮稀疏，季相单调，植物的丰富度、草群高度、盖度及生物产量等指标明显低于温性草原，生产力低下。

（四）高寒草甸草原类

在高原或高山亚寒带和寒带寒冷而又湿润的条件下，由耐旱、喜寒、抗寒的多年生、中生草本植物为主，或有中生高寒灌丛参与形成的，以矮草草群占优势的草地类型。集中分布于我国青藏高原东部和帕米尔高原，天山、阿尔泰山、祁连山等高大山地的高山带，太白山、小五台山以及贺兰山山地上也有零星分布。高寒草甸类草地的气候属于高原寒带、亚寒带湿润气候，具有气温低、降水充沛、日照充足、太阳辐射强、没有绝对无霜期等特点。该类草地主要生长在草毡土上，土层较薄，土壤风化程度低，草地饲用植物组成比较简单，植物根系发达，低矮而覆盖度大，生长周期短，大都以营养繁殖为主，产草量低，营养价值高。

（五）高寒草原类

在高山和青藏高原寒冷干旱的气候条件下，由抗寒耐旱的多年生草本植物或小半灌木为主组成的高寒草地类型，集中分布在青藏高原的中西部，在西部温带干旱区各大山地的垂直带上也有分布。高寒草原类草地的气候干旱，冬季多风，夏季湿润，土壤主要为冷钙土，植物组成简单，草群稀疏、低矮，覆盖度小，牧草生育节律短，生物产量偏低。

（六）高寒荒漠草原类

在高原或高山亚寒带、寒带寒冷干旱的气候条件下，由强旱生多年生草本植物和小灌木组成的草原类型，是高寒草原与高寒荒漠的过渡类型，集中分布于我国西藏、新疆和甘肃等省份。受干旱寒冷的气候条件制约，该类草地植物低矮，植被稀疏，组成简单，生长期短，生长缓慢，耐牧性差，利用率较低。

(七)温性草原化荒漠类

该类型在温带干旱气候条件下，优势种为旱生、超旱生的小灌木、小半灌木或灌木，混生一定数量的强旱生、多年生草本植物和一年生草本植物。该类草原类型的生境条件与荒漠相比略好，气候稍湿润，是一类过渡性的草地类型，处于荒漠与草原的过渡地带。

(八)温性荒漠类

在温带极端干旱与严重缺水的生境条件下，以耐寒性甚强的旱生、超旱生半灌木、灌木和小乔木为主的一种草地类型。该类草地太阳辐射较强，热量较为丰富，常年干旱而缺水，土壤贫瘠干燥，缺乏腐殖质，肥力低，草群稀疏、裸露下垫面较大，集中分布于我国西北干旱地区。

(九)高寒荒漠类

在寒冷和极端干旱的高原或高山亚寒带气候条件下，由超旱生垫状半灌木、垫状或莲座状草本植物为主发育形成的草地类型，分布于我国西藏、新疆与青海的交界处，是世界上分布海拔最高、最干旱、草群极为稀疏、低矮的草地类型。由于地处高海拔偏远地区，交通不便，绝大部分为无人居住区，是世界上保存最完好的生态区域之一，也是最为脆弱的生态系统之一，一旦被破坏成为裸地，很难恢复。

(十)暖性草丛类

在暖温带或山地暖温带，湿润、半湿润的气候条件下，森林植被连续遭到破坏，原有的植被在短时间内不能自然恢复，以多年生草本植物为主形成的一种植被基本稳定的次生草地类型。由于气候温暖湿润，水、热条件优越，有利于各种植物的生长发育，植物种类组成比较丰富，是我国华北各省份暖温带地区重要的草地资源。

(十一)暖性灌草丛类

在暖温带或山地暖温带，湿润、半湿润的气候条件下，森林植被遭到长期破坏，在短期内，原有的植被不能自然恢复，因而形成的次生草地类型。该类型以暖性中生、旱中生多年生草本植物为主，其中散生灌木或零星乔木，植被相对稳定，是我国华北各省份暖温带地区重要的草地资源。该类草地的气候特点是季节气候差别大，热量充足，温差较大，降水集中，草群种类组成简单，优势种明显，草地的结构层次分明，分为灌木层或乔木层、草本层，各层植物生长茂盛、密度大、盖度高。

（十二）热性草丛类

在我国亚热带和热带地区湿热的气候条件下，森林植被遭受连续破坏后，连年不断的烧荒、过度放牧和水土侵蚀，或者耕地撂荒多年后，次生形成的基本稳定的草地类型，植被以多年生草本植物为主体，间混生有少量的乔木或灌木。热性草丛类草地分布范围广，热量资源丰富，气温较高，植物种类的组成、草群结构、生产能力、饲用价值受人类活动的影响，不同地区有较大差异，该类草地在草地生态系统中的可塑性较大，但比热性灌草丛类草地小。

（十三）热性灌草丛类

热带和亚热带地区湿热气候条件下，原来的森林植被遭砍伐或烧荒后，形成的一种相对稳定的草地类型，植被以多年生草本植物为主，散生少量乔木和灌木。较热性草丛类草地而言，植物种类的组成更复杂，种类成分繁多不一致，植物在群落中的空间位置很不固定，草群结构凌乱，处于相对稳定状态，是我国南方主要的草地资源之一。

（十四）干热稀树灌草丛类

在我国热带地区和具有热带干热气候的亚热带河谷底部极端干热的气候条件下，由森林植被被破坏后次生形成的草地类型，较热性灌草丛类草地稳定，与热带地区的稀树干草原在草群稳定性上相似，但是具有不同的成因。

（十五）低地草甸类

在土壤湿润或地下水丰富的生境条件下，由中生、湿中生多年生草本植物为主形成的一种隐域性草地类型，一般不呈地带性分布，多呈斑块状、条带状、环状零散分布在不同类型的草地之间。由于地势低洼，土壤土层较厚，肥沃，饲用植物丰富，种类多样，产量高、草质好，是优良的放牧地。

（十六）山地草甸类

在山地温带气候带，降水丰富、大气温和的山地垂直带上，由丰富的中生草本植物为主，发育形成的一种草地类型。处于我国温带和暖温带的东北、华北的中低山，西北各大型山地和青藏高原东部的中山及亚高山垂直带上，在南方亚热带的高中山山地也有分布。气候温和湿润，降水充足，牧草种类丰富，生产量高。

（十七）高寒草甸类

在高原（或高山）亚寒带和寒带寒冷而又湿润的气候条件下，由耐寒（喜寒、抗寒）性多年生、中生草本植物为主或有中生高寒灌丛参与形成的一类以矮草草群占优势的草地类型，集中分布于我国青藏高原的东部和帕米尔高原，以及天山、阿尔泰山、祁连山等高大山地的高山带。在长期湿润、寒冷条件下，饲用植物组成简单，草群低矮覆盖度大，根系发达，生长期短，产量低，营养价值高。

（十八）沼泽类

在地表终年积水或季节性积水的条件下，由多年生湿生植物为主形成的一种隐域性的草地类型。由于不受地带性气候的限制，沼泽类草地的分布十分广泛，饲用植物组成比较简单，种类贫乏，生长繁茂、稠密。

四、草原资源

草原资源属于自然资源，是自然界中存在的、非人类创造的自然体，是由气候资源、土地资源、生物资源等自然资源和人类生产劳动要素等经济资源有机叠加的总和。我国草原分布十分广泛，草原具有巨大的自然生产力，蕴藏着独特的环境资源以及丰富的生物资源，是国土资源的重要组成部分，是国民经济持续发展的物质基础，是社会发展的重要支柱。

（一）草原环境资源

草原环境包括草原气候、土壤、地形和地貌等。草原气候资源根据能为草原生产所利用的气候物质、能量和条件，分为热量资源、光能资源、水分资源、风能资源和大气成分资源等，包括太阳辐射、热量、水分、空气、风等。草原气候资源是一种可利用、可再生的资源，是人类生产、生活必不可少的主要自然资源，可被人类直接或间接利用，在一定的技术或经济条件下为人类提供物质和能量。草原气候资源的数量、质量和气候要素的组合状况，在很大程度上决定了草原植被类型和植物物种的分布，决定草地类型的地带性分布和净初级潜在生产力。草原土地资源是指可供草原生物生存和人类生产劳动可利用的土地，具有其自然属性和社会属性，包括土地地形、地貌、土壤类型等，是草原植物、动物、微生物生长发育的基础，给草原植物和动物提供栖居地，对热、水分和养分进行再分配。不同的土地类型是草原植被类型多样化和分布特征形成的重要因素之一。

(二)草原生物资源

草原生物资源是指草原中对人类具有一定经济价值的动物、植物、微生物有机体以及由它们组成的生物群落，是草原资源的有机组成部分。草原生物资源包括基因、物种以及生态系统三个层次，对人类具有一定的现实和潜在价值，是草原生物多样性的物质体现。草原生物资源包括植物资源、动物资源和微生物资源三大类，是草原中一切动物、植物和微生物组成的生物群落的综合。

1. 草原植物资源

草原植物资源是草原资源的主体，是草原植被的主要成分。植物物种的多样性和遗传多样性，蕴藏着丰富的生物种质资源，是草原遗传基因库的核心。

草原饲用植物资源主要指草原上供给家畜饲料的草本、半灌木、灌木、小乔木、乔木枝叶等的总称。根据全国草地资源调查资料统计，我国共有草原饲用植物6704种(包括亚种、变种和变型)，分属5个植物门246科1545属，以禾本科和豆科占优势地位。我国天然草地有禾本科牧草210个属1148种，数量多、分布面积大、饲用价值高；豆科植物125属1239种，营养价值高，是天然草地上蛋白质饲料的主要来源之一。其他最常见的饲用植物有菊科、莎草科、蔷薇科、藜科、百合科、蓼科、杨柳科等。

除了饲用植物外，草原植物还包括可用于制作食品的食用植物，如菜蔬植物、果品植物、蜜源植物、饮料植物等，常见的有真菌、蕨类、沙枣、沙棘、黄芪、枸杞等；可用于入药的药用植物，如黄芪、甘草、防风、柴胡、贝母、冬虫夏草、雪莲、龙葵、龙牙草、麻黄、五味子、龙胆、草芸香等；可用于工业生产的植物，如木棉、芨芨草、灯芯草、罗布麻、冬葵、芦苇、藿香、薄荷、柽柳等；可用于改善环境、美化生活的植物，如梭梭、酢浆草、三叶草、铁线莲等。此外，作为一类特殊类型的植物，有毒有害植物体内含有有毒物质，或在形态构造上具有芒刺或特殊物质，易造成家畜中毒或机械损伤，降低畜产品品质。

2. 草原种质资源

草原种质资源又称草原遗传资源，生物体亲代将遗传物质传递给子代，往往存在于特定品种之中，是极其珍贵的自然资源。种质资源的范围包括古老的地方品种、重要的遗传材料、新培育的推广品种以及野生近缘植物等。

我国是世界上草原种质资源最丰富的国家之一，特殊的自然环境以及长期的自然选择，造就了我国草原植物丰富而宝贵的遗传资源特性。在9700多种草原植物中，有24个科171属493种属于我国特有的草原饲用植物，其中54种草原植物被列入我国珍稀濒危保护植物名录，占全国濒危植物总数的14%，其中豆科、禾本科、菊科、莎草科所占比重较大。

草原种质资源是遗传育种的重要素材，是优质高产、特异性状及抗逆、抗病的基因宝库。草原植物具有极高的食品、化工、能源、医药等产品开发价值，如今天世界上栽培面积最广的“牧草之王”紫花苜蓿，是人类3000多年对野生苜蓿引种驯化的结果。科研人员对草原野生植物的引种试验，选育出陕西关中苜蓿、新疆和田苜蓿以及柱花草、多年生黑麦草、狗牙根、白三叶、无芒隐子草等一批耐寒、耐瘠薄、耐盐碱、抗旱、抗风沙的新品种。为收集和保存草原种质资源，我国在北京建立了1个草种质资源中心库，在内蒙古和海南分别建立了草种质资源备份库，在11个省份建立了17个草种质资源圃。截至2018年，已整理入库保存草种质资源4.7万余份，包括103科680属2264种，其中豆科占33%、禾本科占54%[4]。

3. 草原动物资源

草原动物资源是以草原环境为栖居地的生态地理动物类群，包括驯养的动物资源和野生动物资源，为人类提供肉、皮毛、乳和畜力，是发展食品、轻纺、医药等工业的重要原料。草原植物为食草动物提供了丰富的牧草，食草动物为食肉动物的生存与发展打下坚实基础，在维持生态平衡方面起着重要作用。

放牧家畜是草原地区食草动物的主体。我国北方地区经过多年驯化的地方品种有169个，育成品种40个，从国外引进品种253个。主要食草动物种类有黄牛、牦牛、绵羊、山羊、羚羊、马、骆驼、梅花鹿、兔、马鹿等。野生草原动物种类繁多，达2000余种，如雪豹、羚羊、野驴、野马、野骆驼、野牛、野牦牛、丹顶鹤、黑颈鹤、藏马鸡等，其中许多珍奇种类被列为国家重点保护动物。大多数草原昆虫是草原生态系统的初级消费者和生产力极高的次级生产者，常见的昆虫有东亚飞蝗、蝼蛄、中华蚱蜢、金龟子、天牛、瓢虫等，是青蛙、蟾蜍、蜥蜴、蛇、鸟类及哺乳动物的主要食物。数量较多的草原昆虫以及草籽为鸟类提供了丰富的食物，与草原或草地相关的鸟类约有400种，如蓑羽鹤、白枕鹤、草原雕、金雕、草原鹞、长嘴百灵、云雀等。

4. 草原微生物资源

草原微生物资源以土壤微生物为主，是集细菌、真菌、放线菌以及其他未知微生物的总称，其群落受植物凋落物、根系分泌物、植物生产力等影响，组成和结构与植物的生长过程密不可分。

草原土壤细菌微生物资源以放线菌为主，广泛分布于世界各地。草原植物内生环境为植物内生菌提供了丰富的栖息地。兼性内生菌可独立于宿主植物存在，专性内生菌主要依靠宿主植物存活生长，通常定植于细胞间隙，在各个植物器官均有分布。

草原真菌种类达 150 万种以上，是种类最多的一类微生物。青霉属、拟青霉属、虫生真菌、丛植菌根真菌、球囊霉属等真菌研究较多，且不同的草原类型均有自己的特有种。植物内生菌根生活于植物组织内，集中于子囊菌门，在植物地上部分的组织存在，形成局部感染，对宿主植物的有益或有害作用不存在环境特异性；有隔内生真菌固定繁殖于植物根内的小型土壤真菌，存在于健康植物根的表皮、皮层甚至维管束组织中，能在植物细胞内或细胞间形成“微菌核”。麦角类内生真菌仅与一些冷暖季型草种共生，在植物茎内形成细胞间的系统感染，可促进植物生物量的积累，提高其耐寒性，产生一些对动物有害的化学物质。

(三)草原生态系统的服务功能

草原植物利用太阳光，吸收水分和二氧化碳，通过光合作用合成有机物，动物采食绿色植物利用现成的有机物，草原微生物分解植物的枯枝败叶、动物的遗骸获得物质和能量。草原上的各种生物通过摄食、吸收、分解，使化学元素进行连续的化合和分解，草原生态系统不断进行新陈代谢。在这种作用过程中，草原改变了物质的性状、构造，保证了基本物质元素的循环利用，促进了全球生物物质的大循环，从而成为维持地球生物圈持续稳定的重要力量。

草原生态系统的服务功能，是指从草原生态系统结构功能(即草原生态系统中的生境、生物或系统性质及过程)中，人类能直接或间接获取的利益。草原生态系统不但为人类的生存直接或者间接地提供生产生活资料，还能够维持生命物质的地化循环和水文循环，维持生物物种与遗传的多样性，维持大气化学平衡与稳定，净化环境，为人类的生产与现代文明发展提供重要作用。

草原生态系统的服务功能大概分为 3 类：一是提供产品的功能，

为人类生活和生产提供生态系统产品，如食物、药品、工业原材料等；二是调节功能，维持与支撑人类赖以生存的环境，如调节气候、保持水土、涵养水源、更新与维持土壤肥力、完成营养物质的循环、固定二氧化碳及释放氧气等；三是文化功能，为人类提供文化、科学、美学、教育、娱乐等多方面的价值[5]。

第二节 草原生态系统的特征

草原生态系统包括非生物环境与生物，非生物环境包括太阳、大气与土壤，生物包括了动物、植物和微生物。草原地区的植物、动物、微生物和草原地区非生物环境构成了草原生态系统，是进行物质循环和能量交换的基本生态单位。草原生态系统在结构和功能过程方面与森林生态系统、农田生态系统不同，是重要的畜牧业生产基地和生态屏障[6]。

一、草原生物的多样性

生物多样性指各种生命形式的资源，包括数百万种植物、动物、微生物，各物种所拥有的基因以及各种生物与环境相互作用形成的生态系统。草原生物多样性包括草原生态系统多样性、草原生物物种多样性及其遗传多样性，是生物多样性的重要组成部分[7]。草原丰富的物种资源包括重要的牧草、药用植物、资源动物、珍稀动物和许多珍贵的家畜品种。

不同的地理环境和自然条件，孕育了丰富多样的草原生物。我国动植物种类复杂，野生牧草遗传资源丰富，世界著名栽培牧草在我国草原均有野生种和近缘种分布。依据全国第一次草地资源普查的植物名录，初步收录254科4000多属9700多种植物，尤其是禾本科饲用植物不仅数量多、分布广，而且在草原上起优势作用的种类亦比较集中[8]。已知国家重点保护野生动物中，分布于草原区的一级有14种，二级有48种。草原生态系统孕育着极其丰富的生物多样性，是陆地生态系统中生物多样性的重要组成部分，是人类赖以生存和发展的特殊生境和重要物质基础，其生态功能和资源价值不是其他生态系统可以替代的，具有全球意义的保护价值。

二、草原生态系统的多样性

（一）生态功能多样性

草原占我国国土面积的41.7%，它构成了我国重要的绿色生态屏障，草原生态系统是人类赖以生存和发展的生物资源。我国北方出现的沙尘暴天气、长江的洪水灾害、城市空气质量下降等现象，除了大气环流、气候条件以外，还与草地退化、盲目开垦、过牧超载等密切相关。

草原植物作为草原生态系统的生产者，其重要功能是将太阳能从物理能转化为化学能，为消费者和生产者提供必需的物质和能量。初级物质生产的功能是进行次级物质生产的基础，也是草地生态系统多种功能能否正常发挥的基本条件。

草原是重要而巨大的碳库，全球草地生态系统的碳储量，约占陆地生态系统总碳储量的12.7%。草地生态系统通过光合作用吸收大气中的二氧化碳，将二氧化碳储藏在生态系统内，对调节大气成分具有重要的作用。如果草地生态系统受到人类干扰被破坏后，其储存的大量碳将重新回到大气中，增加空气中二氧化碳的含量，加剧温室效应和全球变暖。草原生态系统中的植物，通过吸收二氧化碳释放氧气，进行物质交换，调节氧气和二氧化碳的平衡，通过吸收温室气体，改变地表的反射率，从而调节地表温度和湿度。草原还可以释放负氧离子，吸附粉尘，去除空气中的污染物，改善大气质量，减缓噪声，从而改善环境、净化空气。

草原植物通常紧贴地面生长，能很好地覆盖地面，发达的根系能深深地植入土壤，将土壤牢牢固定，对涵养土壤中的水分有重要作用。草原植被丰富了地球表面土壤形成的格局和模式，植物有机体固定的能量在土壤中转化，为土壤提供了丰富的有机质，提供和参与了碳酸盐淋溶和淀积过程，通过植物积聚养分，提高土壤肥力，根系生长促进土壤形成，而植被本身的化学成分帮助土壤矿物形成。

草原是地球丰富的生物基因库，为人类提供了丰富的基因资源，草原也为解决食物、药用植物、家畜品种作出了巨大贡献，是生产和生活的资源库。

（二）经济功能多样性

草原植物具有初级生产功能，能生产大量优质的牧草，饲养着大量的牛、马、羊、骆驼等家畜，可为医药、食品、纺织、制革、化工、轻工、花卉等许多产业提供特色的原材料，如草原药用植物、草原健康食品、草原能源植物、草原纤维材料、野生花卉原材料等。草原为草原旅游业的发展提供了广阔的天地，草原文化产业已成为实现民族地区经济振兴的重要选择。草原旅游业的发展，繁荣了地方经济，带动本地相关产业发展壮大，扩大就业机会，美化环境，改善人民生活，促进区域合作，推动社会进步。

（三）社会功能多样性

草原是我国少数民族地区经济发展的物质基础。草原地区的状况与我国边境巩固、边疆稳定有很大关系，草地畜牧业对西部开发、增加就业机会、改善食物结构、调整产业结构、提高人民生活水平、推动精神文明建设具有重要意义，草原在建设和谐、安定、繁荣的社会中具有举足轻重的作用。

三、草地生态系统的类型

草地生态系统的分类是一个新的科学问题，生态系统被认为是生物与环境之间进行能量交换与物质循环的基本机能单位。生态系统的范围和大小没有严格的限制，迄今为止，我国还没有一个草地生态系统分类方案。《中国植被》提出的"中国植被类型简表"中涉及草地生态系统的植被型有草原和稀树草原、草甸、沼泽和部分灌草丛、高山稀疏植被。《中国草地资源》提出的中国草地类型分类系统，将中国草地划分为18类，即温性草甸草原类、温性草原类、温性荒漠草原类等。草地生态系统分类属生态系统分类，应从生态系统本身的特征、功能过程特点出发进行分类，具体而言，可考虑下述5个原则：绿色草原植物种类的组成与特征，各级消费者的组成与特征，分解者的组成与特征，即草地生态系统生物成分的组成与特征，及其结构特征和生态系统外貌的特征；无机环境的特征，主要是气候与土壤的特征；草地生态系统重要的功能过程，即物质生产，能量过程与物质循环功能进程的特征；草地生态系统的动态特征；草地生态系统类型的划分尽可能与生物群区相结合[9]。

（一）分类依据

分类采取型—纲—目—属—丛五级制。

（1）生态系统型。生态系统分类中的高级单元，其划分主要依据生态系统生物群落、动态特征、群落外貌等的一致性。

(2)生态系统纲。不同的生态系统纲表现为生态系统组成、格局与功能过程以及利用的一致性。草地生态系统、森林生态系统等同属陆地生态系统型中的不同生态系统纲。

(3)生态系统目。不同生态系统目表现为植物生活型及热量条件的一致性。在具体划分过程中，热量的一致性是重要依据。

(4)生态系统属。不同生态系统属划分的主要依据是水分特点以及因此而引起的生态系的统组成、结构与功能过程。

(5)生态系统丛。生态系统分类的基本单元，其划分主要依据建群种的一致性，以及层片结构和各层片的优势种或共建种的特征。

(二)草地生态系统分类

草地生态系统可分为温性草原生态系统目、高寒草地生态系统目、暖性草地生态系统目、热性草地生态系统目、草甸生态系统目、沼泽生态系统目、荒漠草地生态系统目[9]。

四、温湿度等气候因素对草原生态系统的影响

根据中国陆地生态系统宏观结构数据统计，我国草地生态系统占29.88%，包括高、中、低3种覆盖度，主要分布在我国温带和西部高寒区域。草原具有重要作用，是人类生存的生态系统重要组成部分，草原生态系统占我国陆地生态系统的面积及其特殊功能，但是在自然因素及人为活动双重影响下，我国草原生态系统出现严重退化，研究气候对草原生态系统的影响，对我国国家生态安全战略意义重大。

(一)气温对草原生态的影响

1. 气温对草原植物物候的影响

生物物候具有最直观、最敏感等特征，通过系统记录草原植物物候及环境条件季节和年际变化，综合反映短期内草原生态系统的动态特征。温度是影响植物物候变化响应最主要的因子，通过系统研究发现，温度对不同类型草原生态系统植物物候的影响存在差异性，如牧草生长季延长趋势最为明显，荒漠草原次之，草甸草原牧草生长期延长最少。如在内蒙古克氏针茅草原，其气候温度朝着暖干化趋势发展，主要牧草物候整体呈返青期推后趋势，气温每升高1℃，羊草返青期约提前2.4天，黄枯期约提前3.7天。在青藏高原地区青海省，上年黄枯期月至当年各物候出现期上月平均气温升高1℃，绝大部分草本植物物候期提早，生长期延长。

2. 气温对草地生产力及生物量的影响

不同草原生态区，温度对草地生产力及生物量的影响不尽相同。在冬季，草原生态系统降水变率较小时，平均温度的增加对草原植被生产力会产生一定的负面影响。如在我国典型草原区，冬季增温导致春季草原干旱加剧，使得草地生产力下降。由于温室效应，导致我国多年暖冬，青海矮嵩草草甸植物群落的生物量、平均高度、盖度均逐渐上升。增温促进川西北高寒草甸地上生物量的增加，尤其是禾草和莎草等增加，杂草减少。通过对青藏高原腹地典型高寒草甸和沼泽草甸土壤表层地下生物量主要分布的研究，增温使得沼泽草甸土壤表层生物量明显向深层土壤转移，高寒草甸的生物量分配格局深层转移不明显。

3. 气温对草原植被覆盖及全球碳储存的影响

通过多年对锡林河流域样带梯度上物种丰富度、多样性与年平均气温事物研究表明，气温与草原植被覆盖年内呈显著的线性相关，随月均温度升高，植被覆盖增加，当月均温超过20℃时，植被覆盖呈下降趋势；年际关系呈弱的正相关关系。气温升高，使得高寒草甸植物群落中杂草减少，禾草类植物种群的高度、盖度、重要值均表现为提高。

温室效应导致全球变暖，加速土壤中有机碳的分解释放，进一步导致地球表面温室效应不断增加及极端气候出现。相关研究表明，青藏高原是除环北极地区以外最大的多年冻区，其贮存的土壤有机碳可能成为影响全球气候变化潜在碳源，因此保护青藏高原草地对于碳贮存、调解全球大气中二氧化碳含量变化都具有重要意义。

（二）降水量对草原生态的影响

1. 降水量对草原植物物候的影响

降水对不同草原生态系统的植物物候影响存在差异。充足的水量能显著推后草原植物的枯黄期，延长其生长季。通过对高寒矮生嵩草草甸进行增雪处理，其主要优势植物物种均表现出花期提前，杂类草植物返青期也显著提前。在极端干旱条件下，青藏高原高寒草甸植物群落生长季初期的半花期提前2.3天，生长季旺期缩短花期持续时间2.3天。同时，不同功能群开花物候与其自身繁殖季节性有关，如双子叶杂草类最敏感，莎草类和禾草类有一定抵抗力。

2. 降水对草地生产力和生物量的影响

植被生长最主要的影响因素是降水量，降水增多有利于植被生物量的增加。研究表明，1960 年以来，内蒙古典型草原区气候暖干化趋势明显，降水量减少成为该区域牧草气候生产潜力的主导因素。同时，对内蒙古荒漠草原牧草气候生产力而言，降水是影响的关键因子，但是牧草气候生产力总体为不显著的线性增加趋势，而在荒漠草原中部，牧草气候生产力呈现增加显著。总体而言，随着降水量的增加，各种类型草地的地上生物量基本呈现增加的趋势，在降水量减少的区域，草地的地上生物量呈减少的趋势。

3. 降水对草地其他方面的影响

在降水量增多的情况下，草地的植被覆盖度有所增加。植被生长对降水变化具有一定的滞后性，滞后的时间尺度与局地条件有密切关系。在植物生长期的 6 月和 7 月增加降水量，会提高矮嵩草草甸植物群落物种多样性指数和均匀度指数，但过多的降水量反而会抑制禾草的生长发育。不同降水强度对生态系统的光合作用和呼吸作用影响也不同，当降水强度(以 10~25 毫米为阈值范围)更大时，将更有利于碳固持，降水减少，植物光合作用受到抑制，生产力降低。

(三)温度与降水的耦合作用对我国草地植被的影响

在不同区域，温度与降水的耦合作用对我国草地生态系统的影响具有差异性，但是合理的水热配置最有利于牧草的生长。影响半干旱区典型草原净第一性生产力的主要气候限制因子是降水量，但是内蒙古呼伦贝尔草地植被在春季对气温变化的敏感性较降水变化高，夏季和秋季对降水变化的敏感性则高于气温变化。随着海拔降低，降水减少，热量和干燥度增加，土壤有机碳和全氮含量降低，内蒙古锡林河流域草原群落的物种丰富度、多样性和初级生产力逐渐降低。

由于气候变化，草地生态系统具有一定的敏感性和脆弱性。温度和降水的变化对草地生态系统的影响存在诸多不确定性，不同的水热组合对植被生长的影响不同，温度升高和降水增多均可促进植被覆盖度增加。研究表明，与温度相比，降水仍是影响草地生产力更为重要的气象因子。降水量增加使草地物种丰富度增加，物候期提前，生长季延长，“少量多次”的降水更有利于增加草地地上生物量和地下生物量，降水对植被生长的影响具有一定的滞后性。

气候变化极大地影响着不同地区的牧草物候期，综合分析我国草原区生态系统的敏感性和脆弱性，在有条件的地方调整草场放牧方式和时间，有效控制草原载畜量，增加草原灌溉和人工草场，合理利用草场资源，实施草场封育等措施，避免草地进一步退化。

第三节 草原生态系统的管理

草原生态系统是各类生态系统中最为脆弱的开放性系统，极易遭受各种自然灾害的侵袭和人为活动的破坏。在较为严酷的自然条件和人们对草原生态系统的强度干扰下，草原灾害频繁发生，特别是干旱、风沙、雪灾和鼠虫害等灾害尤为严重。由于无序地发展牲畜，不合理地利用草原，快速推进城镇化建设以及工业发展的进程，使草原被抢夺利用和大面积征用、侵占及造成工业污染，使草原生态恶化和环境污染由点到线，进而扩展到面的蔓延。草原生态环境恶化，一方面降低了草原生态系统的稳定性，另一方面使次生灾害发生的可能性大大增加，导致草原生态系统整体功能下降，物种减少，生物量降低，抵御各种自然灾害的能力也在减弱。

一、草原灾害的形成与危害

草原灾害包括四大类：一是自然灾害，其包括生物灾害、气象灾害和地质灾害；二是人为灾害，其包括开垦草原、超载过牧、滥挖滥采、矿产开发、水源截流、环境污染、战争破坏等；三是人为自然灾害，如沙尘暴；四是自然人为灾害，如草原火灾等。

草原灾害的形成与发展受各种因素的影响，主要原因有三个，即自然因素、人类行为、自然因素与人为影响互动，自然变化和人为作用是草原灾害的两大根源。自然变化是不以人的意志为转移的，也是全球性或大范围的自然现象，人为作用致使草原灾害的形成也相当严重。千百年来，随着人口的急剧增长，为了维持生产生活，必然向大自然索取资源。开垦草原种植粮食作物已成为草原的第一人为灾害，对草原生态造成毁灭性破坏；在草原滥挖滥采现象也比较严重，主要集中在北部草原区和半农半牧区以及农区小片草原，如搂发菜、挖药材等；开矿藏、修公路等建设项目，道路碾压等，对草原造成很大的危害。因此，草原大面积生态恶化，荒漠化面积扩大，沙尘暴频繁发生，直接影响畜牧业发展和国家生态安全。

二、草原生态系统的健康评价

在全球生态系统普遍出现退化的背景下，生态系统健康的概念得以提出，但这一概念目前尚无统一的定义。有生态学家提出，生态系统健康是指生态系统能够维持自身组织结构的长期稳定，并具有自我运作能力，系统的能量流动和物质循环没有受到损伤，野生动物、土壤和微生物区系等关键生态成分得以保留下来，系统对长期的自然干扰具有抵抗力和恢复能力。健康的生态系统不仅仅在生态学意义上是健康的，同时还有利于经济社会的发展，能维持健康的人类群体。

草原生态系统健康评价研究尚处于起步阶段，草原生态系统健康评价主要包括生态服务功能评价与价值功能评价两部分。草原生态系统健康的生态服务功能评价主要包括：一是评价草地生态系统结构和功能完整性、可持续性和稳定性。评价系统中的各种功能流，如能量流、物质流、信息流和价值流都能正常进行，系统能够维持自身的组织结构长期稳定，具有自我运作能力，对自然干扰的长期效应具有抵抗力和恢复力；二是评价草原生态系统健康还包括草原生态系统中的土壤、植被、水和空气及其生态学过程的可持续程度，对复杂草地生态系统功能状态与维持能力。草原生态系统健康的价值功能评价主要指其生态屏障、种植、畜牧、养殖及休闲观光等方面的社会价值，是否有利于人与自然可持续发展。

三、我国草原生态系统面临的问题

对草原的利用过度追求经济利益，采取掠夺式的经营方式，造成对草原的巨大破坏，面积减少，生态功能破坏，生态环境逐年恶化。

近几十年来，草原的开垦、弃耕与过度放牧，使草原大面积退化、盐碱化、沙化，草原水文循环过程发生改变，降低了其水源涵养的功能。由于自然和人为因素的影响，我国沙漠化土地分布广泛，集中分布于蒙新高原地区和青藏高原地区，沙尘暴频繁发生，土壤质地变粗，容量增加，有机质含量减少，全国每年因沙漠化遭受的直接经济损失达 36 亿~54 亿元，间接经济损失达 292 亿元以上。过度放牧导致草原退化、鼠虫害加剧，加快了草原的退化进程[10]。

四、草原生态系统的管理

党中央、国务院制定实施西部大开发战略，其中保护草原生态、森林生态是主要部分。要树立草原防灾战略思想，合理保护、建设、利用草原。

(一)要确立草原灾害防御战略思想

当前我国面临着人口增长、资源紧缺、气候变化、环境污染、生态恶化、灾害频繁发生的严峻态势，草业可持续发展也面临新的机遇和挑战，草原灾害的防御，既是关系草原保护、食物安全、生态安全、生物资源安全、经济和社会发展各方面的战略问题，也是关系牧区的民生问题。

(二)合理布局防灾减灾规划，全面落实各项具体措施

草原灾害呈明显的区域性和季节性，不同区域和不同季节应制定不同的减灾防灾措施。要落实好保护草原的各项政策，比如草原"双权一制"、基本草牧场保护制度、禁牧休牧和划区轮牧制度、草畜平衡制度等。其次，要转变畜牧业生产经营方式，逐步走舍饲和半舍饲的畜牧业生产道路，调整畜群结构，发展以肉用品种为主的畜种，运用先进的适宜牧区、半牧区畜牧业生产技术，加快短期育肥技术的推广和应用面。减轻草牧场放牧压力，树立生产商品畜产品基地观念，彻底改变自给自足的观念。第三，要逐步转移牧区人口，减少牲畜饲养量。第四，要想做到保护草原、建设草原和合理利用草原，就要采取政策性措施，实施切合实际的工程措施。转移牧区人口，控制牲畜饲料量，制订惠牧保护草原优惠政策，处理好经济发展与征占用草原的关系，严厉打击开垦草原、滥挖滥采等破坏草原的违法案件，普及草原法律法规的学习宣传活动，增强执法力度。第五，要增强责任感，强化国家治理草原生态建设项目的建设和管护工作。初步建立起人与资源、环境之间和谐统一的良性生态系统，使草原植被达到恢复，生态安全、经济、社会与民生协调发展，使边疆各民族团结奋进、政治稳定、经济繁荣兴旺[11]。

(三)加强草原保护建设利用的必要性

加强草原保护建设利用是实现创新发展的生动实践，有助于实现从"生产功能为主"到"生产生态有机结合、生态优先"的理念创新，从散户为主的小农经济到合作社、现代家庭牧场等为主的经营方式创新，从草原畜牧业到草牧业的产业体系创新，是推动走粮经饲统筹、

农林牧渔结合、种养加一体、一二三产业融合的农业现代化道路的重要实践。加强草原保护建设利用，发展特色优势产业，对于促进草原地区经济社会快速发展，巩固民族团结，维护边疆稳定，促进区域协调发展具有重要意义。加强草原保护建设利用，恢复草原植被，改善草原生态，有助于提供更多优质生态产品，为走生态良好的文明道路奠定坚实基础。加强草原保护建设利用，与沿线国家开展草原防灾减灾、草原资源保护利用等生态环境保护重大项目合作，是推进“一带一路”战略的重要内容，也是应对气候变化的重要举措。加强草原保护建设利用，可以有效推动草原地区生产方式和牧民生活方式转变，促进草牧业发展，拓宽农牧民增收渠道，增加农牧民收入，实现共同富裕和人与自然和谐健康发展的目标。

参考文献

[1]陈佐忠. 走进草原[M]. 北京：中国林业出版社，2008.
[2]卢欣石. 草原知识读本[M]. 北京：中国林业出版社，2019.
[3]中华人民共和国农业部畜牧兽医司，全国畜牧兽医总站. 中国草地资源[M]. 北京：中国科学技术出版社，1996.
[4]刘加文. 种质资源：我国草种业的“芯片”[N/OL]. 中国绿色时报，2019-05-27. http：//http：//www. greentimes. com/green/news/dzbh/dxmbh/2019-05/27/content_ 423808. htm.
[5]韩文军，向阳. 气候变化与草原生态[M]. 北京：中国农业科学技术出版社，2017.
[6]林静. 宽广美丽的草原[M]. 北京：中国社会出版社，2012.
[7]闫伟红，徐柱，王育青，等. 法律政策对生物多样性及草原生物多样性保护影响评估[J]. 草业学报，2010，19(5)：250-259.
[8]章力建，侯向阳. 草原大文章略论[M]. 北京：中国农业出版社，2010.
[9]陈佐忠，王艳芬，汪诗平，等. 中国草地生态系统分类初步研究[J]. 草地学报，2002，10(2)：81-86.
[10]李建东，方精云. 中国草原的生态功能研究[M]. 北京：科学出版社，2017.
[11]丁国梁. 草原生态系统的合理保护建设与利用[J]. 中国牧业通讯，2010，(24)：22-23.

第七章　自然保护地

中国自然保护地系统历经多次变迁，逐渐形成由国家公园（试点地区）、自然保护区和自然公园为主要组成部分的自然保护地体系，发挥着保护生态系统和重要资源的基础性作用。根据我国政府官方解释，自然保护地是指“由各级政府依法划定或确认，对重要的自然生态系统、自然遗迹、自然景观及其所承载的自然资源、生态功能和文化价值实施长期保护的陆域或海域”[1]，目的是通过规划设置一个自然保护区域，以有效保护利用生态环境和生态资源，维护生物多样性和地质地貌景观多样性，同时科学开发社会服务功能，为社会公众提供环境科学研究、教育、体验和娱乐等公共服务，最终达到人与自然的和谐共处和生态可持续发展。

根据自然生态系统原真性、整体性、系统性及其内在规律，结合管理目标与效能并借鉴国际经验，我国将自然保护地按生态价值和保护强度高低依次分为3类：国家公园、自然保护区、自然公园。三者相互补充，各有侧重。其中，国家公园生态价值和保护强度最高，自然保护区次之，自然公园最后。本章主要介绍自然保护区和国家公园。

第一节　自然保护区

自工业革命以来，自然生态系统越来越多地遭到人类的干扰和破坏，目前保存下来受干扰较少的生态系统，极为稀少和珍贵。当人类要面临自然资源枯竭和生态危机的险境时，把仅有的自然生态系统、珍稀濒危的动植物物种保护起来是维持人类的生存和可持续发展的必由之路。自然保护区作为生物多样性保护的核心区域，生态安全空间格局的重要节点[2]，为拯救野生物种及其遗传基因提供了有效保证，既可以拯救动物、植物、微生物物种及其自然基因库，又可以保护稀有和濒危物种，使其免遭灭绝，而这些物种与人们的生产生活紧密相连，它们在医疗、食品、科学研究等领域起着非常重要的作用。

一、自然保护区的定义和中国自然保护区的发展

2017 年修订的《中华人民共和国自然保护区条例》中对自然保护区做了定义，是指“对有代表性的自然生态系统、珍稀濒危野生动植物物种的天然集中分布区、有特殊意义的自然遗迹等保护对象所在的陆地、陆地水体或者海域，依法划出一定面积予以特殊保护和管理的区域”[3]。2019 年 6 月中共中央办公厅、国务院办公厅印发的《关于建立以国家公园为主体的自然保护地体系的指导意见》对自然保护区也做了解释，“保护典型的自然生态系统、珍稀濒危野生动植物种的天然集中分布区、有特殊意义的自然遗迹的区域，具有较大面积，确保主要保护对象安全，维持恢复珍稀濒危野生动植物种群数量及赖以生存的栖息环境”[4]。

自 1956 年建立的第一个自然保护区起，我国自然保护区经历了从无到有、从小到大、从单一到综合的发展轨迹。60 多年的发展历程概括起来可以划分为起步发展阶段、相对停滞阶段、稳步发展阶段、快速发展阶段四个时期[5]。

起步发展阶段。我国自然保护区的起步发展源于 1956 年。在当年的全国人大一届三次会议上，秉志、钱崇澍等五位科学家提出了著名的第 92 号提案——《请政府在全国各省(区)划定天然林禁伐区，保护天然植被以供科学研究的需要》。依据此提案，中国科学院会同广东省人民政府经研究，于当年建立起广东鼎湖山自然保护区。这是我国第一个具有现代意义的自然保护区。鼎湖山自然保护区的建立，标志着中国自然资源和自然环境保护发展到一个新的阶段。此后，中国自然保护区建设日渐兴起，先后在云南西双版纳、浙江天目山、黑龙江丰林等地建立起了 20 多处自然保护区。

相对停滞阶段。这一时期由于“文化大革命”等历史原因，我国自然保护区发展受到严重影响。其中，部分现有自然保护区遭到破坏或撤销，捕猎和砍伐活动在部分保护区内也屡禁不绝，严重破坏了我国的自然资源与生态环境。该时期，云南西双版纳自然保护区由 1959 年

的4个到1972年调整至3个，保护面积由85.85万亩下降至68.7万亩。

稳步发展阶段。改革开放后，中国社会发展面貌焕然一新，在政府的主导下，自然保护区事业也逐步走上正轨。针对自然保护区的建设和管理，国家出台了一系列政策、法规、规划、标准和规范。在这一阶段，我国自然保护区建设达到一波小高峰，到1999年年底，已建立各类自然保护区1276个，总面积占国土总面积的12.8%。随着有关自然保护区政策法规的颁布实施和数量的快速增长，这一时期也成为中国自然保护区发展的重要阶段。

快速发展阶段。这一阶段的特点是自然保护区数量急剧增加，政府对自然保护区的投资力度也逐步加大。1999年国家开始实施重点生态建设工程，此后，自然保护区事业突飞猛进，数量和规模迅速增加，基础设施和管护能力建设也得到极大加强。截至2019年年底，中国已建立2750多个自然保护区，其中国家级自然保护区474个，总面积147万平方公里，占中国陆域国土面积的15%。如今，中国已成为世界自然保护区面积最大的国家之一，已基本形成类型齐全、布局合理、功能相对完善的自然保护区网络。

二、自然保护区的作用

自然保护区完整的生态系统、丰富的生物物种以及较为原始的自然环境，为生物学、地质学、生态学等学科研究提供了有利条件，为种群和物种的演变与发展、环境监测研究提供了良好的基础。此外，自然保护区拥有丰富的动植物和景观资源，可以为人类提供休闲场所，提供与自然和谐相处的方式，满足人类精神和文化生活的需求。自然保护区还是普及自然知识和宣传自然保护的重要场所。因此，建立自然保护区是人类社会生存与发展的需要。

(一)自然保护区保存有天然环境本底

自然保护区保存有天然环境本底，这为将来人类使用和改造自然时提供了重要的价值依据。自然保护区能够维持人类赖以生存和发展的基本生态作用过程，如土壤更新、养分循环、水净化以及维持生命系统的正常运行，是自然动态平衡的标准或准则。观察它们的活动和变化，可以作为判断人为影响及污染程度的标准，为更好地保护环境和提高人类生活质量提供科学和信息依据。因此，保护区是环境保护工作者观察生态系统动态平衡，获取监测基准的重要基地。

（二）自然保护区是物种基因的天然储备库

每个生物物种都含有丰富的基因，一种基因可以影响一个国家的经济，甚至命运。例如水稻雄性不育基因的发现和应用，创造了中国杂交水稻的奇迹，化解了国家粮食安全问题。衡量一个国家综合国力和可持续发展能力的重要指标就是对生物资源的占有量。自然保护区是生物资源的天然基因储备库，其丰富的生物多样性和生物物种资源，为一个国家和地区经济社会可持续发展奠定重要的自然基础。

尽管生物学家进行了大量的研究，但到目前为止，人类对生物物种的知识仍然不全面。由于人类对自然环境的破坏和改变，许多野生动植物已经灭绝，或正在迅速灭绝，或处于稀有濒危状态。自然保护区作为动植物和微生物物种及群体的天然储备库，也被称为自然基因库，可以保存各种生物、各种类型的生物群落和它们赖以生存的环境。这些物种是繁殖、制药和其他研究的宝贵材料。

（三）自然保护区为科学研究提供重要场所

自然保护区为研究者提供了观察和了解自然生态系统的本质以及了解生物与环境、生物与生物、自然与人类之间复杂生态关系的机会。特别是自然保护区中受保护客体存在的持续性和天然性，为环境监测和物种研究提供了有利条件。

自然保护区拥有完整的生态系统、丰富的物种资源和优越的环境条件，具有很高的科研价值，尤其是作为生物、生态、地质、地貌、水文、经济、农业和林业等学科领域的重要研究基地，是生态监测和科学研究的理想场所。很多自然保护区与科研机构之间建立了长期联系。例如，四川卧龙、福建武夷山、湖北神农架、云南高黎贡山、吉林长白山等自然保护区已成为世界著名的科研基地。中国科学院动物研究所和北京大学等单位在四川卧龙、王朗和陕西佛坪、长青等保护区对大熊猫开展研究，科研成果达到国际领先水平。在鸟类学研究领域，北京师范大学郑光美院士多年研究浙江省乌岩岭保护区的黄腹角雉（*Tragopan caboti*），在生态生物学领域取得了许多原创性重要成果。

（四）自然保护区是普及自然知识和宣传自然保护的天然实验室

自然保护区绝非禁止人类进入，除了受绝对保护的核心区外，自然保护区通常规划有一定区域用于参观考察、教学实习等。人们在这里可以进行生物学、地质学以及自然保护等方面的知识学习，还可以利用自然保护区内的标本、模型等丰富教学资源，向大众普及生物学、自然地理等科学知识，促进人们认识自然、关注环境、提高环保意识并自觉参与到保护环境的队伍中来，为保护自然资源，创造人类美好的生存空间营造良好的社会氛围。因此，自然保护区是普及自然界知识和宣传自然保护的重要场所。

（五）自然保护区有助于维护自然生态平衡

在我国，80%的陆地自然生态系统类型、40%的天然湿地、20%的天然林、85%的野生动植物种群、65%的高等植物群落在自然保护区内。自然环境最洁净、自然遗产最珍贵、自然景观最优美、生物多样性最丰富、生态功能最重要的区域，也都存在于自然保护区中。得益于保存完好的天然植被及其组成的生态系统，自然保护区在防风固沙、涵养水源、净化水质、保持水土、调节气候等方面的重要生态功能才能有效发挥。我国保存完好的天然植被及其组成的生态系统，使生态过程正常进行，对地区环境的改善起着良好的作用，为维护国家生态安全充当重要角色。特别是在生态系统比较脆弱的地域建立自然保护区，对于环境保护更为重要。

三、自然保护区的类别

根据国家标准《自然保护区类型与级别划分原则（GB/T 14529—1993）》，我国自然保护区分为 3 大类别 9 个类型。第一类是自然生态系统类，包括森林生态系统类型、草原与草甸生态系统类型、荒漠生态系统类型、内陆湿地和水域系统类型、海洋和海岸生态系统类型自然保护区；第二类是野生生物类，包括野生动物类型和野生植物类型自然保护区；第三类是自然遗迹类，包括地质遗迹类型和古生物遗迹类型自然保护区[6]，如表 7-1。

表 7-1 中国自然保护区类型（GB）划分

类 别	类 型
1. 自然生态系统类	a. 森林生态系统类型 b. 草原与草甸生态系统类型 c. 荒漠生态系统类型 d. 内陆湿地和水域生态系统类型 e. 海洋和海岸生态系统类型
2. 野生生物类	f. 野生动物类型 g. 野生植物类型
3. 自然遗迹类	h. 地质遗迹类型 i. 古生物遗迹类型

（一）自然生态系统类自然保护区

它是指具有一定代表性、典型性和完整性的生物群落和非生物环境共同组成的生态系统作为主要保护对象的一类自然保护区。例如广东鼎湖山国家级自然保护区，保护对象为亚热带常绿阔叶林；甘肃连古城自然保护区，保护对象为沙生植物群落；吉林查干湖自然保护区，保护对象为湖泊生态系统。下分5个类型[6]：

(1)森林生态系统类型自然保护区，是指以森林植被及其生境所形成的自然生态系统作为主要保护对象的自然保护区。

(2)草原与草甸生态系统类型自然保护区，是指以草原植被及其生境所形成的自然生态系统作为主要保护对象的自然保护区。

(3)荒漠生态系统类型自然保护区，是指以荒漠生物和非生物环境共同形成的自然生态系统作为主要保护对象的自然保护区。

(4)内陆湿地和水域生态系统类型自然保护区，是指以水生和陆栖生物及其生境共同形成的湿地和水域生态系统作为主要保护对象的自然保护区。

(5)海洋和海岸生态系统类型自然保护区，是指以海洋、海岸生物与其生境共同形成的海洋和海岸生态系统作为主要保护对象的自然保护区。

（二）野生生物类自然保护区

它是指以野生生物物种，尤其是珍稀濒危物种种群及其自然生境为主要保护对象的一类自然保护区。例如，黑龙江扎龙自然保护区，保护以丹顶鹤为主的珍贵水禽；福建文昌鱼自然保护区，保护对象是文昌鱼；广西上岳自然保护区，保护对象是金花茶。下分2个类型[6]。

(1)野生动物类型自然保护区，是指以野生动物物种，特别是珍稀濒危动物和重要经济动物种种群及其自然生境作为主要保护对象的自然保护区。

(2)野生植物类型自然保护区，是指以野生植物物种，特别是珍稀濒危植物和重要经济植物种种群及其自然生境作为主要保护对象的自然保护区。

（三）自然遗迹类自然保护区

它是指以特殊意义的地质遗迹和古生物遗迹等作为主要保护对象的一类自然保护区。例如，山东的山旺自然保护区，保护对象是生物化石产地；湖南张家界森林公园，保护对象是砂岩峰林风景区；黑龙江五大连池自然保护区，保护对象是火山地质地貌。下分 2 个类型[6]：

(1)地质遗迹类型自然保护区，是指以特殊地质构造、地质剖面、奇特地质景观、珍稀矿物、奇泉、瀑布、地质灾害遗迹等作为主要保护对象的自然保护区。

(2)古生物遗迹类型生然保护区，是指以古人类、古生物化石产地和活动遗迹作为主要保护对象的自然保护区。

四、自然保护的功能区划分

自然保护区的功能分区是后期发展形成的，早期自然保护区的建立是出于宗教或娱乐的目的，因而还未形成功能分区的概念。随着社会发展，人们对自然保护区的功能定位有了更全面的认识，除保护动植物物种、自然遗迹和生态系统这一重要功能外，自然保护区还兼顾科学研究、文化教育、经济发展等方面的功能，为了解决保护区内部及周围社区自然保护与经济发展的矛盾，保证保护的有效性与发展可持续性，由此产生了自然保护区内部的功能分区。

科学合理的功能区划分是发挥自然保护区多重功能、提高自然保护区管理水平的关键[7]。我国目前自然保护区功能分区采用国际“人与生物圈”计划生物保护区的基本模式，即将保护区划分为核心区、缓冲区与实验区的三区模式，并且在不同的功能区采取不同的经营管理策略[8]，以实现生物多样性保护与可持续发展的目的。《中华人民共和国自然保护区条例》对上述三区的内涵做了明确规定，成为自然保护区功能区划分的基本依据[9]。

在物种水平上，保护的方式包括就地保护和迁地保护。自然保护区不仅在物种水平上就地保护物种基因及其生境，而且在生态系统水平上就地保护完整的生态系统。中国人口多，人均自然资源有限，要解决这个矛盾，就要求我们在保护区的管理开发上不能采用原封不动、排除干扰的绝对保护模式，而应将保护与科研教育、生产生活相结合，在不影响保护区生境保护的前提下，还可以适度发展旅游业。基于这一认识，中国的自然保护区内部大多划分成核心区、缓冲区和实验区 3 个部分。

核心区，是保护的核心，它是一个最重要的环境保护地段，它是各种原生性生态系统类型保存最好的地方，或保护的野生动植物分布最集中的地方。一般而言，核心区内的自然生态系统是未受或很少受人为干扰过的，即使是曾遭受过破坏，但仍有可能逐步恢复其自然生态系统。核心区内严禁任何林木采伐和狩猎等，主要目的是为了保护、保持物种多样性，使区内生物种群不受任何人为干扰，能够自然生长、发展，从而形成一个重要的遗传基因库。人类可以在这里研究环境生态基本规律，或者将它作为进行环境监测的对照区域，但是只能限于观察和监测，不能采用任何实验处理的手段，以避免对原生环境产生任何破坏。

缓冲区，一般分布在核心区周围。它由部分原始生态系统类型和部分进化类型所占据的半开发区域组成。它在自然生态保护中能起到缓冲作用，一方面防止核心区受到外界的影响和破坏；另一方面，它在基于群落环境保护的前提下，也可以进行生产性或实验性科学研究。比如，进行植被演替和合理采伐更新实验，野生经济动植物的繁殖和栽培等。

实验区，是一个位于缓冲区周围的多用途区域。人类可进入实验区从事科学实验、参观教学、考察实习以及珍稀濒危野生动植物驯养繁殖等活动。它还允许人们进行限定规模的生产活动，以及设置少量的定居点和旅游设施。实验区主要用于本地特有生物资源的开发，也可以根据实际情况安排少量具有快生效益的农、林、牧业生产，建立起适应人类需求的人工生态系统。特定情况下，还可以在实验区划分几个生态旅游区域，形成以保护为主，兼顾发展需求的实验、生产和生态旅游基地。

第二节　国家公园

一、国家公园的概念

国家公园最早是由美国乔治·卡特林(Geoge Catlin)在19世纪30年代提出。他在一次旅行途中，看到西部大开发对印第安文明、野生动植物和荒野的破坏深表忧虑，于是提议由政府建设一个大公园，把这些原生状态保护起来，里面有人也有野兽，所有一切体现着自然之美。出于对自然原生状态的保护，美国政府于1892年建立了黄石国家公园。这标志着世界上第一个国家公园问世。进入20世纪后，国家公园作为一种保护自然和自然资源的有效途径逐渐被各国接受吸收，世界范围内陆续开展了建设国家公园的行动，形成一种蓬勃发展之势。“国家公园”，尽管末尾带有公园二字，却不是我们平常意义理解的公园。城建意义的公园是为了市民的旅游和休憩，而国家公园的根本目标是保护自然。

(一)美国等西方国家对国家公园的定义

西方国家对什么是国家公园都有着各自的理解和界定。尽管具体到国家公园的定义有着细微的差异，但总体各国还是在“国家公园是自然环境优美、资源独特、具有区域典型性的保护价值大的自然区域，该区域不受或较少受到人类活动的影响，是一个国家或地区维护自然生态系统平衡、保护生态环境和生物多样性、发展生态旅游、开展科学研究和环境教育的重要场所[10]”上达成共识。

表 7-2　美国等西方国家对国家公园概念的界定

国家	国家公园概念
美国	狭义的国家公园指拥有丰富的自然资源、具有国家级保护价值的面积较大且成片的自然区域。广义的国家公园即“国家公园体系”，是指“不管现在抑或将来，由内务部部长通过国家公园管理局管理的，以建设公园、文物古迹、历史地、观光大道、游憩区为目的的所有陆地和水域”，包括国家公园、纪念地、历史地段、风景路、休闲地等，涵盖 20 个分类[11]
加拿大	建立在全国各地，以保护不同地域特征的自然空间，由加拿大国家公园管理局管理，在不破坏园内野生动物栖息地的情况下可以供市民使用的地方，包括国家公园、国家海洋保护区域和国家地标[12]
德国	具有较大面积且相对独立、不受或很少受人类影响、具有法律约束力的自然保护区域。其保护目标的是维护自然生态演替过程，最大限度保护物种生存环境[13]
英国	具有代表性风景或动植物群落的地区[14]
澳大利亚	以保护和旅游为双重目的的面积较大的区域，建有质量较高的公路、宣传教育中心、厕所、淋浴室、野营地、购物中心等设施，尽可能提供各种方便，积极鼓励人们去旅游[15]
日本	代表日本自然风景的区域，限制人为开发利用，在保护自然系统的同时为人们提供游憩功能的区域[16]

(二)世界自然保护联盟(IUCN)对国家公园的定义

世界自然保护联盟(下文简称：IUCN)最早对国家公园界定是在 1969 年召开的第十届 IUCN 大会上，从国家公园应该具备的功能角度对其进行定义，认为国家公园是“由一个或几个生态系统组成，且其本质未因人类开发和占用而改变的区域，该区域拥有神奇的自然美景，或动植物种类、地貌场所和栖息地具有特殊的科学、教育和休闲价值。该区域由国家最高级别机构采取行动保护，或尽可能地消除人类开发或占用的影响，并有效地加强促使该区域成立的生态学、地貌学或美学特征的方面。在专门的条件下，出于鼓舞人心、教育、文化和休闲的目的，游客允许进入该区域”。2013 年修订的《保护区管理类别指南》进一步把国家公园表述为，“大面积的自然或接近自然的区域，设立的目的是为了保护大尺度的生态过程，以及相关的物种和生态系统特性。这些自然保护地提供了环境和文化兼容的精神享受、科研、教育、娱乐和参观的机会”。这一定义在全球学术组织中得到了广泛的认可，“国家公园已经不仅仅是一个称谓，其代表了一种处理生态环境保护与资源开发利用矛盾的行之有效的模式”[17]。

根据 IUCN 的国家公园定义，可以归纳其三大特征：①国家公园内拥有广阔优美的自然景观，且其所存在的独特物种、景观、生境具有重要的科教、娱乐价值。即使遭受过人类的开发，但其区域内生态系统没有遭到根本性的改变。②政府组织已经采取有力措施来保护该区域，限制区域内的开发行为，以充分保存原始生态特征。③在充分保护的前提下，可以适当开展以文化、教育、娱乐等为目的活动。

（三）中国对国家公园的定义

相对发达国家国家公园发展进程，我国国家公园理念发展相对滞后。为规范国家公园建设，完善我国自然保护体系，实现对现有保护地体系进行系统整合，提高保护有效性，我国引入国家公园理念与管理模式。

2016 年，三江源国家公园、大熊猫国家公园、东北虎豹国家公园等试点获批，标志着我国国家公园试点工作的正式揭幕。2017 年，中共中央办公厅、国务院办公厅印发《建立国家公园体制总体方案》，意味着国家公园体制建设进入实质阶段。2019 年 6 月，《关于建立以国家公园为主体的自然保护地体系的指导意见》出台，我国政府明确和统一了国家公园的概念内涵和以国家公园为主体的自然保护地体系框架，终结了长期以来的混乱局面。

根据《建立国家公园体制总体方案》，我国的国家公园定义为“由国家批准设立并主导管理，边界清晰，以保护具有国家代表性的大面积自然生态系统为主要目的，实现自然资源科学保护和合理利用的特定陆地或海洋区域”[18]。

这一定义具有以下内涵：一是将生态保护放在第一位。严格保护国家公园自然生态系统的完整性、原真性。二是坚持国家代表性。国家公园须具有国家特征，国民认同度高，能代表国家形象。三是坚持全民公益性。坚持全民共享，为公众提供亲近自然、体验自然、了解自然以及作为国民福利的游憩机会[18]。

二、国家公园制度介绍

(一)国际上较具代表性的国家公园制度概况

1. 国家公园的入选标准

各国在建设国家公园过程中均制定了符合各自实际的准入标准或选择条件，多以资源重要性、保护自然生态系统等为原则性的条件，并在本国国家公园相关法律法规中有所体现，对实现本国国家公园理念、规范国家公园建设管理起到了一定作用。

在美国，符合选入国家公园体系的对象必须满足 4 个条件，即国家重要性、适宜性、可行性和管理不可替代性[19]。国家重要性主要体现在待选资源是具有国家意义的杰出范例，能够说明和表达国家遗产突出价值和品质，可以为公众游憩或科学研究提供更好的机会，以及资源原真性和完整性程度较高。适宜性主要考虑两点：一是该资源有没有得到其他组织机构的保护；二是该资源和国家公园内的其他资源能否形成资源整合优势。可行性要求一是有足够的规模和合理的配置，以确保可持续的资源保护工作和游憩服务；二是可以使用合理的成本进行有效管理。管理不可替代性指必须由国家公园管理局管理是最佳选择。

加拿大国家公园的选入程序是，首先由国家公园管理局按照要求重点调查境内所有原始自然区域，把生物资源和自然地貌类型丰富，受人为影响较小的区域确定为“典型自然景观区”。其次，根据以下六类因素对“典型自然景观区”进行论证，选出“自然地理区域”：①存在或潜在的对该区域自然环境威胁的因素；②该区域开发利用程度；③已有国家公园的地理分布状况；④地方的和其他自然保护区的保护目的；⑤为公众提供旅游机会的潜质；⑥原住民对该区域的威胁程度。最后，从这些“自然地理区域”中评估论证挑选出新的国家公园[20]。

根据《德国联邦自然和景观保护法》(1976 年)的规定，德国国家公园区域的划定依据如下：一是该地区的自然资源独特；二是该区域大部分符合自然保护的相关规定；三是该区域受人类影响较小。虽然德国国家公园建设标准相对简单，但为提高管理有效性，德国制定了详细的管理质量标准，包括了框架条件、生物多样性和动态保护、组织机构、管理、合作伙伴、交流合作、教育、自然体验和娱乐、监测研究、区域发展等 10 大类 44 个小类，对科学、规范管理国家公园奠定了基础。

英国国家公园面积一般很大，包括了乡村、各类自然景观甚至中小城市的几十到几百平方公里的广大的地域范围。里面有丰富的自然景观，比如山脉、原野、荒地、丘陵、悬崖、岸滩、林地、河流，还包括大部分运河和两岸的长条状地带，它设立的目的是为了保护国家公园的自然景观、生物物种和文化遗产，并为公众欣赏、体验公园的特殊景观提供机会[21]。

2. 国家公园的管理模式

各国由于国情差异，国家公园的建设管理模式也不尽相同。国家公园的管理方式可以概括为 3 种类型：中央集权型、地方自治型和综合管理型[22]。以美国、挪威等国家为代表的中央集权型管理模式，实行自上而下的垂直领导，辅以其他部门的合作和民间组织的协助。这种模式的特点主要有：实行自上而下的垂直管理；有严格、完善的法律体系支持；实行严格的准入标准；政府负责规划设计，实行园区服务设施特许经营；具有公益性，不以盈利为最终目的。

地方自治型的代表主要有德国和澳大利亚，联邦政府负责政策发布、立法等方面的工作，具体管理事务由地方政府负责。国家公园由地方政府建立，而非联邦政府，因而管理权力也属于地方政府。为了加强对国家公园的管理，地方政府设立专门管理机构进行管理。

日本、加拿大和英国属综合管理型，它们是由政府部门和具有一定自主权的地方政府参与的一体化管理体系，民间和非政府组织也积极参与建设管理。例如，日本的国家公园由国家环境厅主管和自然保护委员会协管，都道府县政府、市政府以及国家公园内的各类土地所有者密切配合。

(二) 中国国家公园制度建设情况

1. 中国国家公园建设的基本要求

我国国家公园建设的主要目标是保护自然生态系统原真性、完整性，促进生态环境治理体系和治理能力现代化，保障国家的生态安全，实现人与自然和谐共生。为此我国国家公园建设需要把握 4 个方面要求。

(1)确立国家公园建设理念。明确国家公园是我国自然保护地体系中最重要的保护类型。选择具有代表性、典型性的自然保护地作为其划定范围，保障其生态系统功能的完整性。坚持生态保护第一，严守生态红线，实行最严格的保护；坚持国家代表性，代表国家形象，彰显我国文明；坚持全民公益性，成果由全民所共享，调动全民积极性。

(2)建立国家主导的管理机制。国家公园由国家确立并主导管理，避免出现“划而不建、建而不管、管而不力”的问题，体现国家主导性和全民参与性。要合理划定中央和地方事权，建立以财政投入为主的多元化资金保障机制，通过财政经费保障国家公园的保护、运行和管理。

(3)建立社区共管机制。要统筹谋划社区参与国家公园的保护、建设、管理、运营机制，让社区居民共同参与保护国家公园周边自然资源，引导社会共同参与国家公园保护。

(4)完善国家公园相关法律体系。针对当前我国国家公园立法整体性较弱等问题，要做好国家公园综合性立法工作，建立健全我国国家公园法律法规体系，用以指导规范我国国家公园建设管理工作。

2. 中国国家公园的选入标准

根据我国国家公园的概念、内涵和已有建设实践，可对我国国家公园选入标准做如下界定。

(1)国家公园内的自然景观、生物物种等须具有国家代表性和典型性。国家代表性和典型性是指所保护的资源具有独特性，其中的文化、历史遗迹、地貌以及生态系统对国家整体文化、价值体系乃至对全社会、全人类具有重要意义。

(2)国家公园应具有较大面积，这样才可以保证在大范围内的统一规划，统一管理，保持物种繁衍和生态演变的不间断性。

(3)国家公园须具有原真性、系统性，较少或未受人类开发影响。如果公园里面已经受到人类过多的开发或改造痕迹，则不具备国家公园入选条件，只能选择其他保护地类型进行申报保护。

(4)国家公园建立具有可行性。许多未经开发、原始的、具有重要生态价值的保护地都在较偏远的地区，建设国家公园需要综合考虑中央财政与地方财政的投入力度，以及资源保护与经济发展和居民生活的关系，同时还要考虑，建设国家公园过程中的不可避免的人类活动，是否会加剧对当地脆弱生态系统的损害等。

3. 中国国家公园的管理模式

国家公园管理模式主要有集权模式、地方自治模式和综合模式。不同的地方与中央权力的划分模式势必会导致国家公园管理的优势和劣势。在中央集权管理的模式下，虽然可以进行高效运作，也可以很好地坚持国家公园保护优先的原则，但问题是很难调动地方的积极性，而国家公园分散在地方各级，在很多方面都需要当地执法机构和当地相关机构协助和参与[22]。同时，当所有国家公园的基础设施建设和人员工资都是由中央财政承担时，这将给中央政府带来很大的经济压力。地方自治模式的最大问题是，很难保证地方能够严格遵守国家公园管理规定的要求，将生态保护放在第一位。在可能情况下，一些地方政府是以获取国家公园的国字招牌来大力发展旅游业。在综合管理模式下，中央和地方机构可以组成联合委员会，对国家公园内有关事务进行联合决策。这种模式旨在调动多方参与园区管理的积极性，但对各方的合作能力与协调程度要求较高。

我国《建立国家公园体制总体方案》最终采用了综合模式。国家公园内全民所有的国家自然资源，由中央和地方两级政府行使管理权。待条件成熟后，省级政府行使的权力集中至中央政府。在当前形势下，合理划分中央和地方事务管理权限成为重要环节。国家公园的公益性和全民共享的目标决定了中央政府应负责整体立法、上层制度设计以及具体规定和原则的确定和制定。对于公园内资源的监督和保护，由于国家公园分散在各地，需要当地政府执法机构的协助。因此，需要授权地方政府就中央政府制定的基本法制定更详细的地方性法规条例。在资金投入方面，由于国家公园属于国家所有，全民共享，以及地区发展的不平衡性，所以中央要因地制宜地确定各自承担的财政责任，当然这主要还是要依靠中央财政的支持，这也是国际上国家公园的常见做法。

三、国家公园的功能与作用

（一）生态保护功能

生物资源是大自然赋予人类的宝贵财富，也是人类实现生命永续的自然基础。工业革命以来，人类对自然资源的过分攫取导致了世界上一些重要的生态系统、生物物种资源遭受严重破坏。随着可持续发展理念的传播，人们对大自然的认识越来越深刻，加强自然资源保护，实施自然遗产治理的公共规制成为生物资源保护的必然趋势和主要政策。越来越多的国家通过国际协议、国家立法和地方法规等多种形式来保护自然生物资源的完整性和原生性。国家公园在这种背景下，应运而生，并蓬勃发展起来。

国家公园为人类生活提供生命支持功能，承担着物质循环、能量流动和生态平衡的重任，是维持陆地和海洋生态系统整体稳定的基本因素，在维护自然生态平衡和一个国家或地区的生态安全中发挥着基础性作用。通过国家公园建设，可以对大江大河的源头及其中上游地区，山地高原、小流域和内陆湿地等生态功能敏感区实行严格的保护，尽可能减少人类活动，确保生态力作用区域的经济发展安全和人居生活安全。只有保持足够的自然生态空间，生命空间才是安全和安定的，才能最终实现在多样性的基础上，使人与自然保持一种循环和均衡的关系。国家公园的生态环境价值就体现在对区域内物种资源与生态系统的保护以及其他区域空间的生态安全保障功能上。

(二)教育科研功能

国家公园聚集了世界上最壮美的景观、最丰富的生物多样性、最鲜活的历史题材、最真实的荒野和最原始的自然生态，是自然科学和社会科学的天然实验室和教学课堂，被人们称为“没有围墙的大学”。它可以向不同年龄段的人们提供各种机会，增进他们与环境的交流、对自然规律的认识和对社会进步的追求。因此，国家公园不仅只是游乐空间，而且还是丰富个人知识和文化的课堂。生物进化、环境变迁、地质演变、气候变化、动物迁徙、重大历史事件、伟人足迹、文化精品等奥秘，都能在国家公园得到展示和诠释。国家公园蕴含着其他地方所没有的知识，是提供特定现场教学的宝贵资源。将课堂教育与野外实践相结合，是现代教育发展的方向。当学校学习的知识与大自然或历史纪念地这些课堂联系在一起时，学生对学习的内容记得更牢，技能掌握得更好，有利于培养他们良好的价值观和行为方式。国家公园作为教育方式的一部分，为学校教育服务的做法正在全世界得到推广。

当前，许多国家公园还承担了科研基地的功能。国家公园因其生物多样性成为各国不可多得的宝贵基因库，这也是发达国家争夺的焦点。利用野生动植物基因材料改良家禽家畜、农作物品种，正成为世界畜牧业、农业发展的方向，经济效益极为显著。基因研发可以生产出大量新材料新药品，基因知识产权的竞争已成为决定一个国家和民族经济发展的战略制高点。因此，各国也不断在加强对国家公园的严格保护和科学研究。

(三)欣赏游憩功能

国家公园为全体公民提供了独具特色的本土自然景观和舒适开放的休闲场所，为国民追求健康美好的生活提供了基本条件。它是满足个性化生态需求的舞台，在这里人们可以体验到欣赏自然与艺术的幸福、情感体验的幸福、休闲与遐想的幸福等。所有这些幸福体验都不是孤立存在的，而是相互联系、共生、共同的。在这里，人们还能体验到生命的伟大与渺小、强大和脆弱，世界的美好、包容和竞争，人类与动物和植物之间的相互依存、共生和排斥，以及他们对大自然非凡成就和历史沧桑挑战的感知。能够感悟生命的极限、伟人的成就、战争的残酷、家庭的温暖和文化的辉煌，甚至还可以尝试闲云野鹤、归隐山林的生活方式，追求精神的升华和心灵的共鸣等，就像翻开自己多年前的日记，重新审视自己的成长和心理旅程。在国家公园里，人们可以与动物一起散步，与大自然交谈，与朋友交流，与家人分享幸福，与孩子们一起学习，不断塑造新的自我，不断全面发展自己的能力。因此，国家公园能够使人沉浸在特定的情景和情节之中，为人们提供丰富多彩的体验机会，释放人们心灵的自由空间。这些体验往往令人产生保护自然资源的需要，更重要的是成为人们精神发展的内在诉求。

四、中国国家公园试点与实践

(一)建立国家公园体制试点的基本情况

从 2015 年 12 月，审议通过《中国三江源国家公园体制试点方案》，到 2017 年 6 月审议通过《祁连山国家公园体制试点方案》，这一年半内，近 10 个国家公园试点计划获得批准(表 7-3)。

表 7-3　我国国家公园体制试点情况

国家公园	简介
三江源国家公园	地处青藏高原腹地，是长江、黄河、澜沧江的发源地，素有“中华水塔”“亚洲水塔”之称。试点区域总面积 12.31 万平方公里，平均海拔 4500 米以上，这里是对全球气候变化反应最为敏感的区域之一，也是我国生物多样性保护优先区之一

（续）

国家公园	简介
大熊猫 国家公园	试点于2017年1月启动，规划范围跨四川、陕西和甘肃三省，涉及岷山片区、邛崃山-大小相岭片区、秦岭片区、白水江片区。这里地处全球生物多样性保护热点地区，也是我国生态安全战略格局“两屏三带”的关键区域。目前试点区内有野生大熊猫1631只，占全国野生大熊猫总量的87.5%
东北虎豹 国家公园	位于吉林、黑龙江两省交界的老爷岭南部，与俄罗斯、朝鲜交界，总面积1.46万平方公里，其中，吉林省片区占71%，黑龙江片区占29%。东北虎豹国家公园划定的园区是我国东北虎、东北豹种群数量最多、活动最频繁、最重要的定居和繁育区域，也是重要的野生动植物分布区和北半球温带区生物多样性最丰富的地区之一
湖北神农架 国家公园	位于湖北省西北部，是全球性生物多样性王国，拥有被称为“地球之肺”的亚热带森林生态系统、被称为“地球之肾”的泥碳藓湿地生态系统和被称为“地球免疫系统”的生物多样性，是中国特有属植物最丰富的地区，是世界生物活化石聚集地和古老、珍稀、特有物种避难所，拥有珙桐、红豆杉等国家重点保护的野生植物36种，金丝猴、金雕等重点保护野生动物75种。还是世界级地史变迁博物馆，拥有中元古界、新元古界的标准地质剖面，古生代、中生代、新生代动植物化石群
钱江源 国家公园	地处浙江省开化县，面积约252平方公里，包括古田山国家级自然保护区、钱江源国家森林公园、钱江源省级风景名胜区等3个保护地，以及连接以上自然保护地之间的生态区域，是全国首批10个国家公园体制试点区之一，也是浙江省唯一的试点区。主要保护对象是大面积低海拔中亚热带原始常绿阔叶林。这里还是中国特有世界濒危国家Ⅰ级保护野生动物黑麂、白颈长尾雉的全球集中分布区
南山 国家公园	位于湖南省邵阳市城步苗族自治县，是我国中南地区规模最大的中山泥炭藓沼泽湿地，有“东南亚第一近城绿色长廊”两江峡谷，南岭地区保存最完整的中亚热带低海拔常绿阔叶林，生物多样性丰富，生态系统代表性、原真性和完整性较强。这里植物区系起源古老，动物区系过渡性强，珍稀保护物种数量众多
武夷山 国家公园	位于福建省北部，属亚热带常绿阔叶林区域，中亚热带常绿阔叶林地带，浙闽山丘甜槠、木荷林区。公园内自然环境多样，发育着多种多样的植被类型，还有210.70平方公里原生性森林植被未受到人为破坏，是世界同纬度保存最完整、最典型、面积最大的中亚热带森林生态系统。公园内植被垂直带谱明显，依次分布有常绿阔叶林、针阔叶混交林、温性针叶林、中山苔藓矮曲林、中山草甸五个垂直带谱，是中国大陆东南部发育最完好的垂直带谱。种子植物类数量在中亚热带地区位居前列，有中国特有属27属31种

（续）

国家公园	简介
长城国家公园	位于北京市延庆区内，总面积是首批10个试点中最小的，也是唯一一个以世界文化遗产为核心资源的试点区，整合了延庆世界地质公园的一部分、八达岭—十三陵国家级风景名胜区的一部分、八达岭国家森林公园和部分八达岭长城世界文化遗产。试点区要追求人文与自然资源协调发展，除了保护自然生态环境之外，还需要兼顾长城的历史文化遗产
普达措国家公园	位于滇西北"三江并流"世界自然遗产中心地带，由国际重要湿地碧塔海自然保护区和"三江并流"世界自然遗产哈巴片区之属都湖景区两部分构成，以碧塔海、属都湖和弥里塘亚高山牧场为主要组成部分，也是香格里拉旅游的主要景点之一普达措拥有丰富的生态资源，拥有湖泊湿地、森林草甸、河谷溪流、珍稀动植物等，原始生态环境保存完好
祁连山国家公园	地处青藏、蒙新、黄土三大高原交汇地带的祁连山北麓，是中国重要的生态功能区、西北地区重要生态安全屏障和水源涵养地，世界高寒种质资源库和野生动物迁徙的重要廊道，是野牦牛、藏野驴、白唇鹿、岩羊、冬虫夏草、雪莲等珍稀濒危野生动植物物种栖息地及分布区，特别是中亚山地生物多样性旗舰物种——雪豹的良好栖息地

资料来源：相关国家公园官方网站。

其中，三江源国家公园试点工作进展比较迅速，这与其起步时间早、土地权属关系明晰以及政府强力支持有很大关系。钱江源、神农架、武夷山、南山等国家公园试点在计划内稳步推进，东北虎豹、长城、祁连山、大熊猫等国家公园体制试点由于批复较晚，其中还牵涉较为复杂的利益关系，改革进度较慢，还在有序探索。

（二）三江源国家公园的实践探索

2015年11月，青海省委、省政府向中央上报了《三江源国家公园体制试点方案》（以下简称《试点方案》）。2016年3月5日，中央办公厅、国务院办公厅正式印发《试点方案》，三江源成为国家批复的第一个国家公园体制试点。

三江源国家公园的总体格局为"一园三区"。"一园"即三江源国家公园，"三区"为长江源（可可西里）、黄河源、澜沧江源3个园区，园区总面积为12.31万平方公里，占三江源地区面积的31.16%。在目标定位上，三江源国家公园将"建成青藏高原生态保护修复示范区，三江源共建共享、人与自然和谐共生的先行区，青藏高原大自然保护展示和生态文化传承区"[23]。

以上目标定位同时明确了三江源国家公园体制试点的主要任务。一是坚持以自然修复为主，生物措施和工程措施相结合，采用先进适用的恢复和治理技术，强化对生态环境的修复与保护。二是构建人与自然和谐共生模式，将生态保护与精准扶贫、牧民转岗就业、生产生活条件改善相结合，实现园内资源的可持续发展与利用。三是坚持整合优化、统一规范，不做行政区划调整，不新增行政事业编制，组建管理实体，行使主体管理职责，着力创新国家公园管理体制机制。四是建立完善以财政投入为主、社会积极参与的资金保障长效机制。五是坚持国家所有、全民共享原则，有效扩大社会参与[24]。

三江源国家公园的主要实践做法归纳如下：

(1)健全完善运行管理体制机制。组建三江源国家公园管理局，为青海省政府派出机构，统一行使三江源国家公园范围内国有自然资源资产所有者职责。坚持明晰权责和监管分离，将分散在各部门的自然资源资产所有权和监管权分离，建立统一行使国有自然资源资产所有权人职责的管理体制。通过职能整合，有效减少部门职责交叉，实行一件事由一个部门负责，保证行政管理辖区范围的完整性，提高行政效率，降低行政成本。遵循事务全覆盖的原则，内设自然资源管理、生态保护、执法监督、规划建设、宣教培训、综合管理等职能处室，履行管理职能。根据工作需要设立直属机构，创新直属机构工作机制，充分利用省内外科研和智库资源，为三江源国家公园建设和管理提供有力支撑。同地方政府积极协作、合理分工、明确权责，建立各司其职、有机衔接、相互支撑、密切配合的良性互动关系，以生态、生产、生活联动的理念推进生态环境保护，实现建设富裕文明和谐美丽新家园的共同目标[23]。

(2)优化功能分区。三江源国家公园范围内含有三江源国家级自然保护区的扎陵湖—鄂陵湖、星星海、索加—曲麻河、果宗木查和昂赛5个保护分区和可可西里国家级自然保护区。在尊重三江源生态系统特点前提下，按照山水林草湖一体化管理保护的原则，对三江源国家公园范围内各类保护地进行功能优化整合，实行集中统一管理。通过地理统筹和功能统筹，按照生态系统功能、保护目标将各园区划分为核心保育区、生态保育修复区、传统利用区，实行差别化管控策略，实现生态、生产、生活空间的科学合理布局和可持续利用。在符合土地利用总体规划的前提下，在专项规划中开展二级功能分区，制定更有针对性的管控措施。

(3)科学制定规划标准。一是组织专家编制了《三江源国家公园总体规划》。这是我国第一个国家公园规划，体现了国家形象、国家意志、国家战略、国家目标、国家标准、国家行动，为其他国家公园规划编制积累经验，提供示范。二是根据总体规划明确的工作任务，编制完成《三江源国家公园生态保护规划》《三江源国家公园生态体验和环境教育规划》《三江源国家公园产业发展和特许经营规划》《三江源国家公园社区发展和基础设施建设规划》和《三江源国家公园管理规划》等5个专项规划，制订印发《三江源国家公园环境教育管理办法(试行)》等，进一步完善法规制度体系。三是在充分研究国内外有关保护地建设研究成果和执行标准的基础上，依托现有相关国家标准、行业和地方标准，编制发布了《三江源国家公园管理规范和技术标准指南》，明确了当前国家公园建设管理工作的名词定义、执行标准和参照标准，确保三江源国家公园最严格的生态保护要求得以落实[23]。

(4)健全立法司法执法体系。一是起草并实施了我国第一个国家公园条例——《三江源国家公园条例(试行)》，充分发挥立法引领作用，使三江源国家公园生态保护实践和改革有法可依，为园区保护、建设和管理提供了强有力的法律保障。二是先后颁布了三江源国家公园科研科普生态管护公益岗位、特许经营、预算管理、功能分区管控办法等多个管理办法，为公园规范化制度化治理提供了制度依据。三是探索构建生态公益司法保护和发展研究协作机制，优化检察监督和行政执法，寻求解决生态公益司法保护问题的途径。三江源国家公园与省检察院、省林业和草原局联合出台《三江源生态公益司法保护和发展研究协作机制的意见(试行)》，着力实现行政执法与刑事司法、公益诉讼检察、民事行政诉讼监督的有机对接，筑牢生态公益司法保障。四是积极开展专项行动和常规巡护执法行动，严厉打击破坏园区生态行为。

(5)构建国家公园社区共建体系。在注重生态保护的同时促进人与自然和谐共生，准确把握牧民群众脱贫致富与国家公园生态保护的关系，建立健全利益联结机制，充分调动牧民群众保护生态的积极性，构建国家公园社区共建体系。通过实施自然体验特许经营，既促进了当地社区的共享发展，也推动了生态型产业高质高效发展。例如，将加吉博洛镇、约改镇、玛查理镇、萨呼腾镇打造成美丽特色小镇，完善功能，增强城镇对国家公园管理、建设的支撑作用，提升接纳牧业人口转移和产业集聚的能力。设置生态管护公益岗位，为国家公园内的社区牧民提供了稳定就业机会，实现了园区“一户一岗”，强化了社区群众在保护生态中的主体作用，使牧民逐步由草原利用者转变为生态管护者，促进人的发展与生态环境和谐共生。通过引导扶持社区牧民以投资入股、合作劳务等形式从事家庭宾馆、旅行社、民族文化演艺、交通保障、牧家乐、餐饮服务等经营项目，促进发展适应国家公园建设和生态保护的第三产业，拓宽了社区群众增收渠道[23]。

(6)强化资源要素支撑作用。一是强化资金保障。根据三江源国家公园的事权属性，园区建设、管理和运行等所需资金将逐步纳入中央财政支出范围。中央财政将从完善重点生态功能区转移支付制度、研究建立长江生态补偿机制和完善国家公园财政保障机制三个方面，加强对三江源地区的财力保障。此外，通过研究建立生态综合补偿制度，发挥开发性、政策性金融机构作用，完善商业性金融支撑保障，推进绿色保险发展等途径强化对三江源国家公园的资金支持[24]。二是强化科技支撑。通过加强科学研究、加快科技支撑体系建设、搭建合作发展平台，为三江源国家公园建设与发展提供广泛技术和学术支撑。近年来三江源国家公园与中国航天科技集团、中国科学院等科研院所建立战略合作关系。三是强化人才支撑。依托高等学校人才资源，加强对使用公园的专业技术人才的引进、培养和使用，有步骤有计划地对省州县乡村干部、生态管护员、技术人员组织开展了全面系统的业务培训，不断提高公园从业管理人员业务水准和管理能力。

三江源国家公园体制试点，作为我国第一个得到中央政府批复的，也是面积最大的国家公园体制试点，是生态保护的时代呼唤，是时代赋予的重大使命。青海省着力把体制试点作为推进三江源地区生态文明建设的一项系统工程，深入践行习近平新时代中国特色社会主义思想，特别是生态文明思想，坚持人与自然和谐共生基本方略，注重在科学谋划、完善思路上下功夫，运用新的思维，开拓新的视野，逐步实现从打好基础向提升质量转变，从制度建设向巩固完善转变，从探索试点向全面推进转变，推动了三江源国家公园建设行稳致远。

参考文献

[1]中共中央办公厅，国务院．关于建立以国家公园为主体的自然保护地体系的指导意见[EB/OL]．(2019-06-26)[2020-03-15]．http：//www.gov.cn/zhengce/2019-06/26/content_ 5403497.htm.

[2]韩启德．自然保护区是建设美丽中国的重要载体[EB/OL]．(2016-06-01)

[2020-03-15]. http://www.zytzb.gov.cn/tzb2010/xw/201606/8fbddd8010794948926e34bc93c44343.shtml.

[3]国务院.中华人民共和国自然保护区条例[EB/0L].(2017-10-26)[2020-03-15].http://zfs.mee.gov.cn/fg/gwyw/201710/t20171026_424087.shtml.

[4]中共中央办公厅，国务院.关于建立以国家公园为主体的自然保护地体系的指导意见[EB/0L].(2019-6-26)[2020-03-15].http://www.gov.cn/zhengce/2019-06/26/content_5403497.htm.

[5]高吉喜，徐梦佳，等.中国自然保护地70年发展历程与成效[J].中国环境管理，2019，(4)25-29.

[6]国家环境保护局.自然保护区类型与级别划分原则(GB/T 14529-93)[S/OL].北京：中国标准出版社，1993.1-2[2020-03-15]. http://hbj.hazf.gov.cn/4378628/8773947.html.

[7]李行，周云轩，等.大河口区淤涨型自然保护区功能区划研究——以崇明东滩鸟类国家级自然保护区为例[J].中山大学学报：自然科学版，2009，48(2)：106-112.

[8]王献溥，金鉴明.自然保护区的理论与实践[M].北京：中国环境科学出版社，1989，116.

[9]呼延佼奇，肖静，等.我国自然保护区功能分区研究进展[J].生态学报，2014，34(22)：6391-6396.

[10]国家林业局森林公园管理办公室，中南林业科技大学旅游学院.国家公园体制比较研究[M].北京：中国林业出版社，2015，208.

[11]王蕾，马友明.国家公园，美国经验[J].森林与人类，2014，(5)：162-165.

[12]陈君帜.建立中国特色国家公园体制的探讨[J].林业资源管理，2014，(4)：46-51.

[13]田贵全.德国的自然保护区建设[J].世界环境，1999，(3)：31-34.

[14]陈英瑾.英国国家公园与法国区域公园的保护与管理[J]中国园林，2011，(6)：61-65.

[15]国家林业局森林公园管理办公室，中南林业科技大学旅游学院.国家公园体制比较研究[M].北京：中国林业出版社，2015，172.

[16]朱晓娜.我国国家公园管理体制研究[D].山东大学，2020.

[17]张春燕.国家公园知多少[N].中国环境报，2013-9-10(008).

[18]中共中央办公厅，国务院.建立国家公园体制总体方案.[EB/0L].(2017-09-26)[2020-07-15]. http://www.gov.cn/zhengce/2017-09/26/content_5227713.htm.

[19]杨锐.美国国家公园入选标准和指令性文件体系[J].世界林业研究，2004，17(2)：64.

[20]国家林业局森林公园管理办公室，中南林业科技大学旅游学院．国家公园体制比较研究[M]．北京：中国林业出版社，2015，40-42.
[21]国家林业局森林公园管理办公室，中南林业科技大学旅游学院．国家公园体制比较研究[M]．北京：中国林业出版社，2015，81.
[22]李闽．国外自然资源管理体制对比分析——以国家公园管理体制为例[J]．国土资源情报，2017，(2)：7-11.
[23]中华人民共和国改革与发展委员会．三江源国家公园总体规划[R/OL]．(2018-01-12)[2020-08-15]. http：//sjy. qinghai. gov. cn/article/detail/1248.
[24]三江源国家公园体制试点方案解读[N]．三江源报，2016-06-14(003).

第八章　野生动植物保护

野生动植物资源是自然生态系统的主体，是维持自然生态平衡极为重要的组成部分，也是社会经济和可持续发展不可或缺的重要资源。野生动植物保护直接关系到全球生态健康和安全，对生态文明建设意义重大。我国先后加入了《濒危野生动植物种国际贸易公约》《生物多样性公约》《国际植物保护公约》等一系列野生动植物保护公约，相继形成了一系列与濒危野生动植物种贸易及保护相关的法律体系，在大熊猫、朱鹮、扬子鳄等濒危物种拯救以及自然保护区建设、打击非法野生动物交易等诸多方面取得令世人瞩目的成就，为推进全球生物多样性保护、推动形成人与自然和谐共生新格局作出了重要贡献。

第一节　我国野生动植物资源概况

一、我国野生动植物资源总量

我国土地区域辽阔，气候类型丰富，地理条件复杂，得天独厚的自然条件为生物和生态系统类型的形成与发展提供了良好的基础，也形成了丰富的野生动植物区系，我国因此成为世界上野生动植物资源最为众多、生物多样性最为丰富的国家之一[1]。

(一) 野生动物资源总量

在我国的野生动物资源总量中，脊椎动物约为6266种，占世界脊椎动物种类的10%；哺乳类动物约581种，其中我国特有的哺乳类动物有110种；鸟类1244种，占世界鸟类总数的13.85%，其中我国特有鸟类种数98种，占我国鸟类总数的7.9%，是世界上鸟类种类最多的国家之一；爬行类376种，占世界爬行类总数的5.97%，其中特有爬行类种数25种，占我国爬行类总数的6.6%；两栖类284种，占世界两栖类总数的7.08%，其中我国特有两栖类30种，占我国两栖类总数的10.6%；鱼类约有3400种，占世界鱼类总数的12.1%，其中我国特有鱼类440种，占我国鱼类总数的12.9%。此外，我国已经定名的昆虫约有30000多种[2]。更重要的是，我国保存了大量的珍稀特有物种。以陆栖脊椎动物为例，约有263种陆栖脊椎动物为我国所特有，占我国陆栖脊椎动物种类总数的19.42%(表8-1)。

表8-1 中国野生动物物种、特有种数及世界野生动物种数统计[3]

种类	中国种数(种)	特有种数(种)	世界种数(种)	中国种数占世界种数比例(%)
两栖纲	284	30	4010	7.08
爬行纲	376	25	6300	5.97
鸟　纲	1244	98	9000	13.85
哺乳纲	581	110	4340	13.39
鱼　类	3400	440	28099	12.10
陆栖脊椎动物	2485	263	23650	10.51

另外，我国无脊椎动物种类的数量超过100万种。据专家推测，我国绝大部分地区由于在第四纪冰川时期未受到冰川覆盖，成为很多古老动植物物种的避难所，或者是许多新生孤立类群的发源地，因而拥有大量具有很高科学研究和经济应用价值的特有种和孑遗种[2]。据不完全统计，我国拥有特有珍稀濒危野生动物100多种，如大熊猫、金丝猴、朱鹮、华南虎、羚牛、藏羚羊、扬子鳄、白鳍豚等[3]。

(二)野生植物资源总量

我国野生植物的种类约32800种，约占全世界野生植物种类总数量10.3%(表8-2)，是世界上野生植物资源最丰富的国家之一，仅次于马来西亚、巴西，列世界第三位。其中苔藓类106科2000多种，占世界科类数量的70%；蕨类52科2600多种，占世界科类数量的80%[4]；裸子植物11科280多种，占世界科类数量的90%；被子植物24000多种，占世界科类数量的54%。

在已知的30000多种高等植物中，我国特有的数量就占到了50%~60%[5]，除了大家熟知的水杉、银杉、珙桐、台湾杉、银杏等为我国特有珍稀植物物种外，现有的万余种重要的野生经济植物中的大部分均为我国所独有。另外，许多国际上著名的观赏花卉的栽培新品种都是引种于我国的野生花卉或用其野生原型培育而成，如茶花、杜鹃花、牡丹等，因此我国还被称为“园林之母”。

表 8-2　中国植物部分门类特有种属统计[5]

种类	中国已知种属数（属）	特有种属数（属）	特有种属占总种属数比例(%)
被子植物	3123	246	7.5
裸子植物	34	10	29.4
蕨类植物	224	6	2.3
苔藓植物	494	13	2.0
总　计	3875	275	10.3

二、野生动植物资源分布概况

我国疆域辽阔，优越的自然条件形成了多样的气候带类型，从而使我国野生动植物显现出不同的分布特点。根据不同区域野生动植物的分布特点以及《全国野生动植物保护及自然保护区建设工程总体规划》，可将我国野生动植物的分布区域划分为 8 块，分别是：东北山地平原区、蒙新高原荒漠区、华北平原黄土高原区、青藏高原高寒区、西南高山峡谷区、中南西部山地丘陵区、华东丘陵平原区和华南低山丘陵区[4]。

东北山地平原区域位于我国东北部，包括黑龙江、吉林、辽宁全部和内蒙古的呼伦贝尔、兴安、哲里木、昭乌达盟等部分地区，地处温带大陆性季风气候带，区域内自然资源总量丰富，主要保护寒温带、温带天然植被类型及珍稀野生动植物，如东北虎、原麝、野生梅花鹿、马鹿、丹顶鹤和红松林等。

蒙新高原荒漠区域位于我国西北部，是全国野生动植物分布区中面积最大的一个区，包括新疆全部和内蒙古、宁夏、甘肃、陕西、山西、河北的部分地区，总面积约 269 万平方公里，占全国总面积的 28%。该区域主要为温带草原区和温带荒漠区，区域内的动物主要为草原、荒漠类型，如野骆驼、松鸡、天鹅、百灵、跳鼠、沙蜥等。

华北平原黄土高原区域主要位于淮河以北，该区域植被类型具有半湿润半干旱过渡性质，拥有种子植物约 3500 种，三分之二为草本植物，其余为木本植物。有一定数量的大鲵、豹、石貂、大鸨、青羊等珍贵动物和兔狲、猞猁、虎等罕见物种。

青藏高原高寒区域包括西藏、青海的大部分地区和甘肃、四川西北一部分，高原自然景观完整，高寒地区野生动植物资源丰富，分布着约500种高寒植被，典型的动物有野牦牛、藏羚、藏野驴、黑颈鹤和雪鸡等。

西南高山峡谷区域位于青藏高原的东南部，为世界上植物区系最丰富的区域之一，也是我国雉鸡种类最多的地区。不仅分布有很多古老和孑遗的科属种，珍稀树种也特别丰富，如珙桐、水青树、连香树等。该区域曾经是第四纪冰川期动物的避难所，南北动物种类混杂，动物区系垂直变化明显。

中南西部山地丘陵区域位于秦岭以南，是青藏高原到长江中上游丘陵平原的过渡地带，除了四川盆地之外，95%的面积为山地、丘陵和高原。区域内植物群落组成多样，有北亚热带常绿阔叶混交林、亚热带常绿阔叶林、南亚热带季风常绿阔叶林等，物种十分丰富，常见栲、青冈、樟、石栎、楠木等植物。同时，该区内的动物组成也比较复杂，是我国特有古老动物大熊猫、金丝猴的主要分布地区之一。

华东丘陵平原区域位于我国东部，是全国人口最密集、农业最发达的地区。该区局部地方存留一些古老的珍贵植物，如金钱松、罗汉松等，常见黑麂、毛冠鹿、猕猴等动物，部分地方能见到扬子鳄，我国特有的一个古老物种——鳄蜥即产于该区域的广西大瑶山。

华南低山丘陵区域地处我国最南部，属于热带、南亚热带季风气候，为热带雨林、季雨林分布区域。珍贵植物资源丰富，种类繁多，沿海岸线和琼雷台地有红树林的分布，最著名的动物代表是灵长类，如白眉长臂猿、黑叶猴、猕猴、红面猴等。爬行动物种类繁多，尤其是龟鳖和蛇类，如蟒蛇等。还有野牛、原鸡、绿孔雀、穿山甲、亚洲象等珍贵动物。

三、我国重点濒危野生动植物

随着我国近几十年来经济的高速发展及人口快速增长，对野生动植物栖息地的生态环境造成了巨大破坏，林地侵占现象较为普遍，乱砍滥伐现象时有发生，导致了天然林面积逐渐缩小。此外，虽然部分地区森林覆盖率较高，但是大多为人工林，并且林种单一，生物多样性得不到很好的保护，导致野生动植物生存面临着严重的威胁。根据统计，近400年以来，野生动植物物种灭绝的速度表现出越来越快的趋势，全球已灭绝的物种数以千计，其中灭绝的鸟类约150种，兽类约 95 种，两栖类约 80 种[2]。

(一)野生动植物濒危状况

1. 野生动物

在我国受胁动物中，兽类有 128 种，鸟类 183 种，爬行类 96 种，两栖类 96 种，占比最大的为兽类和爬行类，分别占兽类总量的 25.6%和爬行类总量的 24.6%。很多著名的野生动物如野马、新疆虎、豚鹿、白臀叶猴、麋鹿、高鼻羚羊等已经在中国绝迹。50 多种兽类和爬行类分布区急速缩小，正处于灭绝的边缘（表 8-3）。

表 8-3　中国野生动物受胁的程度及种数[6-8]

种类	野生绝迹	国内绝迹	濒危	易危	稀有	其他
两栖类	2	0	14	8	4	1
爬行类	5	2	50	13	8	18
鸟类	0	2	23	50	75	33
哺乳动物	3	2	54	46	20	3

据统计，我国正处于濒危状态的陆生脊椎动物有 300 多种。大熊猫、虎、金丝猴、藏羚羊、亚洲象、长臂猿、麝、普氏原羚、白鹤和丹顶鹤等已处于极度濒危状态。

2. 野生植物

我国的野生植物资源面临着更为严重的威胁，2017 年，中国科学院植物研究所等单位对我国高等植物 35784 种的红色名录评估显示，有 21 种评定为灭绝(EX)，9 种野外灭绝(EW)，10 种地区灭绝(RE)，614 种极危(CR)，1313 种濒危(EN)，1952 种易危(VU)，2818 种近危(NT)，24243 种无危(LC)，4804 种数据缺乏(DD)。统计结果显示，有 3879 种为受威胁物种即(CR，EN 和 VU 等级的物种)，占评估物种的 10.84%(表 8-4)。

表 8-4　中国高等植物的濒危物种数目

种类	物种数(种)	濒危物种数(种)	濒危物种比率(%)
苔藓植物	3221	186	5.7
蕨类植物	2244	182	8.1
裸子植物	251	148	59.0
被子植物	30068	3363	11.1
小　计	35784	3879	10.8

资料来源：覃海宁，杨永，董仕勇，等。中国高等植物受威胁物种名录[J]. 生物多样性，2017(7)。

(二)重点濒危物种状况

1. 重点濒危野生动物

(1)大熊猫。大熊猫是我国特有种，仅分布于我国四川、陕西、甘肃约40个县境内的群山叠翠的竹林中，是经历了冰川侵袭后有幸遗存下来的古生物，被誉为“活化石”和“中国国宝”。由于人类活动范围扩大，大熊猫生存栖息地变得支离破碎，生存状态呈现出孤岛化分布，近亲繁殖严重，后代生命力降低，抗病力弱。根据全国第四次大熊猫调查，截止到2013年年底，全国野生大熊猫种群数量仅有1864只(不包括1.5岁以下大熊猫幼体数量)，被列为国家一级保护野生动物，世界自然保护联盟红皮书“濒危物种”。

(2)朱鹮。朱鹮又称朱鹭，系东亚特有种，是世界上极为珍稀的一种鸟，素有“东方宝石”之称，被世界鸟类协会列为“国际保护鸟”。由于受人类活动的严重影响，朱鹮栖息地环境不断恶化，分布区迅速缩小，种群数量急剧减少，我国直到1981年5月，在陕西秦岭南麓，海拔1200~1400米的洋县金家河、姚家沟发现了2个朱鹮的巢，共2对成鸟、3只幼鸟，这一发现在国内外引起很大震动，受到国际野生动物组织的关注，也为拯救这一濒危物种带来新的希望[1]。38年来我国采取了一系列行之有效的措施，经各国人民的努力，2019年年底全球朱鹮的种群数量已超过4000只，已基本摆脱极危状态[2]。

(3)藏羚羊。藏羚羊为牛科藏羚属动物，是我国一级保护野生动物之一，主要分布于青海、新疆、西藏和四川海拔3700~5500米的高山荒漠草原。因人烟稀少、气候恶劣，在20世纪80年代可可西里曾生活着大约100万只藏羚羊，但由于盗猎活动的干扰，藏羚羊原有的活动规律被严重扰乱，其种群繁衍行为受到严重影响，藏羚羊种群数量急剧下降。1997年曾降至不到2万只。经过十多年的努力，至2019年年底中国藏羚羊总数已恢复至6万多只[9]。

(4)华南虎。华南虎是我国特有的虎亚种，也称为“中国虎”，原本为我国分布最广、数量最多、体型较小的一个虎种。自2000年以来，全国针对原华南虎分布区开展了多次野生种群及生境调查，均未发现华南虎踪迹，很多专家认为华南虎的自然种群已经灭绝。截止到2017年，人工饲养下的华南虎数量已升至165只，但均为近亲繁殖，退化现象十分明显。华南虎种群在野外已灭绝，被世界自然保护联盟红皮书列为“濒危”级别，中国一级保护野生动物。

(5)金丝猴。金丝猴为我国极其珍贵的野生动物，包括川金丝猴、黔金丝猴和滇金丝猴等 3 种，均为国家一级保护野生动物。滇金丝猴和黔金丝猴是世界自然保护联盟红皮书的“濒危”级，川金丝猴为“易危”[10]。它们与大熊猫齐名，同属“国宝”级动物，兼有重大的观赏价值、经济价值和学术研究价值。金丝猴仅在我国和越南有分布，越南数量已经很少，主要分布于我国四川南部、甘肃南部、湖北的神农架、陕西的秦岭、江西、云南西北部、西藏东南部以及贵州，数量在 2.5 万只。

(6)扬子鳄。扬子鳄是我国特有的珍稀物种，属国家一级保护野生动物，主要分布在长江中下游地区。因其古老稀少、濒临灭绝而有“活化石”之称，对古代爬行动物的研究有十分重要的意义。2018 年 1 月，安徽扬子鳄国家级自然保护区管理局、安徽师范大学、安徽 GEF 项目办联合开展的扬子鳄自然资源调查结果显示，目前我国野生扬子鳄总数已超过 200 条。

(7)亚洲象。亚洲象也叫印度象，属于长鼻目象科，主要分布在南亚和东南亚，在我国境内仅分布于与缅甸、老挝的相邻地区。目前，我国亚洲象数量十分稀少，屡遭捕杀，破坏十分严重。1995 年，林业部启动了首次全国陆生野生动物资源调查，2004 年公布的调查结果显示，全国亚洲象仅存 180 只[2]，2018 年调查显示，云南野生亚洲象种群数量已上升至 293 头。

(8)长臂猿。长臂猿，为灵长目一科动物的通称，是珍稀濒危灵长类动物，为我国和东南亚的特有物种，有 4 属 16 种，在我国分布有 6 种，仅分布在西南部(主要集中在滇中、滇南、滇西)的一些呈孤岛状的原始森林里，海南霸王岭和广西靖西有零星分布[11]。据 2018 年世界自然保护联盟报道，6 种长臂猿的总数不超过 1500 只，其中 4 种已被世界自然保护联盟红色名录列为极度濒危，海南长臂猿只观察到 4 群 26 只，天行长臂猿不到 200 只，黑冠长臂猿不足 900 只，白掌长臂猿和白颊长臂猿野外种群在我国已基本消失。

(9)野生鹿类。世界上共有 40 多种鹿，我国就有 20 多种，分布很广、分布最多的是新疆、内蒙古、东北等地。随着人类的捕捉加上栖息地的不断缩小，很多物种的野外资源数量越来越少，甚至濒危，其中包括海南坡鹿、麋鹿、梅花鹿、白唇鹿、驼鹿和马鹿[2]。

(10)普氏原羚。普氏原羚别名滩原羚、黄羊，牛科原羚属，为国家一级保护野生动物，是我国特产濒危动物，曾广泛分布于内蒙古、宁夏、甘肃、青海、新疆等地，但是至 20 世纪 80 年代中期以上地区内已经相继绝迹。目前，其仅分布于青海湖周围沙地与草地生态交错带。2003年1月，中国科学院动物研究所对青海湖地区进行的专项调查结果发现普氏原羚数量不足200只，是世界上最濒危的有蹄类动物[2]。经过一系列的繁殖保护措施，至2018年该物种数量已恢复至2057只。

(11)麝类。麝又名香獐、麝鹿。我国是世界上麝的主要分布国，也是麝资源最丰富的国家，原麝、林麝、马麝、黑麝和喜马拉雅麝等在我国均有分布，其中林麝最多。中国麝资源蕴藏量占世界蕴藏量的70%以上，麝香产量曾占全世界产量的90%[2]。天然麝香市场需求的急剧增大和极具诱惑的高昂价格，导致非法猎杀麝类活动变得异常猖獗，私自收购天然麝香现象严重，尽管国家在麝资源保护方面做了大量工作，仍然无法有效改变资源状况的不断恶化。鉴于这一严峻事实，在2002年，经国务院批准，麝科所有种由国家二级保护野生动物调整为国家一级野生保护动物。同时，国家支持麝类人工驯养繁殖技术研究，发展麝类放养基地。据调查数据显示，截至2011年全国养殖麝已达8400余头。

(12)鹤类。鹤类是鹤科鸟类的通称，世界上现存15种，我国是鹤类最多的国家，有9种，即丹顶鹤、灰鹤、蓑羽鹤、白鹤、白枕鹤、白头鹤、黑颈鹤、赤颈鹤、沙丘鹤，其中最为著名的是丹顶鹤。这9种鹤全部是国家重点保护野生动物，其中，黑颈鹤、白头鹤、丹顶鹤、白鹤、赤颈鹤被列为国家一级保护野生动物。鹤类的野外生境已经严重破坏，生境主要集中在自然保护区内，其中江西鄱阳湖白鹤越冬种群数量占世界白鹤总数的95%以上，江苏盐城丹顶鹤越冬种群数量占世界丹顶鹤总数的50%以上。这种相对集中的种群模式使得鹤类抵御不良环境变化的能力减弱，一旦遭受致命性流行疫病感染、冰雹等恶劣天气袭击或栖息环境的剧烈变化，很容易导致毁灭性伤害[3]。鹤类生存状况不容乐观，亟须加强和完善鹤类保护工作[12]。

(13)野生雉类。我国雉类资源十分丰富，全世界雉类共16属51种，中国有12属27种，占世界雉类资源的一半以上。雉类作为人类早期主要的狩猎对象，在维持生态系统稳定和生物多样性保护等方面发挥着重要的作用，其生存状况在一定程度上可以作为反映当地森林类型、质量和保护状况的有效指标。在《世界受胁鸟类名录》中，中国有13种，占37%。在世界雉类协会(WPA)和世界自然保护联盟制定的《世界雉类保护行动计划》中，共提出在全球范围内应优先支持的

25 个项目中，中国占 10 项，包括黄腹角雉、灰腹角雉、褐马鸡、黑颈长尾雉、白颈长尾雉和白冠长尾雉等种类的研究与保护[13]。

2. 重点濒危野生植物

2017 年，不同高等植物类群间的生存环境、研究基础和经济价值差别较大，各类群物种受威胁的程度也存在较大的差异。例如，裸子植物受威胁程度最高，达到 8.0%，苔藓植物受威胁程度最低，占 5.80%。裸子植物中，我国有分布的 22 种苏铁科植物全部为受威胁物种，受威胁比例达 100%[14]，红豆杉科和罗汉松科濒危比例分别为 70.0%和 78.6%。2019 年 3 月，中国特有珍稀植物五小叶槭，被世界自然保护联盟红色名录正式列入为了“极危”。

(1)红豆杉。红豆杉，又称紫杉、赤柏松，是红豆杉属植物的通称，属于古代孑遗植物，在地球上已有 250 万年的历史，有“活化石”“黄金树”的美誉，是世界上公认的天然珍稀的抗癌植物，在我国北方和南方均由极少量自然分布，是我国 8 种最珍稀濒危的一级保护植物之一。红豆杉因其公认的防癌抗癌功能和不菲的价格而一度遭受前所未有的人为破坏，很多国家为了保护本国资源，明令禁止采集、采伐，于是外商便将“黑手”伸向了我国。1994 年，一帮不法分子在暴利的驱动下，来到红豆杉主要分布区域的云南省大量收购红豆杉的树皮、枝叶和根，云南红豆杉因此遭到了空前的劫难。云南省云龙县被盗伐红豆杉 9200 株，其中包括数百年的古树，被剥下的树皮 13 万千克，被剥枯木约 20000 多立方米，盗伐木材 1000 多立方米，造成经济损失超 10 亿元，然而，由此造成的生态环境破坏难以用金钱来衡量。另外，曾有人对云南丽江和维西两县部分林区进行实地调查，在选取了 1000 个样本后，发现林木(即直径在 5 厘米以上的红豆杉)约有 90%被剥皮并导致死亡，更新苗(即直径在 5 厘米以下的红豆杉)约有三成被剥皮导致死亡[2,15]。

(2)发菜。发菜，别名地毛菜，是蓝菌门念珠藻目的一种藻类，因其色黑而顾长如人的头发而得名，有“戈壁之珍”美誉，2000 年由国家二级保护野生植物调整为国家一级保护野生植物。发菜在防止草原沙漠化起着重要作用，因与“发财”谐音，便惨遭厄运，连同草原一起遭受破坏。搂发菜的破坏极大，据专家统计，产生 75~125 克发菜需要搂 10 亩草场，75~125 克发菜的收入为 40~50 元，却导致草场 10 年没有效益。加上人群涌入草原后，“吃住烧占”等造成的经济损失，国家每年因搂发菜造成的环境经济损失近百亿元，而发菜收益仅几千万元。据我国自然资源部的相关调查，因搂发菜，内蒙古草原1.9亿亩草场遭到严重破坏，约占内蒙古可利用草原面积的18%，有0.6亿亩草场被完全破坏，已基本沙化[2]。

(3)甘草。甘草，又名甜草，豆科甘草属，多年生草本，是国家二级保护野生植物，主要分布在我国内蒙古、新疆、甘肃、宁夏等北方地区，在国外主要分布在阿富汗、俄罗斯、伊朗、美国等国家。由于阿富汗、伊朗连年战乱，美国、俄罗斯为保护自己国土生态安全而禁止出口甘草，导致国际市场上甘草出口基本全部由我国承担，造成了甘草在国际市场上的价格不断攀升。在经济利益和资源需求增加的驱动下，野生甘草资源遭到了无限制地采挖，我国野生甘草资源的蕴藏量不断减少，20世纪50年代约为250万吨，到80年代减少到150万吨，2009年抽样调查结果显示不足50万吨。目前，新疆野生甘草有利用价值的贮量不足20万吨。许多地区的野生甘草的覆盖度一度在90%以上，而现在仅零星分布，天然野生甘草在野外已经很难见到。目前，甘草已被列为世界自然基金会野生药用植物14个重点保护物种之一[2]。

(4)兰科植物。兰科植物是单子叶植物中的第一大科，在我国已发现并命名的兰花约177属1250种，2/3为热带或亚热带地区的附生或地生兰，1/3为温带地区的地生兰。我国兰花中具有较高的观赏价值约450种兰花，有药用价值约113种，其中白芨属、石斛属和天麻属的某些种类被列入《中华人民共和国药典》。我国兰花具有从原始类型到高级类型、从热带种类到寒带种类的高度多样性，这是其他国家无法比拟的[16]。20世纪80年代以来，野生兰花遭到“涸泽而渔”式的过度采挖，加上森林采伐、毁林开荒等原因，很多野生兰花品种失去了赖以生存的自然环境，其数量急剧减少，一些国产珍稀大花种类，如美化兰、大雪兰、独占兰和文山红柱兰已濒临灭绝。

第二节　野生动植物资源的保护管理

一、我国野生动植物资源保护的形式

(一)对物种的保护

在野生动物方面，我国于1988年颁布了《国家重点保护野生动物名录》，名录中规定保护的野生动物达335种，为野生动物的保护提供了重要的依据。具体保护种类数见表8-5。

表 8-5 中国野生动物种类及受保护数量[17]

类别	中国种类数量(种)	一级保护数量(种)	二级保护数量(种)
兽类	500	49	80
鸟类	1244	42	189
爬行类	376	6	11
两栖类	284	0	7
鱼类	3826	0	0
昆虫	150000	2	12

为保护重点濒危物种，我国有重点、有组织地实施了对大熊猫、朱鹮、扬子鳄、海南坡鹿、高鼻羚羊、麋鹿、野马等濒危野生动物的“七大拯救工程”[17]。截至 2017 年，全国共建立了野生动物繁育救护中心 22 个，野生动物救护繁育基地 250 多处，大熊猫、朱鹮、扬子鳄等 200 多种濒危野生动物的人工种群得已稳定，相当一批极度濒危的物种摆脱了灭绝境遇。

在野生植物方面，1984 年发布的第一批《中国珍稀濒危保护植物名录》中共收载植物 354 种；第二批《中国珍稀濒危保护植物名录》于 1987 年发布，共收载植物约 400 种；1999 年 8 月公布了第一批《国家重点保护野生植物名录》[2]，具体保护种类数见表 8-6。

《国家重点保护野生植物名录》(第二批)目前正处于“讨论稿状态”，截至目前尚未正式颁布。

表 8-6 中国野生植物种类及受保护数量[18]

类别	中国种类数量(种)	一级保护数量(种)	二级保护数量(种)	世界目前种数(种)
蕨类植物	2600	3	14	12000
裸子植物	250	15	25	850
被子植物	30000	40	——	260000

另外，我国积极组织开展了野生植物种质资源的收集保存工作。将有关单位采回的植物种质资源的繁殖材料(主要是种子)放在人工控制的环境中，主要采用低温冷库的方式进行异地长期保存。截止到 2018 年，我国已经建立了珍稀植物迁地保护繁育基地和种质资源库 450 余处、植物园和树木园 160 多处以及种子园 1.3 万公顷，使 1000 多种珍稀植物得到保护与繁殖。国家第一批重点保护的珍稀濒危植物

迁地保存率达到80%。其中，我国特有物种如珙桐、普陀鹅耳枥、天目铁木、金花茶、银杉、水杉等成功实现了人工培育[2]。

根据对我国主要植物园迁地保育植物的抽样调查，我国目前迁地保护植物有396科3633属23340种，分别占我国本土高等植物科的91%、属的86%和物种的60%，植物园的迁地保护构成了我国植物迁地保护的核心和中坚力量。同时，植物园保护了我国最新植物红皮书名录中约42.5%的珍稀濒危植物；建立1195个植物专类园区对我国本土植物多样性保护发挥了积极作用[19]。

（二）对生存环境的保护

我国人口众多，人类活动范围广，这也导致了野生植物的生存环境受到了严重的破坏，许多珍贵的野生动物急剧退缩至远离人类活动的边远山区、森林、草原、沼泽、荒漠等，生存环境被迫分割成互不连接的独立群体，导致近亲繁殖现象严重，动物品种日益退化。

因此，我国在很早之前就展开了野生动植物生存环境保护的相关研究与实践活动。针对野生动植物生存环境保护的措施，主要通过划分并建立自然保护区、保护小区、保护点，保护野生动植物种群及其生态环境，辅助使用生物工程相关技术手段，促进生态环境恢复与改善，从而实现野生动植物资源的恢复与增长。在1956年，我国就建立了第一个自然保护区[3]。截至2018年，我国已经建立自然保护区2750处，其中国家级474个，总面积达147万平方公里，约占我国陆地总面积的15%，形成了总体布局合理、功能相对完善、类型比较齐全的自然保护区体系。自然保护区的建立为部分珍稀濒危物种野外种群恢复提供了生境保障。同时，全国范围内因地制宜建立的45000多处自然保护小区与自然保护区形成互补体系，成为我国生态保护和生态建设的主力，并与100多个各类植物园一起，有效保护了全国大部分的陆地生态系统、野生动物种群和高等植物群落，特别是在保护国家重点保护野生动物和珍贵植物的栖息地中发挥了极其重要的作用。具体见表8-7。

（三）法律、法规上的保护

在野生动植物资源保护方面，我国已经初步形成了以《中华人民共和国野生动物保护法》为准则，以《中华人民共和国野生植物保护条例》《陆生野生动物保护实施条例》《自然保护区条例》等为补充，以国务院、农业农村部、国家林业和草原局和国家市场监督管理总局等发

表 8-7　中国自然保护区的发展

年份	数量(个)	面积(万公顷)	占国土面积(%)
1956	1	0.1	0.00
1965	19	64.9	0.07
1978	34	126.5	0.13
1982	119	408.2	0.40
1987	481	2375.0	2.47
1993	763	6618.4	6.80
2000	1276	12300	12.40
2003	1999	14398.0	14.40
2008	2538	14894.3	15.00
2015	2740	14702.8	14.8
2017	2750	14717.0	14.86

资料来源：1956—1993 年数据来自：袁昌齐，王年鹤，吕晔．中国濒危药用植物资源的保护．2000。2003 年数据来自：中国生物多样性保护基金网站。2008 年数据来自：新华网。2015 年数据来自：环境保护部网站。2017 年数据来自：中商情报网。

布的相关通知、通令、行政法等为辅助的多层次野生动物保护法律法规体系[2]。这些相关法律法规的制定为野生动植物的管理和保护提供了重要保障，是野生动植物资源保护措施中必不可少的一部分。

二、我国现有的野生动植物资源保护管理体制

管理体制就是规定中央、地方、部门、企业在各自方面的管理范围、权限职责、利益及其相互关系的准则，它的核心是管理机构的设置。具体到野生动植物保护的管理体制，应当包括野生动植物保护管理机构的设置、相关法律法规的制定以及相关管理手段。

(一)管理机构的设置

经国务院 1958 年正式批示，野生动物狩猎的相关工作统一由林业部进行管理，从中央到地方，逐层设立专门的管理机构。农业部于 2002 年专门成立了野生植物保护管理办公室，具体工作由科技教育司生态环境处协调部内有关单位承担。同时，我国还加入了《濒危野生动植物种国际贸易公约》、设立了国家濒危物种进出口管理办公室、“濒危物种科学委员会”等，在 17 个大城市及口岸设立濒危物种管理

办公室并配备专职人员，并逐步建立了一系列法规制度，不断优化口岸管理，强化多国间执法合作力度[20]。

(二)管理法规

1. 国际公约

为了加强国家之间的合作，共同做好野生动植物保护工作，我国加入了一系列野生动植物保护公约，包括：《国际植物保护公约》《濒危野生动植物种国际贸易公约》《东南亚及太平洋区植物保护协定》《湿地公约》《生物多样性公约》《21 世纪议程》和《国际植物新品种保护公约》等。

2. 国家性法律和法规

在履行国际性野生动植物保护公约的同时，我国还制定并完善了一系列相关法律，如《中华人民共和国宪法》《中华人民共和国刑法》《中华人民共和国草原法》《中华人民共和国森林法》《中华人民共和国环境保护法》《中华人民共和国渔业法》中都有关于野生动植物保护方面的规定。《中华人民共和国野生动物保护法》于 2018 年修订后，明确了国家对野生动物实行“保护优先、规范利用、严格监管”的方针，确立了国家对野生动物资源的所有权，明确了每个公民都有保护野生动物的义务和责任。

另外，为了保证上述法律的正常执行，国家出台了相应的行政法规作为重要补充，如《中华人民共和国森林法实施细则》《陆生野生动物保护实施条例》《中华人民共和国野生植物保护条例》等。

(三)管理手段

根据我国野生动植物保护与利用的需要和当前产业发展的现状，我国野生动植物管理工作中主要采用了限额制度、分级管理、许可证、标记制度、本底清查核销制度、登记备案制度等一系列的具体管理手段[2]。

1. 限额制度

目前在我国野生动植物经营利用的管理中主要针对野生动物狩猎、人工养殖野生动物年度利用数量限额、野生植物年采集数量等 3 个方面执行限额制度[21]。目前，野生动物狩猎活动已基本暂停，未经批准，禁止违法捕猎任何野生动物。为促进野生动物产业的发展，国家林业和草原局对于部分养殖技术成熟的野生动物经营利用实行年度利用数量限额制度。野生植物年度采集限额制度借鉴了野生动物管理的方法。

2. 分级管理

依照《中华人民共和国野生动物保护法》和《中华人民共和国野生植物保护条例》，结合野生动植物濒危程度和利用程度，我国野生动植物实行分级管理。一般国家一级保护野生动物都是处在极度濒危状态，国家多采取非常严格的保护措施。对于野外种群，除进行科学研究和提供人工繁育种源外，不允许进行任何形式的利用。国家二级保护野生动植物一般野外生存数量比较大，处在受危状态，因此一般采取限制性利用政策进行管理。《濒危野生动植物种国际贸易公约》附录物种在国内的利用基本都是人工繁殖的，基本不影响我国野生动植物资源状态，由地方野生动植物主管部门管理。

3. 许可证

野生动植物许可证制度是国家让渡野生动植物资源使用权的一种法律凭证。目前，根据我国相关法律规定，在野生动植物经营利用的不同阶段实行不同类别的许可证，主要包括野生动物猎捕证、野生动物驯养繁殖许可证、野生动物及其产品经营利用许可证、野生动物及其产品运输证、野生植物采集证以及按照国际公约要求办理的进出口野生动植物及其产品的 CITES 证明书[21]。

4. 标记制度

目前，标记作为野生动植物及其产品的管理模式已在全球范围内得到广泛应用与认可。进行的标记基本都是针对动物进行，针对植物个体的非常少。一般所说的野生动物及其产品标记，是指任何难以除去的印记、铅印或其他识别动物个体及其产品的办法。不同的产品特性不同，采用不同标记形式，主要包括产品的标签标记、收藏证标记、野生动物活体标记[21]。不同类别的物种依据法律法规要求和管理形式的不同，可分为自愿申报标记和强制性标记。实行强制性标记的如象牙雕刻品，含蟒皮二胡，含天然麝香、熊胆粉的药品等；对于其他食品、化妆品、保健品、皮革制品以及野生动物活体则可以自愿申报标记。

5. 本底清查核销制度

为了强化整顿野生动植物及其产品市场，在具体管理中针对不同行业的实际情况，建立了野生动植物及其产品的本底清查核销制度，即将有关野生动植物及其产品的基础数据清查核实后上报至国家野生动植物行政管理部门进行备案，方可进行行政审批，每一次各库存单位进行生产、销售时进行核销，购进时予以增补。目前本地清查核销制度的执行主要针对天然麝香、虎骨、豹骨、熊胆粉、羚羊角、穿山甲、蟒皮、蛇类制品、动物标本等产品[21]。

6. 登记备案制度

为了更加有效地为野生动植物经营利用单位服务，进一步促进那些长期从事野生动植物经营利用的合法企业的经营活动，提高审批效率，国家野生动植物行政管理部门实行野生动植物经营利用企业登记备案制度，即首次申请野生动植物经营利用活动的企业同时上报企业基本情况和经营情况，作为基础数据在国家林业和草原局予以备案。同时，国家林业和草原局根据管理工作需要，请企业单位所在地林业管理部门对企业经营情况、企业信誉进行核实评估，上报评估结论。另外，在审批的过程中，审批部门在审核企业相关资料过程中对企业在遵纪守法方面的情况进行基础评估，对能严格遵纪守法、提供材料真实全面的企业，逐步开辟绿色通道，而对于那些存在违法违纪、提供虚假材料的企业进行严格审查，高度关注，情节严重的，按照有关法律进行处理。

第三节　濒危物种管理

自从人类进入工业化社会以后，对资源的盲目开发力量空前强大，导致了野生动植物掠夺性的破坏，大量物种濒危，甚至灭绝。为了保护某些野生动植物资源由于国际贸易而遭到过度开发利用，国际合作共同管理濒危物种必不可少。

一、国际上的措施

(一)《濒危野生动植物种国际贸易公约》

该公约也称为《华盛顿公约》，于 1973 年 3 月签署，在保护野生动植物资源方面取得的成就及享有的权威举世公认，已成为当今世界上员具影响力、最有成效的环境保护公约之一。中国于 1980 年 12 月申请加入《公约》，1981 年 4 月《濒危野生动植物种国际贸易公约》开始正式对中国生效。这是一个我国最早加入的国际环境公约[3]。

(二)《世界自然保护联盟濒危物种红色名录》

《世界自然保护联盟濒危物种红色名录》是世界自然保护联盟于 1963 年领导编制的，是全球动植物物种保护现状最全面的名录，也是生物多样性状况最权威的指标。该名录于 2018 年 11 月 14 日更新，共包含了物种 96951 种，其中濒临灭绝 26840 种。所含物种按濒危程度依次分为 9 类：绝灭、野外绝灭、极危、濒危、易危、近危、无危、数据缺乏和未评估。

二、我国的措施办法

我国在加入《濒危野生动植物种国际贸易公约》前后已经相继形成了一系列与濒危野生动植物种贸易及保护相关的法律体系，主要包括《中华人民共和国野生动物保护法》《野生植物保护条例》《濒危野生动植物进出口管理条例》《陆生野生动物保护实施条例》《水生野生动物保护实施条例》等，加上最高人民法院、最高人民检察院的 3 个司法解释，其保护范围共涵盖了 500 多种国家重点保护野生动植物[22]。同时，我国在配合《濒危野生动植物种国际贸易公约》履约过程中形成了以下几种配套的濒危野生动植物物种贸易保护法律实施办法。

(一) 濒危野生动植物种名录制度

在广泛和科学的信息收集和整理技术基础之上建立的濒危野生动植物种名录制度是各国濒危野生动植物种贸易监管和执法中重要的法律依据。我国的重点保护野生动物和植物保护名录有国家名录和地方名录。林业和农业行政主管部门与环境资源保护相关部门负责协商制定国家名录，由国务院审批公布；各地方人民政府负责制定和公布地方名录。我国对珍稀濒危野生动植物物种采取分级保护制度，分为两个保护层级：对国家特产的稀有或濒于灭绝的野生动植物进行一级保护，对数量较少或有濒于灭绝危险的野生动植物进行二级保护。

(二) 濒危野生动植物种履约监管制度

按照《濒危野生动植物种国际贸易公约》的要求，各成员国应该为履约设立相应的管理机构和科学机构。我国在 1980 年加入该公约后便着手健全履约的管理机构、科学机构及其他辅助机构。

在管理机构方面，将下设在国家林业和草原局的中华人民共和国濒危野生动植物种进出口管理办公室作为我国履行公约的管理机构，同时在北京、上海、广州、西安等地设立办事处，对全国和区域野生动植物进出口行为实施辅助监管。

在科学监管机构方面，成立濒危野生动植物种科学委员会（简称国家濒科委），负责对履约涉及的相关技术问题提供科学咨询，进行日常监管和课题研究等。

同时，为了配合国内管理机构和科学机构的履约，国家还必须设立负责对进出口查验的监管机构和对非法贸易案件查处的执法机构。在中国，海关是野生动植物进出口贸易的监管和执法部门，负责在进出口监管中查验进出口手续的合法性、有效性和货证一致性，分析进出口野生动植物种标本，查验违法活动，负责管辖和查缉海关监管区以及海关附近沿海规定地区发生的走私野生动植物及其产品犯罪案件[22]。

（三）贸易审批——进出口证明管理机制

为了履行《濒危野生动植物种国际贸易公约》，我国还建立并完善了濒危野生动植物物种进出口证明管理制度。按照 2014 年国家林业局通过的《野生动植物进出口证书管理办法》规定，野生动植物进出口需提供进出口证明书和物种证明。同时，依据我国野生动植物进出口立法相关规定，结合我国当前野生动植物进出口管理现状，完善并规范了野生动植物进出口许可证的申请程序，并严格按程序审批办理相关手续。

（四）贸易管理——野生动物标记机制

对野生动植物及其产品进行标记，是进出口贸易监管必不可少的方式之一[22]。《濒危野生动植物种国际贸易公约》对于野生动物的标识化管理机制早已确立，中国作为《濒危野生动植物种国际贸易公约》成员国，于 2003 年 5 月 1 日开始试行野生动物标记管理，在野生动物及其制品的经营利用过程中实行标记制度，并对一些珍贵野生动物及其制品如象牙、二胡、蟒皮等实行强制性标记。

（五）贸易监管——口岸限定机制

为保证野生动植物及其产品在进出口贸易时尽快通过关口，《濒危野生动植物种国际贸易公约》建议各缔约国设立一些专门性的野生动植物进出口口岸。我国适用于野生动植物及其产品进出口活动的口岸种类和数量较为繁多且大多分散不集中[22]，但也有一定的规律可循，北上广地区多为活体动植物，沿海发达地区主要是来料加工的野生动物皮张，东北和南方沿海城市多为板材，东北、四川、云南等地主要是松茸。

第四节　外来入侵物种管理

据2020年6月我国生态环境部发布的《2019中国生态环境状况公报》显示，我国已发现660多种外来入侵物种[23]，如美国白蛾、福寿螺、小龙虾、非洲大蜗牛、德国小蠊和牛蛙等等。其中71种对自然生态系统易造成或具有潜在威胁的之后被列入《中国外来入侵物种名单》。

一、外来入侵物种危害状况

外来入侵物种是指从自然分布区通过有意或无意的人类活动而被引入、在当地的生态系统或生态环境中形成了自我再生能力，给当地的生物多样性造成威胁、影响或破坏的物种。外来入侵物种不仅危及当地物种生存，还会破坏生态环境。专家表示，森林消失、草场退化、沙漠扩展、沙尘暴频发、水体污染等，都与破坏生态系统稳定的外来生物入侵息息相关[24,25]。

我国是世界上生物入侵危害最严重的国家之一，外来入侵物种已成为我国生物安全的重大威胁[26]。由于港口携带等原因，西南及东南沿海地区更是外来植物入侵的“重灾区”。自2003年开始至2016年先后公布了4批外来入侵物种名单，其中官方公布的危害性比较高的生物入侵物种共有71种。入侵外来植物中，原产于南美洲的植物最多，其次是原产北美洲的，二者之和占所有入侵植物的50%以上[27]。我国外来入侵植物以菊科、豆科、禾本科植物为主，3个科属的外来入侵植物共有222种[28,29,30]。

三、外来物种入侵原因和途径

外来入侵物种形成的原因主要有3方面：一是入侵生物本身具有广泛的适应性、强劲的繁殖和传播能力；二是被入侵地有足够的寄主资源供其繁殖且没有天敌等自然制约因素；三是没有人类有效的干预和控制[30]。

入侵途径主要包括有意引进、无意引进和自然扩散。有意引进主要是用于农林牧渔业生产、生态保护和建设等目的引种，引进的生物后因各种原因导致演变为入侵物种。此类情况最多，代表物种有加拿大一枝黄花、水葫芦、互花米草、紫茎泽兰、空心莲子草等[30]。加拿大一枝黄花最早是作为观赏植物引进的，成为苏南各市、上海一带广泛栽培的庭院花卉，因其繁殖力极强，四处蔓延，严重破坏生态平衡，成了典型的恶性杂草。水葫芦从日本引入我国台湾后，起初作为花卉栽培，而后推广为猪饲料导致大量传播，由于没有天敌的制约，生长又非常迅速，很快占领了湖泊与河道，严重影响了航运、排灌和水产品养殖。互花米草当初引种的目的是保护河岸、绿化海滩，后因破坏近海生物栖息地，影响滩涂养殖，堵塞航道，威胁原有海岸生态系统而成为有害生物。据统计，外来入侵植物中有一半以上是有意引进的，外来入侵动物有意引进的则占四分之一。无意引进是随着贸易、运输、旅游等活动而“携带”外来入侵物种的方式[26]，进口入境时未经检疫或检疫未发现。如松材线虫是随着进口货物的木制外包装带进来的。据统计，美国白蛾、湿地松粉蚧、蔗扁蛾等76.3%的外来入侵动物和所有外来入侵微生物都是无意传入的。经自然扩散进入我国境内的外来入侵物种仅占很小的比例[26]。

四、预防和管理对策

我国各级政府高度重视外来入侵物种防范工作，并制定了相关部门负责落实。农业农村部是外来入侵物种管理的牵头部门，会同生态环境部、国家林业和草原局、质检总局、海关等部门，共同对外来入侵物种进行管理。为了提高对外来入侵物种的针对性管理，各部门还分别成立了专门机构，如农业农村部成立了外来入侵生物预防与控制研究中心、生态环境部成立了生物安全管理办公室、国家林业和草原局成立了外来林业有害生物入侵管理办公室等。

我国各有关部门先后出台了一些规范性文件，使外来入侵物种的管理逐步走向正轨[26]。2002年，国务院办公厅相继印发《关于进一步加强松材线虫病预防和除治工作的通知》，国家林业和草原局发布了《关于加强外来有害生物防范和管理工作的通知》；2006年国务院办公厅《关于进一步加强美国白蛾防治工作的通知》；2014年，国务院办公厅发布了《关于进一步加强林业有害生物防治工作的意见》；2016年农业农村部会同有关部门研究起草了《外来物种管理条例》，通过这些文件，部署外来有害生物防治工作，取得了一定的成效。但目前，在全国层面尚缺乏一部专门用于外来入侵物种管理的法律法规。外来入侵物种防治工作仍然存在着法律法规滞后、防治责任落实不到位、防治资金投入不足、基层防治能力不强等一些突出问题，需各部门共同推进外来入侵物种管理工作，加强调查监测与综合防控[21]。

为了做好预防管理工作，需要从以下几方面开展：

一是推进法制建设，落实责任。我国涉及外来物种的管理规定较为分散，缺乏协调性和统一性，管理部门职权分散，相互之间缺乏联动机制，急需出台一部系统预防、控制外来物种入侵的法律法规，真正做到有法可依，并强化落实防治责任。

二是加强组织协调。外来入侵物种的监管涉及社会的方方面面，做好这项工作是一个系统工程，需要农业、林业、环保、贸易、海关、检疫、科技、交通等各部门统一思想，加强协作，形成合力，共同防范外来入侵物种在国内传播。

三是加强检疫检查与科学研究。外来物种入侵我国的途径多种多样，只有加强源头管理才能有效预防外来物种入侵，因此要强化落实引种检疫管理，并严格执行引种后的隔离区试安排。加强开展国家重点管理和区域性重大危害入侵物种调查，初步构建"中国外来入侵物种数据库"，对潜在的外来物种加强监测及风险研究，提高防控技术水平，及时对国内外有害生物的动态进行跟踪，确定重点防范目标。

四是加强宣传与综合防控。进一步扩发外来入侵物种防治工作宣传，普及防治基础知识和有关法规，提高广大群众的防范意识，形成政府主导、部门协作、社会参与的防治工作体系。针对扩散蔓延严重、已暴发成灾的外来入侵物种，按照"广泛发动、防除并举、突出重点、注重实效"的方针，综合利用化学防治、生物防治、人工防除和综合利用等技术，尽早组织开展集中灭除活动，最大限度地降低外来物种入侵造成的危害，切实提升外来入侵物种防控水平，维护生物多样性与国家生态平衡。

参考文献

[1]黄华艳．我国野生植物保护的现状和前景[J]．广西林业科学，2003，32(2)：106-109.

[2]陈文汇，刘俊昌，谢屹，等．国内外野生动植物保护管理与统计研究[M]．北京：中国林业出版社，2010.

[3]马纲，张敏，汪藏．我国野生动物的生存现状[J]．天水师范学院学报，

2005，25(2)：62-64.

[4]国家林业和草原局．全国野生动植物保护及自然保护区建设工程总体规划[R/OL].2001-06.

[5]刘江．中国可持续发展战略研究[M]．北京：中国农业出版社，2002：51-52.

[6]汪松．中国濒危动物红皮书·兽类[M].北京：科学出版社，1998.

[7]郑光美，王岐山．中国濒危动物红皮书·鸟类[M]．北京：科学出版社，1998.

[8]赵尔宓．中国濒危动物红皮书·两栖类和爬行类[M].北京：科学出版社，1998.

[9]李欣海，郜二虎，李百度，等．用物种分布模型和距离抽样估计三江源藏野驴、藏原羚和藏羚羊的数量[J]．中国科学：生命科学，2019，49(2)：151-162.

[10]纪刚川．中国最为珍贵的野生动物[J]．畜牧兽医科技信息，2004，6(3)：60.

[11]王文峰.2009，保护中国长臂猿[J].科学大众(中学)，2009，(9)：2-4.

[12]苏化龙．中国鹤类现状及其保护对策[J]．生物多样性，2000，8(2)：108-191.

[13]邓文洪．世界雉类现状与保护[J]．人与自然，2005，1：98-102.

[14]覃海宁，赵莉娜．中国高等植物濒危状况评估[J]．生物多样性，2017，25(7)：689-695.

[15]潘瑞，瞿显友，蒋成英，等．红豆杉资源保护与利用的研究进展[J]．重庆中草药研究，2019，(1)：48-50.

[16]李翠芳，贾桂康，梁云贞，等．兰科资源的破坏现状及其保护[J]．南宁师范高等专科学校学报，2005，22(4)：123-126.

[17]《中国林业工作手册》编纂委员会．中国林业工作手册[M].北京：中国林业出版社，2006，8.

[18]袁昌齐，王年鹤，吕晔．中国濒危药用野生植物资源的保护[M].上海：第二军医大学出版社，2000.

[19]苑虎，张殷波，覃海宁，等．中国国家重点野生植物的就地保护现状[J].生物多样性，2009，17(3)：280-287.

[20]马建章，邹红菲，郑国光．中国野生动物保护与栖息地保护现状及发展趋势[J].中国农业科技导报，2003，(4)：3-6.

[21]王凯，陈文汇，刘俊昌．基于最优控制模型的野生动物资源价值评价体系构建[J].统计与信息论坛，2012，(10)：101-107.

[22]段明苒．我国濒危野生动植物种贸易及保护的履约法律机制研究[D/OL].西安：西安建筑科技大学，2017.

[23]桂巧玲，郑寒．从“除螺”看云南生态文明治理路径[J]．当代旅游，2021，19(27)：62-64.
[24]许利娟．防治外来物种入侵的国际法律原则和制度[J]．河南机电高等专科学校学报，2019，27(4)：63-66.
[25]胡隐昌，宋红梅，牟希东，等．浅议我国外来物种入侵问题及其防治对策[J]．生物安全学报，2012，21(4)：256-261，242.
[26]丁晖，徐海根，吴军．中国外来入侵物种的现状和趋势[J]．世界环境，2009，(3)：39-40.
[27]河西学院．我国外来入侵植物已逾500种[J]．园林科技，2014，(4)：48.
[28]丁晖，马方舟，吴军，等．关于构建我国外来入侵物种环境危害防控监督管理体系的思考[J]．生态与农村环境学报，2015，31(05)：652-657.
[29]庞淑婷，刘颖，朱志远．国内外防止外来物种入侵管理策略研究进展[J]．农学学报，2015，5(12)：99-103.
[30]赵曙国．外来物种入侵途径及防治方法的探讨[J]．检验检疫科学，2006，(S1)：77-79.

第九章　生态系统修复

“良好的生态环境是最公平的公共产品，是最普惠的民生福祉。”[1]“建设美丽中国的一个重要途径就是实施生态修复”，生态修复在生态文明建设中具有举足轻重的作用[2]。在国务院《关于加快推进生态文明建设的意见》的总体要求中特别提出“在生态建设和修复中以自然修复为主，与人工修复相结合”。然后在具体措施中又把“保护和修复自然生态系统”“实施重大生态修复工程”等内容作了重点阐述[3]。党的十九届五中全会强调，加强生态系统整体保护和修复，提升生态系统质量和稳定性，全面推进落实2035年“美丽中国建设目标基本实现”的远景目标，促进人与自然和谐共生。生态系统修复作为推进新时代生态文明建设的重要途径，已逐渐成为人们的共识和自觉，也成为理论与实践热点[4]。

第一节　生态系统修复概述

一、生态系统

生态系统（ecosystem）是在特定的区域相互作用的全部生物与无机环境的综合体[5]。在一定的时空范围内，生态系统是一个与有机体、有机体与非有机体密切相关、相互作用的复合体，具有一定的结构和功能。也就是说，它是由生物群落与非生物环境相互依存构成的生态功能单位[6]。生态系统是地球生命支持系统的基本组成部分，其现状和变化趋势对生态系统服务功能和人类福祉具有决定性影响。

生态系统第一性生产的物质供给，为人类的社会经济活动提供了赖以生存的物质基础。同时，生态系统作为人类生存的“环境”，为人类社会的发展提供了多种服务功能。人类历史的演变就是人类与环境相互作用的历史，生态系统的状况在很大程度上决定着人们的生活水平。早在人类社会早期，人口相对稀少，原始生态系统能够为人类社会提供源源不断的物质和服务，生态系统与人们生活的关系是自然和谐的。随着人类社会的发展和人口的增加，人与自然的关系日益紧张。为了获得人类发展所需的物质和服务，人类进行了大规模的“生态系统管理”，把稳定的自然生态系统根据生产需要变成了人工生态系统。在获得较高经济产出的同时，生态系统逐渐失去了平衡，生态系统的退化也日趋严重。生态系统退化与人口增长之间的矛盾已成为人类社会可持续发展的主要障碍。保护生态系统是人类社会实现可持续发展的重要任务。

二、生态系统退化

(一)生态系统退化的概念

生态系统退化是生态系统的逆演替状态，是生态系统在自然或人为干扰下形成的一种偏离自然的状态，生态系统内的物质与能量匹配存在一定程度的不协调或达到生态退化的临界点。此时，生态系统处于不稳定或不平衡状态，表现出抵抗自然或人为干扰能力低、缓冲能力弱、敏感性和脆弱性强等特点，生态系统逐渐演化为另一种适应低水平状态的过程[7]。

与健康生态系统相比，退化生态系统是一种“畸变”的生态系统。退化生态系统的物种组成、群落或系统结构发生变化，生物多样性下降，生物生产力下降，土壤和微环境恶化，生物之间的关系发生变化。不同的生态系统具有不同的退化形式，如生态系统的基本结构和固有功能遭到破坏或丧失，生物多样性下降，稳定性和抵抗力减弱，生产力下降，提供生态系统服务的能力下降或丧失。退化的生态系统主要包括裸地、森林采伐迹地、弃耕地、沙漠、矿业废弃地和垃圾填埋场等类型[8]。

(二)生态系统退化的表现

生态系统从稳定状态到脆弱、不稳定的退化状态，在组成、结构、总能量和物质循环、效率和生物多样性等方面都发生了质的或量的变化，具体表现有[9]：

(1)在系统结构方面，退化生态系统的物种多样性、遗传多样性、结构多样性和空间异质性降低，系统组成不稳定，部分物种丧失，或优势种和建群种的优势度降低。

(2)在能量方面，退化生态系统能量产出低，系统能量储存低，能量交换水平降低，食物链缩短。呈线性状态，与正常的循环不同。

(3)在物质循环方面，退化生态系统的有机质总储量较少，生产者子系统的物质积累较低，矿质元素较为开放，无机养分主要储存在环境库中，而生物库中的储量较少。

(4)在稳定性方面，由于退化生态系统的组成和结构单一，生态联系和生态过程简化，退化生态系统对外界干扰更为敏感，系统的抗逆能力和自我恢复能力较低，系统变得更加脆弱。

(三)生态系统退化的原因

干扰是影响生态系统群落结构和演替的重要因素，退化生态系统形成的主要原因是人类活动，部分源于自然活动，有时两者的叠加共同作用，归根结底是由干扰引起的。干扰破坏了原生态系统的平衡状态，改变和阻碍了系统的结构和功能，形成破坏性的波动或恶性循环，导致系统退化[10]。

以草地为例，初期退化是初级生产力的下降，如株高、盖度、生物量等下降，表现为轻度退化；在持续退化的情况下，杂草增多，优势种群被其他植物取代，甚至草地类型发生变化，草原演替为荒漠化草原，表现为中度退化；继而土壤物理和化学性质的逐渐改变，土壤变得干旱和贫瘠，这种退化已达到严重的程度。如果继续持续下去，可能会侵蚀长草土层，土壤 A 层可能消失，并可能出现石质、砂质、砾石或盐碱化，此时土地的生产力基本丧失，形成极端退化。生态系统退化过程可简单表示为图 9-1。

三、生态系统修复

生态系统修复(ecosystem restoration)一词初进入我国后，部分学者将其译作生态系统恢复[6, 12, 13]，2019 年 3 月，联合国第七十三届会议通过“联合国国际十年”议程项目 *United Nations Decade on Ecosystem Restoration* (2021—2030)官方中文版也被译为《联合国生态系统恢复十年(2021—2030 年)》[14]，不过也有学者认为此翻译既不能准确揭示其生态内涵，也不符合现今我国遏制环境恶化、改善生态面貌、建设“资源节约型、环境友好型”社会的可持续发展观实践，建议将其译作

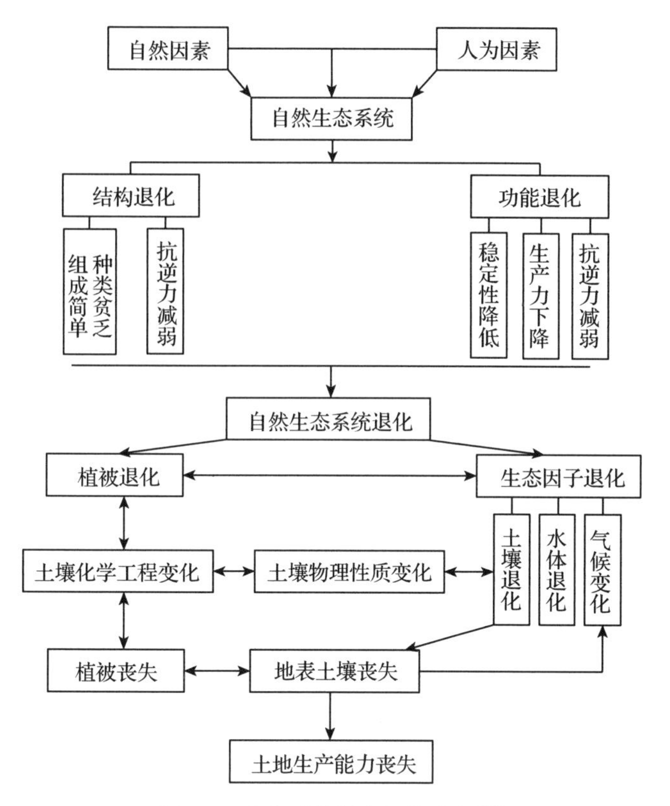

图 9-1　生态系统渐变退化过程[11]

“生态系统重建”。“生态恢复”的发生是没有人的直接参与的自然发生过程，而“生态重建”却是在人为活动的辅助下实施的[15]。一些学者强调“恢复”生态系统的保真度，即结构的重复性、功能的实现性和持久性。但是这种复原过程可能需要很长时间，且生态系统是特殊气候事件和生物条件的产物，不可能完全重复一致，且没有准确的参照系，完全复制原有生态系统是不现实的。此外，人类更加关注生态系统的生产功能和其他服务功能，因此没有必要回到初始状态[16]。

目前，国际上对该概念的定义一般均倾向于接受国际生态修复学会(Society for Ecological Restoration International，SER)2004 年给出并一直沿用至今的定义：生态修复是协助一个已退化的、受损伤的，或者遭毁坏的生态系统恢复的过程[17]。从词源学的角度，一些学者列举和分析了 restoration 一词的英文原意及其相应的汉译，他们认为 restoration 一词译为“修复”似乎更符合其英文原义。“生态修复”一词在政府文件和领导人讲话中出现的频率更高，“生态修复”比生态保护更具积极含义，又比“生态重建”更具广泛的适用性，也可用于人工生态系统，既具有恢复的目的性，又具有修复的行动意愿，对我国当前的生态保护和生态建设具有更现实的指导意义[18]。目前，生态修复中的“修复”不仅指恢复到初始状态，还包括生态系统恢复、重建、整治和复垦等一切活动。生态修复使退化的生态系统走上恢复的轨道，以适应局部和全球的变化，适应组成物种的持续和演化。

生态系统在进化过程中，形成了一整套的自我调节能力，具有抵抗逆境和各种外部干扰影响的内在能力。这一机制可以使系统中的生物种群之间、生物种群与无机环境之间保持相对稳定的平衡。当有来自系统外部的干扰时，生态系统可以自我调节并给出积极的反应。如果外界干扰小于生态系统的自我调节能力，则生态系统可以通过自我调节恢复并维持稳定状态[19]。但是，当外界干扰超过生态系统的最大抗逆能力，生态系统就会发生逆演替或退化，难以恢复。当外界干扰消除后，大部分生态系统可能自行恢复，但往往需要很长时间，且很难达到原有的平衡水平。人工修复和重建可以在一定程度上改变和控制生态系统演替的过程和速度，缩短恢复周期。因此，对退化的生态系统进行人工修复是非常有必要的。

第二节　生态系统修复理论基础

生态修复的产生几乎完全是基于生产实践，生态修复如果缺乏生态学理论的正确指导，修复往往是盲目的，成功率很低。目前生态系统修复应用了许多学科的理论，目前主要以生态学理论为基础，以及从恢复生态学中产生的自我设计和设计理论等理论[20,21]。

一、基础生态学理论

（一）干扰

当生态系统结构变化导致功能减弱或丧失时，生态系统就会退化。生态系统结构和功能退化的原因是多方面的，主要原因是干扰。干扰的结果打破了原有生态系统的平衡状态，改变和阻碍了系统的结构和功能，形成了破坏性的波动和恶性循环，导致生态系统的恶化。干扰是自然界的普遍现象，干扰作为生命系统结构、动力学和景观格局的基本运动，不仅影响生命系统本身，而且改变生命系统所处的环境系统[22]。

干扰对生态系统的影响体现在生态系统动态的各个方面。干扰导致生态系统退化的主要机制是在干扰的压力下，系统的结构和功能发生变化，干扰压力不仅对物种多样性的产生和维持起着重要作用，而且在生物进化过程中同样也起着重要作用。同时，干扰会削弱生态系统功能，甚至使生态系统功能丧失[23]。干扰的大小影响景观环境条件的异质性，干扰的持续时间影响生境对物种的有效性。干扰通过对个体的综合影响，改变种群的年龄结构、规模和遗传结构，且生活史特征与干扰模式之间的连锁反应可能导致干扰反应的进化，干扰还影响群落的丰富度、优势度和结构[10]。

干扰对生态系统的发展既有积极影响，也有消极影响。正干扰使生态系统向进展演替方向发展，如在草地生态系统中，当草甸的稠密结构形成时，人类通过划破草皮来提高土壤的渗透性，将提高系统的能量生产，改变生物群落的繁殖方式，提高生物种群的再生和再生能力。目前，许多学者认为适度的“火干扰”会促进草原生态系统的良性循环。负干扰使生态系统发生逆行演替，如采矿废弃物堆积、过度放牧、过度采伐、不合理复垦等。

（二）演替

在自然条件下，如果群落受到干扰和破坏，它仍然可以恢复，尽管恢复时间各不相同。首先，先锋植物的物种入侵受损地区定居繁殖，先锋植物改善了被破坏地区的生态环境，使之更适合其他物种的生存和被替代。直到群落恢复到原来的面貌和物种组成，这样一系列在被破坏的群落地点上发生的变化就是演替。

群落的演替经历了从先锋群落到中生性顶极群落的一系列阶段。沿顺序阶段向顶极群落的演替称为进展演替，顶极群落向先锋群落的退化称为逆行演替。演替几乎可以发生在地球上所有类型的生态系统中。冰川退缩和侵蚀发生地区的演替称为原生演替。由于人为火灾、污染和耕作而破坏了原始植被的地区的演替称为次生演替。原生演替和次生演替都可以通过物理、化学和生物技术手段控制待修复生态系统的演替过程和发展方向，修复或重建生态系统的结构和功能，使系统达到自我维持状态[25]。

（三）限制因子

为了生存和繁殖，有机体必须具备它所需要的基本物质和环境条件。当某一物质或条件的可利用量或环境适宜程度不能满足“特定状态”下所要求的临界最小值时，就会成为该生物体在特定条件下的限制因子。具体地说，当生物体的耐受性接近或达到极限时，生物体的生长、繁殖、活动和分布受到其直接限制、甚至死亡的因子就是限制因子[26]。

当一个生态系统遭到破坏时，会遇到水分、土壤、温度、光照等等诸多因素的限制。生态修复也是从多方面对生态环境和生物种群进行设计和改造。然而，在生态修复过程中，需要找出系统的关键因子，找准切入点，才能开展生态修复工作。如退化红壤生态系统土壤酸度过高，一般作物或植物难以生长，此时土壤酸度是关键因子，必须从改变土壤酸度入手[27]。同样，在干旱荒漠地区，必须从水分的限制因子入手，先种植一些耐旱的草本植物，同时利用荒漠地区的地下水营造耐旱的灌木，逐步改变水分的因子，从而逐步改变植物的种群结构。确定生态系统的限制因子，有利于生态修复的设计、技术手段的确定，并缩短生态修复所需的时间。

(四)耗散结构

耗散结构是指开放系统的有序来自非平衡态，即由于系统向外界输出的熵值(如呼吸)增加，系统的有序趋于无序。为了维持系统的秩序，必须有来自系统外部的负熵流输入，即来自外部世界的能量补充和物质输入。这意味着在生态修复中，必须从两个方面来考虑基本原则，不仅要关注系统本身熵输出的功能潜力，还要关注系统提供的能量和物质成本[26]。

(五)生态位

生态系统中的各种生态因子具有明显的变化梯度，变化梯度中可以被某些生物占据、利用或适应的部分称为生态位。比如，在湖泊中有些鱼生活在水体底部，以小鱼或底栖生物为食；有些鱼生活在水体中部，以浮游生物为食；有些鱼生活在水体上部，以藻类或水生植物为食。在生态修复中，应合理运用生态位原则，避免引入生态位相同的物种，使每个物种的生态位尽可能错位，使每个种群在群落中都有自己的生态位，避免种群之间的直接竞争，保证群落的稳定，建立由多个种群组成的生物群落，充分利用时间、空间和资源，实现各种物种的合理配合，达到资源的充分利用，保持系统长期的生产力和稳定性[28]。

(六)物种共生

在自然界中，任何一种生物都离不开其他生物的生存和繁衍，这种关系是自然界中有机体长期进化的结果，包括互惠共生与竞争抗生，也称为“相生相克”。在正常生态系统中，这种关系构成了生态系统的自我调节和负反馈机制。物种共生是各种生态系统中普遍存在的现象，共生可以分为偏利共生和互利共生。偏利共生是指两个不同物种间发生一种对一方有利的关系。例如，地衣、苔藓、一些蕨类植物和许多高等附生植物都附生在树皮上，它们依靠附生植物来维持生命，以获得更多的光和空间资源。互利共生是指不同物种个体之间的互惠关系，它可以增加双方的适应度。例如，菌根是真菌菌丝和许多高等植物根系的共生体，真菌帮助植物吸收养分，从植物中获取养分。在修复和重建森林生态系统时，有意识地引入一些附生植物可以促进群落的多样性和系统的稳定性[26]。

(七)物种多样性

生物多样性是指生物体及其赖以生存的生态综合体的多样化和可变性，生物多样性是指生命形式的多样化，各种生命形式与环境之间的相互作用，以及各种生物群落、生态系统及其生境和生态过程的复杂性[28]。生物多样性高的生态系统往往具有高生产力物种机会增加、能量和养分关系多样化和稳定、抗干扰和抗入侵能力强、资源利用效率高等优势。多样性是群落的复杂性的基础，复杂的群落有着更多的垂直分层和水平斑块格局，生物多样性是生态系统稳定的基础，也会导致生态系统功能的优化。比如荒地、荒山造林，要特别注意避免造林树种单一化，尽量营造混交林。不同的生物种类可以相互影响、相互制约，改善森林的环境条件，使病原菌和害虫自下而上失去适宜的条件，同时也可以吸引各种天敌和有益的鸟类，以减少或控制病虫害的危害。

二、景观生态学理论

景观由相互作用的斑块或生态系统组成，这些斑块或生态系统以相似的形式重复，具有高度的空间异质性，包括斑块、廊道和基底三大组分[22]。景观是一个综合性的生态研究单元，在自然层次和生态组织水平上都高于生态系统，它有其特定的结构、功能和动态特性。在结构上，景观是由村庄、河流、公路、耕地、天然次生林、牧场等多种生态系统组成的镶嵌体；在功能上，上述景观组成部分(或生态系统)相互作用。

生态系统早期修复的主要思想是通过消除干扰，加速生物成分的变化，启动演替过程，使退化的生态系统恢复到一定的理想状态。然而，随着恢复进程的发展，出现了新的问题，甚至可能前功尽弃。造成这一问题的主要原因是在生态修复中没有考虑景观格局的配置、时间尺度和空间尺度，没有利用生态系统的完整性在景观层面上对生态系统进行保护和恢复。运用景观生态学的方法，可以根据周围环境的背景确定修复目标，为修复地点的选择提供参考。这是因为景观中的某些点在控制水平生态过程中起着关键作用，把握这些景观战略点，将为退化生态系统的恢复带来启动性、空间连通性和高效性的优势[27]。

三、生态记忆理论

生态记忆是生态系统或群落消失后留下的痕迹，包括土地利用历史、土壤特征、孢子、种子、茎段、菌根、物种、种群、遗传组成和种间关系等，这些残留物影响着群落的动态和生态系统的发展轨迹[29]。

生态记忆是生态系统抵抗和修复的载体，它的存在增强了系统的免疫能力。相反，生态记忆的丧失会助长外来物种的入侵，导致原有系统功能的失衡，大面积爆发入侵物种。入侵物种的迅速扩张很可能是由于群落中缺乏相应的生态记忆，而过度丧失的生态记忆系统将被入侵物种驱动并转化为一个新的生态系统。群落演替具有一定的方向性和规律性，往往是可以预测或衡量的，生态记忆驱动适应性循环，它不仅记录了一个生态系统的生长历史，也为其他幼小生态系统的研究提供了参考，使群落的演替过程有规律地进行。

生态记忆也为生态恢复提供了参考，生态记忆是修复力的重要组成部分。生态系统的生态记忆越多，其恢复能力就越强，恢复到稳定状态所需的时间就越短。生态记忆作为修复力的载体，使物种的恢复成为可能。生态修复中参考生态系统的选择是非常困难的，特别是在全球气候和环境因子急剧变化的情况下，需要更广泛地考虑生态系统的功能和过程，生态记忆为这一点提供了线索。对生态记忆的分析有助于建立生态恢复的阈值体系，为探索生态系统自我恢复的条件和生态环境提供参考，也为修复工程介入的必要性等问题提供有效的参考。

四、人为设计和自我设计理论

自我设计和人为设计是恢复生态学自身产生的理论。自我设计理论认为退化生态系统在有足够时间的前提下，能够合理地实现自组织，并最终随着时间的推移而改变其组成部分。人类设计理论认为，退化或受损的生态系统可以通过工程方法、植物重建和生物操控等直接修复，但修复的方向和结果可能是多样的。两种理论的不同之处在于，自我设计理论考虑在生态系统层面上加速物种和系统结构的恢复，而不考虑种子库的缺乏，其恢复只能依靠环境条件来确定生物群落；而人为设计理论考虑的是个体或群体层面的生态修复，这种生态修复的方向和结果可能是多样的[26]。

上述原理的核心是生态系统的完整性、协调性、循环性和高效性，这些理论是受损生态系统修复的基础和关键。

第三节　生态系统修复方法

一、生态系统修复目标与原则

(一)生态系统修复目标

退化生态系统的修复应建立合理的生态系统内容组成(物种丰富度和多度)、结构(植被和土壤的垂直结构)、格局(生态系统组分的水平排列)、异质性(成分由多个变量组成)和功能(水、能、物流等基本生态过程的表现)。人们往往根据不同的社会、经济、文化和生活需要，为不同的退化生态系统设定不同的修复目标。修复的基本目标或要求主要包括：实现生态系统表层基底的稳定，因为表层基底(地质地貌)是生态系统发育和存在的载体，如果基底不稳定，就不能保证生态系统的持续演替和发展；恢复植被和土壤，以保证一定的植被覆盖度和土壤肥力；增加物种组成和生物多样性；恢复生物群落，提高生态系统的生产力和自我维持能力；减少或控制城市周围的污染；增加视觉和审美享受[30]。

(二)生态系统修复原则

退化生态系统的修复与重建，需要在遵循自然规律的基础上，按照技术适宜、经济可行、社会可接受的原则，进行有利于人类生存和生活的生态系统重建或再生的过程。为规范指导全球生态修复项目的开发和实施，国际修复生态学会（SER）分别于2016年和2019年发布两版《生态修复实践国际原则和标准》，概括起来生态系统修复的原则有以下几点[31,32]：

1. 因地制宜原则

不同地区的自然环境不同，如气候、水文、地貌、土壤条件等，区域的差异性和特殊性要求生态修复要因地制宜，并对具体问题进行分析。根据研究区的具体情况，在长期试验的基础上，总结经验，找到合适的生态修复技术。比如，在选择土地辽阔、人口稀少、降雨条件适宜、水土流失轻微的地区作为水土保持生态修复区时，要把自然力和人为措施结合起来，即宜林则林、宜草则草、宜封则封、宜荒则荒。在大面积开展水土保持生态修复时，要根据区内相似性、区间差异性、多样性、复杂性和社会经济发展状况，在区域研究的基础上，对修复区进行有针对性的生态修复。

2. 生态学与系统学原则

生态学原则包括生态演替原则、食物链原则和生态位原则等。生态学原则要求按照生态系统自身的演替规律，逐步进行生态修复，生态修复应在生态系统层面上进行，具有系统性思维。根据生物与环境共生、互利、竞争的关系以及生态位和生物多样性的原则，对退化的生态系统进行修复，使物质循环和能量流动处于最大利用和最佳循环状态，努力实现生态系统的和谐共生演进。在生态修复的初始阶段，应该尽最大努力保护现有的生物资源，生态修复是一种补救活动。只有在必要的生物群落和自然物质的基础上，生态系统的修复才可以得到较好的改善。目前，我国一些自然保护区正面临着外来物种的巨大困扰，因此在生态修复区还处于非常脆弱的状态时，应特别注意外来物种的无意引入。

3. 可行性原则

可行性原则要求生态修复在经济上可行、技术上可行、社会上可接受。经济上的可行性要求在实施生态恢复时必须保证一定的物质、人力和财力，这是退化生态系统修复的支撑；技术措施的可行性要求生态修复过程中实施的技术措施在实践中具有可行性，这也需要一定的技术人员作为支持；社会可承受性原则要求，生态修复工程的启动必须保证人民群众的生产生活，满足修复区人民群众的意愿，在思想上是可以接受的。生态修复项目还应明确不同利益相关者，特别是地方相关者的利益和贡献，积极寻求他们的直接参与，为自然和社会提供互惠互利的服务。

4. 风险最小、效益最大原则

由于生态系统的复杂性和某些环境因素的突变性，以及人们对生态过程及其内在运行机制认识的局限性，人们无法准确估计和把握生态修复的后果和生态演替的方向。从某种意义上说，生态修复具有一定的风险，生态修复需要大量的人力、物力和财力投入。因此，在考虑当前经济技术能力的同时，还要考虑经济效益、生态效益和收益周期，做到风险最小化、效益最大化。

5. 自然修复和人为措施相结合原则

生态修复应遵循人与自然和谐的原则，控制人类活动对自然的过度需求，制止对自然的肆意侵害，依靠自然的力量实现自我修复。在经济落后、交通闭塞、自身发展能力不足、资金投入有限的条件下，自然植被恢复发挥着重要作用。但是，为了减轻生态系统的超载压力，必须实施人为的生态修复管理、生物措施和水土保持工程的辅助措施，将最新的水土保持技术落到实处，加快生态修复，以达到生态保护的目的，实现自然能力与人为措施的完美结合，确保效益最大化。此外，还应考虑生态修复的自然原则和美学原则。但是，任何原则都是建立在以人为本、人与自然和谐共处的最基本原则之上的。生态恢复的基础是退化生态系统的生存状态，应因地制宜地实施区域生态恢复措施。

二、生态系统修复机理与技术

(一)生态系统修复机理

生态系统恢复的主要思想是通过消除干扰，加速生物成分的变化，启动演替过程，使退化的生态系统恢复到理想状态。在这个过程中，首先是建立生产者系统(主要指植被)，由生产者固定能量，并通过能量驱动水循环，水驱动养分循环。当生产者系统建立或以后，消费者系统、分解者系统和微观环境都将建立起来[33]。

国外学者有指出，退化生态系统修复的可能发展方向包括：退化前状态、持续退化、保持原状、恢复到一定状态后退化、修复到介于退化与人们可接受状态间的替代的状态或修复到理想状态[34](图 9-2)。

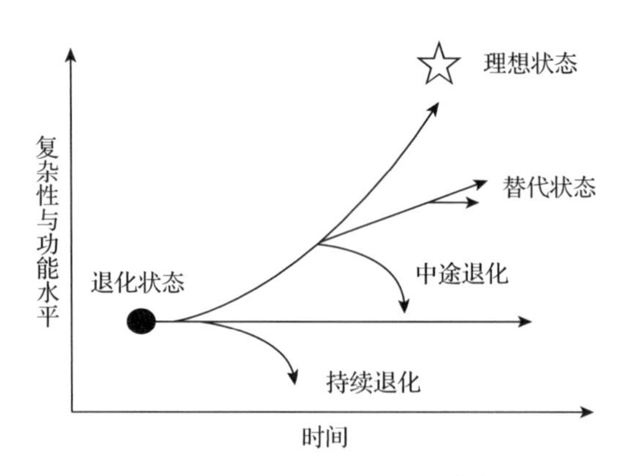

图 9-2 退化生态系统修复[35]

但也有学者指出，退化的生态系统不一定沿单一方向修复，也可能在多个方向之间转化，达到复合稳定状态，并提出临界阈值理论(图 9-3)。该理论假设生态系统有 4 种可供选择的稳定状态：状态 1 未退化，状态 2 和状态 3 部分退化，状态 4 高度退化。在不同的胁迫或同一胁迫的不同强度下，生态系统可以从状态 1 退化到状态 2 或状态 3；当胁迫解除后，生态系统可以从状态 2 和状态 3 恢复到状态 1。但是，从状态 2 或状态 3 到状态 4 的退化必须超过临界阈值。相反，从第 4 状态到第 2 状态或第 3 状态的修复非常困难，这通常需要大量投入。

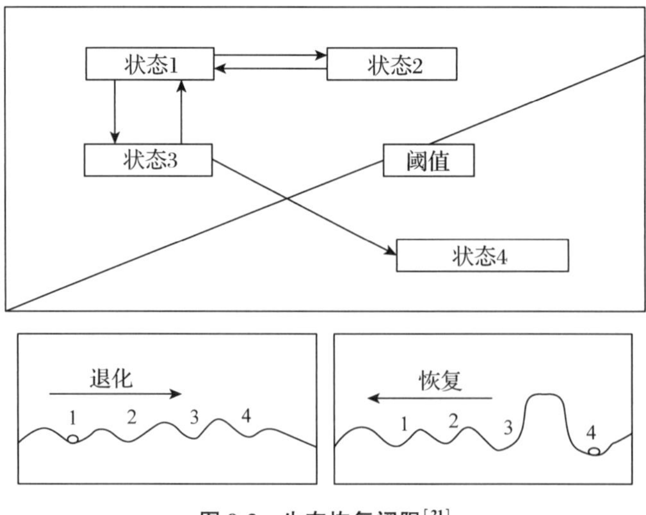

图 9-3 生态恢复阈限[21]

(二)生态系统修复技术

由于不同退化生态系统的区域差异和外界干扰的类型和强度不同，生态系统的退化类型、阶段、过程和响应机制也不同。因此，在不同类型退化生态系统的恢复过程中，其恢复目标、重点和关键技术往往也不同[30]。

从生态系统组分来看，主要包括非生物系统的修复和生物系统的修复。无机环境修复技术包括水修复技术(如污染控制、富营养化去除、水交换、蓄水、排水和灌溉技术)、土壤修复技术(如耕作制度和方法的改变、施肥、土壤改良、表土稳定、土壤改良、侵蚀控制、土壤交换和污染物分解技术)、空气恢复技术(如粉尘吸附、生物和化学吸附技术)等。生物系统修复技术包括植被重建技术(物种引进、品种改良、植物快速繁殖、植物配置、植物种植、林分改造等)、消费者(捕食者引进、病虫害防治)和分解者(微生物引进与防治)，以及生态规划技术(RS、GIS、GPS)的应用。

在生态修复实践中，同一修复项目可能会运用多种技术。例如，在极端退化土地上修复热带季风雨林的过程中，一些学者采用了生物与工程相结合的方法，通过重建先锋群落、配置多层次多树种乡土树种阔叶林和重建农林复合生态系统等步骤实现。总之，生态恢复最重要的是综合考虑实际情况，充分利用各种技术，通过研究和实践，尽快修复生态系统的结构，进而修复其功能，从而达到生态、经济、社会和美学效益的统一。

三、生态系统修复程序

退化生态系统恢复的基本过程可以简单地表述为：基本结构组成单元的修复→组分之间关系(生态功能)的修复(第一生产力、食物网、土壤肥力、稳定性和恢复能力在内的自我调节功能等)→整个生态系统修复→景观恢复。植被恢复是任何生物生态群落修复的关键步骤。植被恢复是在短时间内通过人工手段恢复植被，其过程通常是：适应种的进入→土壤肥力的缓慢积累、结构的缓慢改善(或毒性的缓慢下降)→新适应种的进入→新环境条件的改变→群落的建立。在植被恢复过程中，应参照自然植被恢复规律，解决自然植被的物理条件、营养条件、土壤毒性、适生树种等问题。在选择物种时，不仅要考虑植物对土壤条件的适应，还要强调植物在土壤改良中的作用，同时要充分考虑物种间的生态关系[36, 37]。目前认为生态系统修复中的程序包括[37, 38]：

首先，确定退化系统的边界，明确修复对象，包括生态系统的层次和水平、时空尺度和规模、结构和功能，进而诊断出生态系统退化的基本特征、原因、过程、类型、程度，并进行详细调查和分析。

其次，结合退化生态系统所在地区的自然系统、社会经济系统和技术力量的特点，确定了生态恢复的目标，并进行了可行性分析。在此基础上，建立了优化模型，并提出了决策和具体实施方案。

再次，对优化后的模型进行了测试和模拟，通过定位观测，从理论和实践上得到了一个可行的修复重建模式。

最后，对成功的修复与重建模式进行示范推广，同时进行动态监测、预测和评价。对修复过程中的关键变量和过程进行监控，并根据新情况进行适当调整。

第四节　生态系统修复的实践与案例

人类社会的可持续发展有赖于生态系统的良性循环和可持续利用，这一点逐渐被世界各国有识之士和政府官员所认识和关注。因此，为了保护现有的自然生态系统，综合整治与修复已退化的生态系统，以及重建可持续的人工生态系统，重建地球家园已成为全球面临的共同的任务[39]。

重建和修复地球家园时，一方面要注意全球宏观环境的修复，即采取切实有效的措施，通过相应的技术手段，控制和治理全球变化、臭氧层空洞、酸雨、生物多样性丧失等全球性环境问题，因为它们是区域生态系统发展的关键，生态环境的发展和生态环境的发展如果没有良好的环境，就不可能修复和重建一个健康的区域生态系统。另一方面，要加强对区域或局部生态系统和区域“小环境”的改善、恢复和重建，因为区域生态环境是全球环境的基本组成部分或“细胞”，因此区域生态环境的改善最终会促进全球环境的恢复和改善。在区域生态环境修复实践中，根据退化生态系统的不同成因，介绍一些典型的退化生态系统修复具体案例[20]。

一、沙漠与沙漠化土地的生态修复

沙漠是在极端气候条件下形成的一种生态退化形式，沙漠化土地一般是在疏松沙质地表及干旱多风的自然条件下，由于不合理或高强度利用土地资源而导致的生态退化过程[40]。20 世纪 50 年代以来，我国开展了荒漠化土地生态修复工作，取得了许多成功的范例，腾格里沙漠东南缘的生态修复是其中的典型代表[41-44]。

（一）概况

腾格里沙漠东南缘气候受蒙古高压影响，降水少而集中，气候干旱，气温变化剧烈，风大沙多。土壤类型包括流沙、棕钙土、草甸沼泽土、盐渍化草甸土、白僵土和砾石地等。流沙以单个新月形沙丘、新月形沙丘链和网格新月形沙丘覆盖在不同的土壤上，高大沙丘每年移动 2 米左右，低矮沙丘平均每年移动 3~5 米，个别沙丘移动 8~10 米。植被类型有以白茨柴、柠条、油蒿为主的固定沙地植被，以油蒿、猫头刺为主的半固定沙地植被和以籽蒿、花棒、沙米为主的流动沙丘植被，覆盖率分别为 15%~55%、5%~16%、1%~2%。此外，还有盐碱草甸、砾石地、白僵土等湿生系列植被。从流沙地到固定沙地的植被演替顺序为：散生籽蒿（或花棒）→油蒿群落→柠条群落→白茨柴群落→红砂珍珠群落。

（二）主要限制因子

易流动的沙质地表，沙丘移动和风沙流不利于植物生长；沙质基质土壤肥力低；气候干燥，降水量少，年平均降水量约 200 毫米，年际变化大，降水季节差异大；植被覆盖度低，自然恢复缓慢。

（三）总体思路

采取机械固沙固定基质，在已固定的基质上建立植被，其植被建立的总体思路见图 9-4。

（四）措施与方法

机械固沙工程措施是指固沙带采用麦草扎成草方格[45]，道路北侧 500 米，分为两区，靠近平台宽 200 米，铺设 1 米×1 米的草方格沙障；第二带宽 300 米，铺设 1 米×2 米；道路南侧 200 米，分为两个各 100 米宽带区，第一带草方格沙障为 1 米×1 米，第二带 1 米×2 米。草方格沙障是一种防风防沙、涵养水源的治沙方法。它是利用废弃麦草、稻草、芦苇等材料一束束呈方格状铺在沙上，然后铲进沙中，将 1/3 到一半的麦秸自然竖立在四周，然后将方格中心的沙子移至麦草

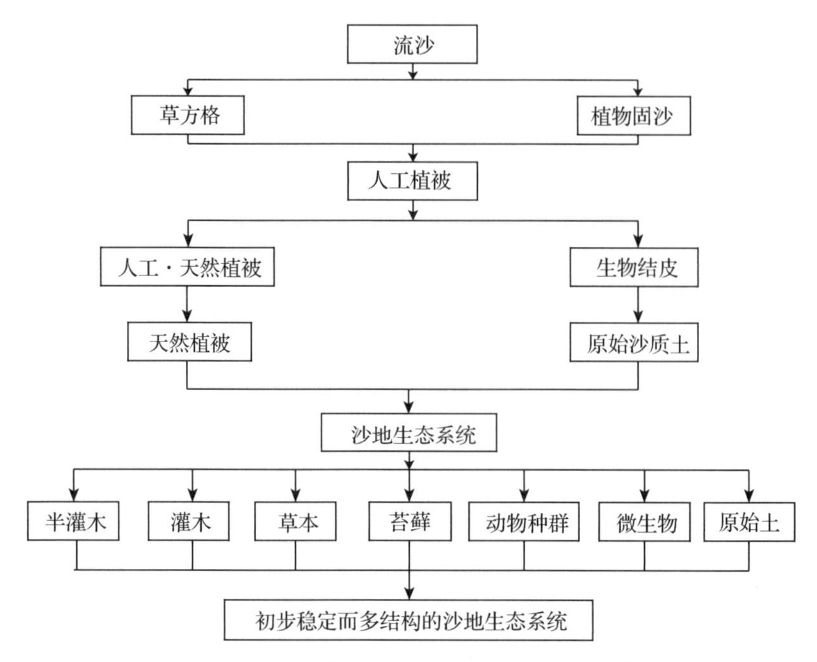

图 9-4 流沙人工生态系统的形成及演变[11]

根部，使麦草牢固地竖立在沙子上。

固沙工程实施后，不同类型的沙丘和不同的沙丘部位采用不同的树种配置[46]。在裸露的格状沙丘落沙坡脚，黄柳+沙拐枣形成黄柳带；迎风坡上，2 行花棒+1 排油蒿+1 行柠条；迎风坡上部，2 行籽蒿+2 行花棒；副沙梁下部，种植黄柳或花棒，在丘顶、梁顶和落沙坡上种植油蒿及籽蒿。覆盖在山前冲洪积物上的新月形沙丘链以后期植物油蒿和柠条为主，辅以少量先期植物。在盐碱草甸土覆盖的新月形沙丘链上种植沙柳、西蒙杨和柽柳，在坡地种植草栅后直接种植油蒿和藜蒿。在白硬土上覆盖新月形沙丘链和沙隆，人工种植沙枣和柽柳林，并在植物间种植油蒿和藜芦。在圆砾覆盖的新月形沙丘上选择沙枣+油蒿+油蒿组合。单新月形沙丘机械固沙后，直接播种油蒿和藜芦，沙丘间种植柽柳。半固定沙地除采取活化点的工程措施外，一般采取围挡等措施使其植被自然恢复，固定沙地主要是保护和促进其自然恢复。

（五）结果与启示

人工植被建立后，由于环境条件的变化，出现了大量外来植物，如沙兰刺头、雾冰藜、分枝鸦葱、画眉草、无芒稗、狗尾草等，部分地区甚至出现了沙冬青、刺叶柄棘豆等，植物群落的组成趋于多样化。植被修复以来，人工植被由 2～3 个构型发展为 10～20 个组分，在植被演替过程中，群落稳定性增强，异质性程度降低，如果将群落的灌木和草本植物一起度量，群落的种类结构在 30 年后还未稳定，但如果只度量草本植物，群落在 20 年左右就会稳定。人工植被固定沙丘后，土壤微生物类群数量随固定年限的增加而大幅度增加，沙丘表面形成结皮层，土壤理化和生物性状得到显著改善。植被建立后，动物类群和数量也显著增加，经过 20 年的固定，栖息脊椎动物已有 30 多种，原来没有的动物种也大量迁居，原有动物数量亦有增加。在小气候条件下，近地表风速降低 50%，输沙量减少 40 倍，温度也随之变化。

“以固为主”与“固抗结合”的沙漠防护体系建设理论与模式，解决了降水量小于 200 毫米的干旱荒漠区植被建设的关键技术，论证了生态修复机理，为西部生态环境建设与退耕还林还草工程提供了科学依据[47]。理论上分析了植被稳定维持的生态机制，提出了荒漠化逆转的理论范式[48]。如今，这一成功的理论和实践模式已在塔克拉玛干石油公路、甘武线、京通线、乌鸡线等建设中得到广泛推广和应用，并在马里共和国、蒙古国和阿拉伯国家的绿色壁垒体系建设中得到推广和应用，这对全球干旱地区的生态环境建设具有重要意义。

二、水土流失生态退化区的生态修复

水土流失主要通过降水、洪水侵蚀和地表冲蚀引起生态退化。一方面，水土流失伴随着溅蚀、片式、沟蚀、劣地侵蚀和重力侵蚀，如剥溶、泻溜、崩塌、滑坡、陷穴、泥石流等，破坏土壤，导致水土流失、土壤质地劣化、土壤肥力退化；另一方面，在水土流失的过程中，植被也被侵蚀流失，造成了大面积的裸地。同时，在土地退化过程中，随着土壤的贫瘠化，水和营养元素的储运发生变化，土壤质量劣化，土壤环境日趋干旱贫瘠。植被的结构、组成随之逆行演替，造成植被退化，因此，土壤侵蚀过程是一个生态系统退化的过程[49]。

我国水土流失区生态修复研究始于 20 世纪 50 年代初，早期是以水土保持措施为主的单一治理。在这一时期，水土流失主要以工程措施为主，生物措施为辅。第二阶段以小流域为单元进行局部恢复，这一时期是水土流失治理、水资源合理利用、土壤恢复、植被恢复与重建的综合发展时期。第三时期是开发整治时期，即生态恢复与区域经济协调发展的生态工程时期[50]。下文介绍金沙江干热河谷水土流失区的生态恢复实例[11]。

(一)概况

金沙江干热河谷地区海拔695~2000米，属低中山峡谷地段，低纬度高原季风气候，主要气候特征为高温干旱少雨，年降雨量为700~890毫米。因其干燥度为11.2，属亚湿润干旱气候。自然植被属亚热带常绿阔叶林区，高原亚热带北部半湿润常绿阔叶林带，滇中、滇东南原始半湿润常绿阔叶林。由于特殊的地貌条件，山坡较陡，边坡的物质稳定性较差。在水和重力的作用下，极易形成水土流失，特别是一旦森林植物遭到破坏，极易引起水土流失的多带连锁反应，引发山地灾害[51]。

(二)生态退化诊断

由于矿产资源开采、滥砍乱伐等原因，河谷部分地区森林消失，水土流失和泥石流频繁发生。部分地区已由林地退化为灌丛或稀树草丛，甚至退化为荒漠，植被类型由常绿阔叶林演变为干旱灌丛、稀疏草地和半荒漠，森林植被和草地植被生产能力减弱，生态功能下降；生境因子也随之发生变化，如土壤退化、肥力降低、土地承载力降低、自然灾害频发等。

(三)主要限制因子

干热河谷环境退化过程中发生质变的因子是气候和土壤，气候由湿润型向亚湿润干旱型转变，土壤由砖红壤向燥红土转变。土壤侵蚀造成土壤贫瘠，基质侵蚀不固定，存在荒漠化、水分亏缺、土壤有机质和养分贫乏，是制约生态修复的主要因子。

(四)总体思路

在退化程度轻、重建难度大的地区，先进行生态保育恢复，通过保护和人为促进措施，使植被逐步恢复到自然或半自然状态。通过选择适宜的、抗逆的树种和草种，辅以治理侵蚀的工程措施，建立乔灌草相结合的多层复合人工植被群落结构，调节气候，涵养水资源，改善旱生生态环境[52]。

(五)措施与方法

根据立地条件对恢复区进行分类，坡度在25°以上，原生植被或次生植被未被完全破坏的区域，进行围封、禁伐、禁樵，适当采用水土流失治理工程技术，使植被自然恢复。坡度为15°~25°的地区除封山育林外，通过高耕作技术进行横坡重建。沿等高线每隔4~6米种植绿篱，采用豆科速生灌木，形成绿篱间耕作带，在林带内种牧草。同时，在耕作、重力和绿篱截留的作用下，逐步形成梯田，实现水土保持功能。坡度15°以下重建乔灌、乔灌草和农田植被为主，乔灌和乔灌草植被重建的方法是：在坡面较完整的区域，环山水平撩壕整地，建立宽和高分别为60厘米的等高水平沟，沟距3米，沟的宽深随坡度的增大适当缩小，坡面破碎则挖大塘；选择抗旱、耐瘠薄、适应性强、易成活、保存率高等适应干热生境条件的植物物种，同时生长迅速，具有固氮功能或自肥能力强为宜[53]。乔灌带由乔灌3∶2带状混交而成，在沟边或沟内种植草类植物，形成乔灌草结构。

（六）结果与启示

上述修复模式充分考虑了生态修复过程中植物物种的生物生态学特性，空间配置适应生境条件和社会经济条件，兼顾三个效益的统一，同时，光、热、水资源得到不同程度的充分利用，物种的自肥能力在土壤修复中起到相应的作用。从观测结果来看，通过植被重建，水土流失得到有效控制。通过修复，土壤贮水量和土壤有机质都得到有效提升。从气象观测来看，重建植被具有明显的温湿度调节功能，降低风速，使主要气候因子向良性方向转化，乔灌混交林的气候调节效果优于纯林。

从修复效果可以看出，在降水700~800毫米的干热河谷水土流失区，重建植被是可行的，只要辅以一定的工程措施，选择好物种，做好物种配置，不仅可使植被得到重建，而且土壤恢复也是可以实现的[54]。

三、沿海侵蚀裸地的生态修复

裸地又称光板地，通常环境条件较为极端，或较潮湿，或较干旱，或盐碱化较严重，或有机质缺乏，或基质流动性较强，可分为原生裸地和次生林地。原生裸地主要是在异常自然干扰下形成的，次生裸地则是人为干扰造成的。一般来说，海岸侵蚀裸地是人类通过焚烧荒地、过度采伐、过度耕作等方式破坏季节性雨林土地，也有台风、波浪冲刷、降水冲蚀等自然过程和人为作用相互叠加形成。裸地的恢复通常基于工程措施，采用生物措施人工引入植物物种，用人工生态系统人工—自然生态系统甚至自然生态系统演替，达到生态系统修复的目的。目前，我国沿海裸地恢复取得了显著成效，以下以中国科学院华南植物研究所小良热带森林生态系统定位站的研究为例加以介绍[11,55,56]。

20世纪50年代末，中国科学院华南植物研究所针对滨海侵蚀裸地的修复利用问题，以广东省电白县水土流失严重的沿海台地为对象，开展了滨海侵蚀裸地生态修复工作。该区域属于热带的北缘，据历史记载，100多年前，这里还是茂密的热带季风雨林。后来由于滥伐、乱垦，发生了严重的水土流失，沟壑纵横，有26个光秃山头、1537条大崩沟、207条侵蚀沟。据当时调查，水土流失类型以沟蚀为主，沟蚀面积占总面积的60%，面蚀占40%[57]。

（一）目标

通过对植被恢复演替过程、发展趋势以及植物群落多样性与稳定性、结构与功能的关系的研究，探讨热带退化生态系统修复的有效途径，为热带荒山荒草坡的森林植被恢复与利用提供示范模式，为热带雨林的重建提供了依据。环境改善后，生态修复与生产相结合，环境改善与经济发展相结合，将为沿海裸地生态修复与区域经济发展有机结合提供范例。

（二）总体思路

在极度退化的热带裸地上，应采取工程措施与生物措施相结合，以生物措施为主的综合治理。通过选择生长快、耐旱、耐瘠薄的植物种，重建先锋群落，启动植物群落演替；通过模拟天然林的物种组成和群落结构特征，在先锋群落的湿地上进行了多种植物配置，加快植物群落演替进程；采用空间代替时间的方法，选取地形、岩性、土壤类型和坡度基本一致，而植物群落处于不同次生演替阶段的植被类型，通过对其气候、水文、土壤与植物、动物、昆虫、土壤动物、土壤微生物等生物、生境效应的动态观测，进行生态修复过程与机理研究。

（三）措施与方法

裸地水土流失严重，土壤侵蚀逐年增加，生境恶化加剧，在自然条件下进行植被恢复是不可能的。因此，首先要控制水土流失，将工程措施与生物措施相结合。工程措施主要包括修谷坊、筑拦沙坝、挖鱼鳞坑、堵截崩口等。生物措施主要是因地制宜选用合适的植物人工造林和植草。在模仿天然林混交的基础上，进行了人工桉树林的块状、带状、行间、株间的混交试验，并且在不同林相下套种适应生长的各种名贵树种、药用和工业用树种，形成多层次的乔、灌、草结构。混交林的搭配首先选择速生、耐旱、耐瘠的桉树和松树，先建先锋树种群落，以改善恶劣的立地条件，为后期植物的生长奠定必要的基础；在桉、松林初步形成以后，再模仿热带天然林群落结构，在桉、松林中套种阔叶树种[58]。

多层多种阔叶混交林建立之后，不再人工引入其他林种进行栽植，而是保育性地进行观测，使外来物种自然进入人工林，参与次生林的演替过程。同时，因地制宜在恢复区临近地段建立经济作物和果树基地，开辟果区，种植满葵、杨桃、杧果、荔枝、木菠萝和其他果树 256.5 亩。此外，还为当地农民培养繁殖了大量的苗木，收到了一定的经济效益和社会效益[59]。

（四）结果与启示

生态修复后，经过 15 年的自然演替，重建的不同树种混交林林分结构得到了较大发展。每 100 平方米的树种从 2~3 种增加到十多种甚至几十种，平均每 200 平方米有 25.7 种。许多样地的优势种群也以自然发展的乡土种与栽培种并重，或是自然入侵种完全取代栽培种[60]。以上结果表明，无论生态修复中人工选择初始物种是什么，都会向地带性顶极群落发展；对于极度退化的生态系统，土壤肥力的恢复是第一位的，其次是物种多样性的增加。从小良站生态修复的成果来看，热带季雨林的物种多样性是可恢复的。在采取一定的人工措施后，生态系统将向地带性顶极植物群落方向发展，虽然发育过程非常缓慢，但在一定程度上土壤条件也是同步恢复的。

四、采矿废弃地的生态修复

矿产资源开发为经济建设提供了大量的能源和原材料，促进了区域特别是边远地区的经济发展，推动了以矿产资源开发为支柱产业的矿业城市的崛起和发展，为国民经济和社会发展作出了重要贡献[61]。但在矿物材料的开采过程中，由于开采操作不当，矿区周围岩土体的初始应力容易受到破坏。虽然应力在重新组合后达到平衡，但在岩石与地表的作用过程中存在着连续的变化、变形和非连续的破坏，称之为开采塌陷。一些矿区的生态环境遭到严重破坏，并频频引发崩塌、滑坡、泥石流等矿山地质灾害，其所造成的危害给治理矿山塌陷、保护矿区生态环境敲响了警钟[62]。

采矿塌陷地生态问题是各种因素综合作用的结果，采矿塌陷地生态修复的基本目标是实现对整个区域的保护。然而，在矿区塌陷地的治理中，单一的工程治理无法达到这一发展目标。因此，在土地生态系统重建与修复过程中，需要将生物措施与工程管理措施相结合，二者相辅相成进行生态系统重建。江苏省徐州市沛县在采煤塌陷地生态修复实践中，将 8 万亩采煤塌陷地变废为宝，构筑了采煤塌陷区生态修复、生态治理、生态保护三道防线，探索“生态修复、土地治理、地质环境治理一体化”的综合治理模式[63]。

（一）概况

沛县地处黄滩平原，素有煤城之称，探明煤炭储量 15.47 亿吨，年产量 1460 万吨，占江苏省的近 70%。20 世纪 70 年代以来，煤矿开采共造成 8.28 万亩土地不同程度塌陷，其中塌陷 1.5 米以下的土地 5.03 万亩，塌陷 1.5~3.0 米的土地 2.27 万亩，塌陷 3 米以上的土地 9800 亩。此外，沛县地处黄滩地下水位高平原区，地面沉降最直接的影响是沉降区的水位或地下水位相对上升，导致地表耕地质量退化，面积减少。沛县是农业大县，煤矿开采前，大部分土地是高产优质农田，除土地破坏、村庄房屋被毁外，还出现了如植被减少、桥涵断裂、河流倒灌等许多不利的生态环境恶化现象[64,65]。

（二）生态修复总体原则

因地制宜、合理改造的原则。采煤塌陷治理是一项复杂的生态工程和社会工程，不仅涉及地下地质的变化，还涉及田、林、路、水、气等因素。在修复过程中，要进行科学的处理，对于不同类型的塌陷，宜农则农、宜林则林、宜渔则渔、宜建则建。在塌陷不深或积水不大的地方，可以平整土地，改善耕作条件，恢复地貌；在面积大、积深大的塌陷区，可以发展水产养殖、旅游休闲等产业。通过治理，使荒地变废为宝，实现综合治理效果[66]。

（三）措施与方法

1. 复垦造良田

开采塌陷区土地复垦的传统方法有挖深垫浅法、矸石充填法、排水法、平整法等。在沛县土地复垦实践中，采用湖泥充填采煤塌陷地，是对我国土地复垦技术和方法的补充。沛县部分塌陷区位于微山湖畔，利用湖泥资源丰富、湖泥肥沃的天然优势，以湖泥为充填材料，采用绞吸式挖泥船和管道输送技术充填采煤沉陷区，把塌陷区改造成以种植为主的优质高产田。这种方法不仅易于实施，而且可以改善生态环境，增加耕地，消除湖西大堤的隐患，确保大堤在汛期的安全。此外，在复垦过程中，充分利用生产废渣充填采煤塌陷地的方法进行土地复垦，解放了矸石堆场和粉煤灰占用的大面积土地。同时，将塌陷荒地改为耕地或建设用地，以害治害、化害为利，既减少了环境污染和土地占用，又增加了可利用土地。目前，全区已实施土地复垦工程 90 余项，面积 13800 亩，取得了良好的经济和生态效益。

2. 引水建湿地

对于面积大、积水深的塌陷区，打造湿地和湖泊公园，创建旅游景点。沛县制定了“一镇一湖”的长远规划，建设集水、文、景观于一体的生态环境修复示范区。其中，安国湖国家湿地公园湿地面积约 10 平方公里，总投资 5 亿元，是沛县最大的生态修复工程。湿地生态修复工程实施生态修复、鸟类栖息地恢复与保护、生态植被恢复与保护等功能，项目区分为天然生态区、表流净化区、缓冲隔离区、湿地宣教区、休闲娱乐区和管理服务区 6 个功能区，包括十里芦苇荡、百果花园岛、千亩荷塘、万鸟栖候区等生态景区。目前，一期 9000 亩湿地已完成基础设施和绿化建设，常年生活着 100 多种野生鸟类，水下鱼类密集，北方湿地风情正在形成[67]。

(四) 生态修复效果与启示

沛县根据塌陷地的形状、土壤类型、地层结构、稳定沉降程度、水深等不同情况，继续加强塌陷地治理，坚持塌陷地治理与生态修复相结合，制定不同的治理方案，分类改造，积极建设生态修复示范区，创建国家湿地公园，采取采煤沉陷土地复垦和生态修复措施，采取采煤塌陷地复垦、生态环境修复、湿地景观开发、创建光伏产业基地、矿地和谐共建“五位一体”的综合治理模式[68]。特别是经过一定时期的一系列科学合理的生态修复，安国湖国家湿地公园已成为集雨洪蓄水、地方生物多样性保护、环境教育、审美启智和游憩服务等功能于一体的多功能生态湿地公园，是一种可持续的景观再造模式。因此，采煤塌陷区生态湿地景观修复在工业化城市化加快经济社会倡导可持续发展的今天具有重要借鉴意义[69]。

五、垃圾填埋场的生态修复

随着我国城市化的快速发展和人民生活水平的不断提高，需要处理的垃圾越来越多，垃圾产量的快速增长已成为每个城市发展中必须面对的严峻问题。目前，垃圾处理最常用的方法是填埋和焚烧，其中填埋是最常用的方法。从2010年到2019年，中国城市生活垃圾总量将从2.2亿吨增加到3.05亿吨，年均增长3.7%，其中填埋处理约占50.4%[70]。填埋场占用大量土地，填埋场会排放垃圾渗滤液和臭气，对周围环境产生一定的污染[71]。此外，随着城市化进程的加快，大量垃圾填埋场由城市边缘向内地转变，填埋场占用了大量的土地资源，也造成了严重的环境污染和生态安全问题。因此，开展垃圾废弃地的改造和利用是十分必要和紧迫的。我国垃圾填埋场的改造起步较晚，实践始于20世纪末，到目前为止，设计理念和技术都有了很大的进步。其中，将污染严重的金口垃圾填埋场改造成武汉园博会核心用地，是垃圾填埋场生态修复的典型案例。

（一）概况

武汉金口垃圾填埋场始建于1998年，位于汉口市西北郊张公堤外侧，由于选址和施工时间较早，施工标准和要求也较低，造成填埋场的“先天不足”。金口垃圾填埋场曾是武汉最大的垃圾填埋场，投产以来，累计产生垃圾约502万立方米。经过多年的垃圾掩埋，土壤中积累了大量的重金属和水污染物。由于周边居民投诉不断，这座武汉最大的垃圾填埋场于2005年关闭。该地区土壤中的污染物自然降解至少需要30年，如果全部挖出来运走，成本将高达10亿元。2012年，金口垃圾填埋场所在区域入选第十届中国（武汉）国际园林博览会主会场。通过垃圾处理和生态修复，用了不到3年的时间，把这片“毒地”“废地”变成了最大的鸟语花香的城市公共园林，成为历届园博会的重大举措[72]。

（二）生态修复措施

1. 垃圾堆体处理工程

填埋场处理工程采用了国内外先进的“好氧技术”和传统的“厌氧技术”。金口垃圾填埋场自2005年起全面关闭，总面积约41万平方米[73]。其中，关闭面积19.5万平方米超10年以上，污染程度明显降低，基本处于稳定状态，采用厌氧技术处理，直接覆盖防渗膜和土壤，完成导气和渗滤液收集系统建成后，封场覆盖低于园林施工界面标高，进行造山，重新种花种树修复生态。

另一个21.33万平方米的区域已经关闭了7年多，仍然不稳定，垃圾在地下腐烂降解，经常涌出大量沼气，采用好氧技术处理，然后封闭覆盖，低于园林景观施工界面标高，修复作业与景观建设同步进行。金口垃圾填埋场通过定制的全套风机向垃圾场注入氧气（即空气），将垃圾场堆体原有的厌氧环境改为好氧环境，垃圾经好氧降解后产生二氧化碳为主的气体，再由风机抽出来，送至气体净化装置处理，达到排放标准。结果表明，好氧修复周期将降解周期缩短至 2 年左右，好氧降解时间比厌氧封闭降解时间快 20～30 倍，环境相对友好，修复过程中无二次污染，而好氧修复的产物主要是二氧化碳[74]。

施工完成后，将全场填埋气收集井接入集气站，再进行集中氧化燃烧。全场渗滤液收集至调节池，按一级标准处理，达标排放。土堆山采用回填土分层碾压方式进行，防止垃圾堆体滑坡做了缓坡处理，堆山叠景。一些生活垃圾被回收利用，日常生活中的许多废品都变废为宝，作为景观设计和雕塑作品的原材料，经过改造再现在园中。市政排水沟的混凝土盖板和废枕木，通过对园林的合理利用，成为一条新颖独特的园林小径。

2. 植被和景观设计

整个垃圾生态修复工程不开挖任何垃圾堆体，垃圾场经过处理后，原有的金口垃圾场以园林艺术的方式建成了园博园两大景区之一的“荆山景区”。荆山东西长约 1700 米，南北长 700 米，主峰高出三环路 20 米，是武汉市最高的人工坡地。通过造山、生境重构、文化融合等方式，营造了一系列别具匠心的山、谷、花坡、林地、草原、山涧等景观。

在荆山植物景观构建上，植物品种的选择强调具有地域特色、抗逆性植物，果树以及引鸟和招蝶品种的应用。植物主要有扶芳藤、花叶络石、石菖蒲、榉树、乌桕、苦楝等几十余种武汉乡土植物，植物群落设计模拟森林植物群落结构，构建了山谷、山地、常绿香林和坡地 3 种生境。通过各种花、叶、果的合理搭配，形成五彩斑斓的荆山之景，上山的几条道路分别被特色植物装点成桂香道、樱雪道、茶韵道等步移景异的通幽曲径。山坡上还按照果林花坡、花境草坡、跌水石坡的主题营造出“百花荆山、百果荆山”的整体景观氛围。行于山谷之间，赏百花盛开，听溪流淙淙，静卧于山坡之上，闻茶桂清香，枫林浸染，呈现出垃圾场经过生态修复后的生物多样性及勃勃生机[75]。

（三）生态修复效果与启示

金口垃圾填埋场生态修复是目前世界上最大规模垃圾填埋场原位好氧修复成功案例，其修复难度和过程复杂性前所未有。该项目对垃圾填埋场进行生态修复和治理，变废为宝，不仅大大改善了周边环境条件，彻底消除了长期填埋造成的环境污染和安全隐患，提供了生态城市发展思路，并在园博会后继续保留园址，为全市带来良好的社会效益和经济效益，为武汉打造更加清洁、卫生的城市，为武汉城市旅游业的发展作出贡献。

在巴黎举行的第21届联合国气候大会上，武汉以垃圾填埋场生态修复后建设公园的成功范例，荣获“C40城市气候领袖群第三届城市奖”。这是中国内陆城市在气候变化领域获得的第一个国际奖项，是我国环境修复领域的一项创举。对城市环境恢复、生态环境保护和资源利用具有重要的指导意义、示范意义和前瞻性意义[76,77]。

参考文献

[1]中共中央文献研究室．习近平关于社会主义生态文明建设论述摘编[M]．北京：中央文献出版社．2017.
[2]邬晓燕．实施生态修复是建设美丽中国的重要途径[N]．人民日报，2018-04-24(7).
[3]中共中央国务院关于加快推进生态文明建设的意见[N]．人民日报，2015-05-06(1).
[4]自然资源部国土整治中心罗明．新时代生态修复亟待实现四大转变[N]．中国自然资源报，2019-12-17(3).
[5]蒋高明．生态与生态系统[J]．绿色中国(A版)，2017，(3)：76-79.
[6]彭少麟，陆宏芳．恢复生态学焦点问题[J]．生态学报，2003，23(7)：1249-1257.
[7]陈恩波．生态退化及生态重建研究进展[J]．中国农学通报，2007，(4)：335-338.
[8]彭少麟．恢复生态学与退化生态系统的恢复[J]．中国科学院院刊，2000，(3)：188-192.
[9]李素清．黄土高原生态恢复与区域可持续发展研究[D]；太原：山西大学，2004.
[10]彭少麟．恢复生态学与热带雨林的恢复[J]．世界科技研究与发展，1997，(3)：58-61.
[11]赵晓英，陈怀顺，孙成权．恢复生态学：生态恢复的原理与方法[M]．北京：中国环境科学出版社，2001.
[12]黄志霖，傅伯杰，陈利顶．恢复生态学与黄土高原生态系统的恢复与重建问题[J]．水土保持学报，2002，(3)：122-5.
[13]米文宝，谢应忠．生态恢复与重建研究综述[J]．水土保持研究，2006，(2)：49-53，77.

[14]联合国．联合国生态系统恢复十年[EB/OL](2019-03-06). https：//undocs. org/zh/A/RES/73/284.
[15]张新时．关于生态重建和生态恢复的思辨及其科学涵义与发展途径[J]．植物生态学报，2010，34(1)：112-118.
[16]方辉．农牧交错区草业助推技术体系研究[D]．杨凌：西北农林科技大学，2004.
[17]GROUP S F E R I S A P W. The SER International Primer on Ecological Restoration[EB/OL] https：//www. ser. org/page/SERDocuments.
[18]章异平，王国义，王宇航．浅议 Ecological Restoration 一词的中文翻译[J]．生态学杂志，2015，34(2)：541-549.
[19]王祖光．高标准基本农田生态评价指标体系的建立[D]．北京：中国农业科学院，2019.
[20]任海，刘庆，李凌浩，等．恢复生态学导论(第二版)[M]．北京：科学出版社，2008.
[21]任海，刘庆，李凌浩，等．恢复生态学导论(第三版)[M]．北京：科学出版社，2019.
[22]姚清亮．河北省退耕还林工程效益评价研究[D]．北京：北京林业大学，2010.
[23]李军．城市植物景观恢复技术与质量评价体系研究[D]．长沙：中南林业科技大学，2005.
[24]许文年，夏振尧，戴方喜，等．恢复生态学理论在岩质边坡绿化工程中的应用[J]．中国水土保持，2005，(4)：31-33.
[25]景阳．山区高速公路边坡植被恢复问题与对策研究[J]．湖南交通科技，2010，36(01)：62-64，69.
[26]荣先林．生态修复技术在现代园林中的应用[D]．杭州：浙江大学，2010.
[27]姚刚．公路工程临时用地生态恢复研究[D]．西安：长安大学，2008.
[28]李少丽，丰瞻，王宇．恢复生态学理论在西南重大水电工程区生态修复中的应用探讨[J]．灾害与防治工程，2007，(2)：74-80.
[29]孙中宇，任海．生态记忆及其在生态学中的潜在应用[J]．应用生态学报，2011，22(3)：549-555.
[30]章家恩，徐琪．恢复生态学研究的一些基本问题探讨[J]．应用生态学报，1999，(1)：3-5.
[31]焦士兴．关于生态修复几个相关问题的探讨[J]．水土保持研究，2006，(4)：127-129.
[32]崔伟中．珠江河口水环境的时空变异及对生态系统的影响[D]．南京：河海大学，2007.
[33]彭少麟．退化生态系统恢复与恢复生态学[J]．中国基础科学，2001，(3)：

20-26.

[34]彭少麟. 恢复生态学研究进展与我国发展战略[A]. 中国科协 2002 年学术年会论文集[C], 2002.

[35]Hobbs R J, Norton D A. Towards a conceptual framework for restoration ecology [J]. Restoration Ecology, 1996, 4(2): 93-110.

[36]胡敏玲. 山区高速公路路域生态系统恢复与重建的研究[D]. 西安: 长安大学, 2013.

[37]常华, 乔建哲, 冯海云. 滨海新区北大港湿地生态恢复技术体系研究[J]. 绿色科技, 2012, (6): 146-148.

[38]李洪远, 莫训强. 生态恢复的原理与实践(第二版)[M]. 北京: 化学工业出版社, 2016.

[39]冯雨峰, 孔繁德. 生态恢复与生态工程技术[M]. 北京: 中国环境科学出版社, 2008.

[40]王景才, 蒲永锋. 生态恢复的理论及应用[J]. 华东森林经理, 2018, 32(1): 6-9.

[41]冯金朝, 陈荷生, 康跃虎, 等. 腾格里沙漠沙坡头地区人工植被蒸散耗水与水量平衡的研究[J]. 植物学报, 1995, (10): 815-821.

[42]刘林福, 刘爱国. 腾格里沙漠的开发与治理探讨[J]. 内蒙古林业调查设计, 1996, (4): 123-126.

[43]施明, 王锐, 孙权, 等. 腾格里沙漠边缘区植被恢复与土壤养分变化研究[J]. 水土保持通报, 2013, 33(6): 107-111.

[44]阎满存, 董光荣, 李保生, 等. 腾格里沙漠东南缘沙漠演化的初步研究[J]. 中国沙漠, 1998, (2): 16-22.

[45]耿国彪. 三北工程 40 年宁夏中卫用“草方格”护卫着“塞上江南”[J]. 绿色中国, 2018, (20): 70-73.

[46]宁夏沙坡头沙漠生态系统国家野外科学观测研究站. 灌丛沙包[EB/OL](2015-04-17)[2020-3-15]. http: //spd. cern. ac. cn/content? id=31097.

[47]李生宇, 雷加强, 徐新文, 等. 中国交通干线风沙危害防治模式及应用[J]. 中国科学院院刊, 2020, 35(6): 665-674.

[48]姚鲁烽, 何书金, 赵歆. 近 10 年来获得国家科技奖的地理学项目[J]. 地理学报, 2010, 65(3): 369-377.

[49]丁元新. 基于“3S”技术的煤炭基地生态修复技术研究[D]. 太原: 山西大学, 2011.

[50]张莉. 长江流域上中游典型区水土保持生态恢复分区及恢复效果研究[D]. 重庆: 西南农业大学, 2005.

[51]杜江茜, 殷航. 凉山会东种植西蒙得木示范林 4000 亩为金沙江流域培元固本[EB/OL](2017-09-04)[2020-3-15]. http: //news. huaxi100. com/in-

dex. php? a=show&c=index&catid=18&id=932558&m=content.
[52]李瑞俊．山东沂沭泗流域土壤侵蚀经济损失评估及对策研究[D]．济南：山东师范大学，2005.
[53]百度百科．干热河谷[EB/OL][2021-2-26]. https：//baike. baidu. com/item/%E5%B9%B2%E7%83%AD%E6%B2%B3%E8%B0%B7/2420070.
[54]张尚云，高洁，傅美芬，等．金沙江干热河谷恢复植被与造林技术研究[J]．西南林学院学报，1997，(2)：3-9.
[55]任海，彭少麟，刘鸿先，等．小良热带人工混交林的凋落物及其生态效益研究[J]．应用生态学报，1998，(5)：11-15.
[56]余作岳，周国逸，彭少麟．小良试验站三种地表径流效应的对比研究[J]．植物生态学报，1996，(4)：355-362.
[57]陈法扬，王志明，傅贵增．小良水土保持试验站综合治理效益分析[J]．水土保持通报，1992，(1)：52-60.
[58]李志安，任海，王刚，等．中国科学院小良热带海岸带退化生态系统恢复与重建定位研究站简介[EB/OL][2020-3-15]. http：//www. xiaoliangstation. org/node/12.
[59]庞莲．广东省小良水土保持试验站科研成果综述[J]．水土保持通报，1992，(1)：9-15.
[60]杨柳春，陆宏芳，刘小玲，等．小良植被生态恢复的生态经济价值评估[J]．生态学报，2003，(7)：1423-1429.
[61]纪万斌，张永庆．治理矿山采矿塌陷保护矿区生态环境[J]．采矿技术，2004，(2)：86-87，94.
[62]杨继飞．煤矿塌陷区的治理及相关问题研究[J]．中国资源综合利用，2017，35(9)：106-109.
[63]程秀娟，颜锋，宋波．“帝王乡”里话桑田——江苏省沛县采煤塌陷地治理小记[J]．资源导刊，2014，(12)：50.
[64]杨飞．江苏省沛县采煤塌陷地复垦治理中存在的问题及对策探讨[J]．能源环境保护，2012，26(2)：40-42.
[65]周兴东，高卫东，尹文忠．徐州沛县采煤塌陷地复垦与综合治理方法和经验[J]．煤炭工程，2003，(10)：38-41.
[66]潘文泉．煤矿采掘工作面塌陷的防范之我见[J]．江西建材，201，4(9)：231.
[67]王娣．第十二届刘邦文化节5. 18启航沛县邀您一起感受高祖故里之古韵今风[EB/OL](2018-05-17)[2020-3-15]. http：//js. xhby. net/system/2018/05/17/030830607. shtml.
[68]梁有源．谈采煤塌陷地的复垦——以徐州市沛县安国镇张双楼煤矿为例[J]．四川水泥，2016，(10)：237.

[69]苗佳佳．江苏省沛县采煤塌陷区湿地生态修复景观规划设计[J]．农业科技与信息(现代园林)，2013，10(11)：45-50.

[70]王波，单明．垃圾焚烧发电产业即将进入成熟期冲刺阶段[J]．环境经济，2021，(1)：45-49.

[71]董晓丹．某大型垃圾填埋场环境调查分析[J]．环境卫生工程，2019，27(06)：25-29.

[72]武汉园博园景区的博客．揭秘丨武汉：在垃圾场上建成园博园[EB/OL](2016-01-27)[2021-2-26]．http：//blog.sina.com.cn/s/blog_e2f05ca30102w9s1.html.

[73]武汉文明网．武汉园博园换新颜垃圾山上建成“低碳榜样”[EB/OL](2017-05-18)[2020-3-15]．http：//hbwh.wenming.cn/jwmsxf/201705/t20170518_3788599.html.

[74]武汉景弘生态环境股份有限公司．垃圾填埋场好氧修复技术[EB/OL](2018-7-15)[2021-2-26]．http：//www.kinghome.com.cn/hxjs/gfzljs/2018-07-15/1128.html.

[75]黄蓓．垃圾场的生态重构探讨——武汉园博园的节约型园林实践[J]．现代商贸工业，2019，40(15)：184-186.

[76]曹丽，陈娜，胡朝辉，等．垃圾填埋场：世界最大的生态修复案例——以武汉市金口垃圾填埋场为例[J]．城市管理与科技，2016，18(3)：24-27.

[77]武汉景弘生态环境股份有限公司．武汉市金口垃圾填埋场生态修复项目[EB/OL](2018-07-15)[2021-2-26]．http：//www.kinghome.com.cn/gcal2/gf/2018-07-15/1131.html.

第十章　林业生态工程

林业生态工程建设是恢复与重建森林生态系统的重要途径。为了提高我国森林资源的蓄积量，充分发挥森林作为“大自然总调度室”的作用，同时满足国民经济各部门对森林资源的需求，自2000年起，我国陆续开展了六大林业生态工程，分别是天然林资源保护工程、三北及长江流域等重点防护林体系建设工程、退耕还林工程、京津风沙源治理工程、野生动植物保护及自然保护区建设工程、重点地区速生丰产用材林基地建设工程，取得了显著的生态、经济和社会效益，极大丰富了林业生态工程理论与技术。

第一节　林业生态工程概述

一、林业生态工程的概念

林业生态工程(forestry ecological engineering)是指根据生态学、系统工程学、林学及生态控制论原理，设计、建造与经营以木本植物为主体的人工复合生态系统的工程与技术[1]，其目的在于保护、改善与持续利用自然资源与环境，塑造自然景观，维持生态系统平衡，促进人与自然的和谐，实现林业资源的可持续发展与利用[2,3]。林业生态工程是人类发展到今天，面临全球性的人口、粮食、资源、环境等矛盾激化，生存与发展成为人类共同关注的问题时的必然产物，是可持续发展战略对林业的必然要求[3]。

作为生态工程的分支，林业生态工程是伴随着林业工程的建设和生态工程的发展而逐渐兴起的。生态学家H.T.Odum于1962年首次提出生态工程这一概念[4]。1989年出版的世界上第一本生态工程专著*Ecological Engineering*将生态工程定义为：为了人类社会及其自然环境二者的利益，而对人类社会及其自然环境进行设计[5,6]。早在1954年，我国学者马世骏就提出了生态工程的设想、规划与措施[3]。他指出，生态工程是利用生态系统中物种共生与物质循环再生原理及结构与功能协调原则，结合结构最优化方法设计的分层多级利用物质的生产工艺系统[7]，目标是促进自然界物质循环和能量流动良性与高效，充分发挥物质的生产潜力，防止生态环境受损，实现社会、经济和生态效益的可持续发展。生态工程包含生命有机体，具有自我繁殖、自我更新以及自主选择或创造有利于自身发展的外部环境的能力，明显区别于土木工程、环境工程、水利工程等传统工程。

20世纪80年代，我国学者根据系统生态学理论和朴素的生态工程实践经验，把生态工程原理总结为整体的协调，在协调的基础上自生、再循环、共同发展等基本原理[8,9]。20世纪90年代以来，随着生态学理论与应用技术的发展，生态工程得到了各级政府的广泛支持和群众的积极参与。我国在农业、林业、渔业、牧业、环境保护及工业等领域，出现了许多具有地域特色的生态工程模式，比如珠三角地区传统基塘模式得到了发展[10,11]，北方地区四位一体生态模式[12,13]、人工湿地污水处理生态模式[14,15]等都取得了显著的社会、经济和生态效益，获得了国际社会和学术界的一致好评。

二、林业生态工程与传统森林培育及森林经营的区别

林业生态工程包括传统的森林培育与经营技术，但是它又和传统的森林培育及森林经营有着较大的区别[3,6]。

工程内容方面，传统的森林培育和森林经营，多考虑在现有林地经营或在宜林地造林，主要目标是木材等林产品生产；而林业生态工程需布局区域(或流域)自然环境改善和综合利用，目标是建造以森林为主体的复合生态系统。

技术措施方面，传统的森林培育及森林经营多限于营林与造林技术措施，在设计、建造与调控森林生态系统过程中只考虑在林地上采用综合技术措施；而林业生态工程则是需要进行综合技术措施配套，考虑采用不同的技术措施实施于复合生态系统中的各类土地上。

生态系统结构及功能方面，传统的森林培育及森林经营重点是木本植物的种间关系、木本植物与环境的关系，林分的功能、结构、物流与能量流在营造与调控森林生态系统过程中得到重视；而林业生态

工程关心重点为以森林为纽带的整个区域的人工复合生态系统的功能、结构、物流与能量流，以及人工复合生态系统物种共生关系与物质循环再生过程。

建设目标方面，传统的森林培育及森林经营旨在增强林地的生产能力，建设目标主要是将林业资源的经营和利用可持续化；林业生态工程则更重视提升人工复合生态系统整体的生态和经济效益，以促进区域(流域)经济—生态复合系统之可持续发展。

三、林业生态工程的基本理论基础与主要技术

自从1978年三北防护林工程启动，全国各地的重大林业生态工程项目先后顺利建设与实施，林业生态工程理论与技术在生产实践中得到广泛应用。

(一)林业生态工程的基本理论基础

林业生态工程建立的理论基础既涉及工程的内涵，也涉及生物的内涵，其主要包括：生态学理论、植被恢复理论、系统科学理论、水土保持学原理、可持续发展理论等，核心思想是通过人工行为促进植被恢复，生态学理论是植被恢复理论核心基础。林业生态工程的核心理论基础主要包括以下几个方面：

1. 生态系统的整体观

钱学森教授对“系统”的定义是“由相互作用和相互依赖的若干组成部分结合而成的具有特定功能的有机整体”[16]。生态系统是由山、水、植物、动物以及其他各种生物组成的有机整体，组成成分间相互作用、彼此联系，通过能量流动、物质循环和信息传递实现生态系统在一定时间内结构与功能的相对稳定，这种稳定的状态即生态平衡。

生态系统的反馈能力、抵抗力以及恢复力体现了该系统对生态平衡的调节能力，系统中某一组分产生量的变化后，必然导致其他组分的反应，最终影响整个生态系统，这个过程就是生态系统的反馈调节。反馈调节可分为正反馈调节和负反馈调节。正反馈调节(如生物种群数量的增长)，不能维持系统平衡，因为它使系统更加偏离位置点；负反馈调节(如密度制约种群增长的作用)，通过减缓系统内的压力以维持系统的稳定。体现系统稳定性的两个重要方面是系统的抵抗力和恢复力，同时，系统的稳定性与系统的复杂性也有很大的关系。普遍认为，系统越复杂，生物多样性越丰富，系统就越稳定。生态系

统对外界的干扰具有调节机制，但是这种调节能力并不是无限的，当外界干扰大于生态系统自身调节能力，就会造成生态平衡失调。因此，通过结构优化实现人工生态系统的高效与稳定是林业生态工程在设计、建造过程中的一个重要任务。

2. 生态系统的生命观

生态系统是一个生命系统，具生命特征[17]。生态系统中生物成分的变化会影响外界环境的变化，外界环境的变化也会影响系统内生物成分的变化，这些都会导致生态系统整体发生变化，类似于生命的运动。森林也被誉为“地球之肺”，湿地被誉为“地球之肾”，而溪流水系则被视为大地的血脉。

3. 生态因子作用的综合性

生态因子指对生物有影响的各种环境因子。常直接作用于个体和群体，主要影响个体生存和繁殖、种群分布和数量、群落结构和功能等。生态因子可分为生物因子、非生物因子以及人为因子三大类，各生态因子之间相互作用、彼此影响，在与其他因子的相互制约中起着作用。例如，光照强度的改变作用于大气和土壤，引起其温度和湿度的变化。这种多因子的综合作用和单因子对生物群落的影响相比较往往差异巨大，林业生态工程应特别注意这种综合作用，多因子的综合评价对林业生态工程建设十分重要。

4. 食物链和食物网原理

生态系统中的生物必须以其他生物为食物来维持其本身的生命活动。各种生物通过一系列取食与被取食的关系彼此联系起来的序列，在生态学上被称为食物链。食草动物通过吞食植物而得到自己需要的食物和能量，这一类生物被称为第一级消费者，如野兔、野猪、斑马等。食草动物又可被食肉动物所捕食，这些食肉动物被称为第二级消费者，如黄鼠狼吃鼠类等。而狐狸、狼、蛇等捕食小型食肉动物的大型食肉动物，被称为第三级消费者。狮、虎、豹、鹰、鹫等猛兽猛禽以第三级食肉者为食，即第四级消费者。

在生态系统中多数生物的食物并不是单一的，食物链之间相互交错关联，形成复杂的网状关系，即食物网。复杂的食物网，可以加强生态系统抵抗外力干扰的能力，食物网越简单，生态系统越可能发生波动甚至毁灭，复杂的食物网是使生态系统保持稳定和高效的重要条件。当一个生态系统具有复杂的食物网，生态系统中一种生物的灭绝一般不会引起整个系统的失调，但是会在不同程度上造成生态系统的稳定性下降。

5. 生物群落演替理论

群落中的各种生物不是简单的堆积，而是一个由各生物成分构成的互相联系、互相作用的有机整体。在没有外力干扰的前提下，自然环境下的生物群落，逐步从简单、单一、不稳定的结构，形成复合生物群落，由低级向高级逐步演替，即进展演替。对环境适应性强，在环境选择中留下来的植物可以生存、繁衍、演替，反之不适应环境的植物就会被淘汰。生物群落经过长期不断的演替，最终由低级向高级逐步发展到更稳定、更能充分利用和改造环境的阶段，生态功能也最强。林业生态工程应尊重自然生态过程，遵循生态系统发展的自然规律，按照自然规律办事。

6. 可持续发展理论

当今人类社会和经济的发展，必须“满足当代人的发展需求，并以不损害、不掠夺后代的发展作为前提”，这也是可持续发展的核心思想。这就意味着，人类在空间尺度上应遵守互利互补的原则，不能只图自己一方利益，把不良后果转嫁给别人，在时间尺度上应坚持理性分配的原则，不应在“入不敷出”的状况下强行运作，在伦理上应遵循可持续发展、人与自然和谐发展、“互惠互利、共建共享”等原则，承认世界各处“发展的多样性”，求同存异，体现循环再生、高度协调、和谐有序、运行平稳的良性态势。可持续发展作为一种标准可以在不同的空间尺度和不同的时间尺度诊断、核查、监测、仲裁“自然—社会经济”复合系统的运行状态是否健康。

（二）林业生态工程的主要技术

20 世纪 90 年代末，北京林业大学在防护林体系理论与建设技术研究发展的基础上，提出了我国林业生态工程建设和生态防护功能稳定高效发挥的关键技术体系[18]，其内容主要包括：防护林体系合理布局及规划技术；以立地类型划分与适地适树为基础的造林技术；水土保持林体系空间配置、稳定林分结构设计与调控技术；水源保护林体系空间配置、稳定林分结构设计与调控技术；复合农林业高效可持续经营技术；困难立地特殊造林与植被恢复技术；抗逆性植物材料选育和良种繁育技术；低效能防护林改造复壮技术；森林病虫鼠害及火灾控制技术；林业生态工程信息管理与效益监测、评价技术。

1. 防护林体系合理布局及规划技术

我国幅员辽阔，面对复杂多样的自然和社会条件，各类型防护林体系肩负的主要任务不尽相同，具体实施时需因地制宜、科学规划、合理布局。目前根据农业发展对保护性林业发展的需求、国民经济的发展和国土安全要求，研究调整防护林体系建设工程的总体布局，研发基于“3S”技术和智慧林业支持下的防护林体系高效可持续发展的布局及规划技术，以及防护林、用材林、薪炭林、经济林等各类型防护林在林业生态工程建设中合理的布局、配置以及规划技术。

2. 以立地类型划分与适地适树为基础的造林技术

造林技术是我国开展防护林体系建设工程首先需要解决的关键技术。主要包括基于气候、土壤、地貌、植被类型等自然特点下不同林业生态工程建设区立地条件类型划分技术；造林树种选择、树种引进驯化、树种改良等“改树适地”技术；整地改土等为主的改善造林地生态环境条件“改地适树”技术；合理造林密度控制；混交林营建及造林的典型设计等技术。为此，我国自“六五”以来，围绕该技术体系开展重点或科技攻关研究，其中三北地区造林地立地条件类型划分及适地适树已取得重大进展，并在树种引进驯化、树种改良、混交林营建和合理造林密度等方面的研究也取得了许多重大成果，基本解决了工程建设急需的人工常规造林技术中的关键技术。但由于我国幅员辽阔，各林业生态工程建设区自然、社会经济等条件差异大，工程造林技术体系中树种引进驯化、树种选择及整地改土技术、混交林营造和合理密度控制技术等方面仍需进行深入系统地试验研究。

3. 水土保持林体系空间配置、稳定林分结构设计与调控技术

根据我国林业生态工程建设区不同类型小流域中地形地貌、土壤、地质、降水等自然条件和社会经济条件下的产流产沙规律和水沙运行规律，旨在提高水土保持林体系的生态防护功能，合理利用自然资源。主要包括黄河中游黄土高原水土保持林体系高效空间配置技术、三北东部山丘区水土保持林体系高效空间配置技术、太行山石质山地水土保持林体系高效空间配置技术、长江中上游山丘区水土保持林体系高效空间配置技术和水土保持林体系稳定林分结构设计与调控技术 5 大技术体系。

4. 水源保护林体系空间配置、稳定林分结构设计与调控技术

根据不同类型区流域暴雨洪峰流量变化、常流量变化、地下水量变化、水质与水环境状况和水源保护林体系的森林水文规律，以高效调水、节水、净水为主要目标，构建可持续经营水源保护林体系。主要包括江河集水区水源保护林体系高效空间配置及稳定林分结构设计

与调控技术、江河集水区水源保护植被定向恢复技术、库区水源保护林体系高效空间配置及稳定林分结构设计与调控技术三大技术体系。

5. 复合农林业高效可持续经营技术

复合农林业是指在同一土地经营单元上，将农业和林木培养有机结合起来的一种综合利用土地与空间的生产经营模式。复合农林业是农业和林业结合的产物，其发展目标是从农、林不同成分的相互作用中获得经济效益、生态效益和社会效益，同时提高土地生产力及土地利用的可持续性，对提高土地利用率，解决农林争地、保持水土、修复生态等都具有重要作用。对解决粮食、资源及环境问题有重要意义，尤其是对发展中国家更具意义。复合农林业有别于其他土地利用方式的两个特点是：①有目的地将多年生木本植物与农作物或动物结合在同一系统内，这种结合既可以是时序上的，又可以是空间上的；②存在着木本植物与其他成分在经济上或生态上的协同提升作用。我国许多地区现存的各种农—林—牧复合经营模式，都具有明显的经济、生态和社会效益，而且复合农林系统往往被作为一项幼林抚育措施而被广泛采用。

复合农林业高效可持续经营技术主要包括黄河中游黄土高原高效复合农林业可持续经营技术、三北农牧交错带高效复合农林业可持续经营技术、太行山经济沟生态系统高效可持续集约经营技术、长江中上游山丘区高效复合农林业可持续经营技术和海岸带高效复合农林业可持续经营技术五大技术体系。

6. 困难立地特殊造林与植被恢复技术

我国各工程区都有一些特殊困难立地类型，如干旱瘠薄阳坡、碳酸钙(料姜)地类、干旱瘠薄山地、石质劣地、盐碱地、退化草牧场、干热河谷、干旱河谷、岩溶山地、水湿地、海岸风口和工矿管线路等废弃土地，这是林业生态工程建设中的一个“硬骨头”。该技术包括各种不同类型困难立地的各种特殊造林绿化与植被恢复技术，例如，抗旱节水林业技术、干旱瘠薄石质山地造林技术、盐碱地造林技术、干热河谷造林技术、干旱河谷造林技术、沿海困难立地植被重建技术、抗酸雨造林技术、工矿管线路等废弃土地快速工程绿化与生态系统恢复技术等。

7. 抗逆性植物材料选育和良种繁育技术

抗逆性工程建设植物材料选育旨在选育出满足工程建设需要的各种抗逆性强的植物材料，主要包括适于北方干旱、半干旱地区的耐干旱植物材料选育；耐盐碱工程建设植物材料选育；适于耐干热、耐干旱、耐水湿、抗风害等不同抗性的工程建设植物材料选育等。如杨树和刺槐等主栽树种的抗逆性定向改造技术；耐盐碱、抗风树种常规选育和耐盐性的分子标记辅助选育技术；干热河谷的金合欢属、银合欢属等耐干热植物材料选育；适于长江中下游的柳树、枫杨、香樟、桤木、水杉、喜树等树种耐水湿、耐干旱瘠薄植物材料选育；东南沿海木麻黄、湿地松、火炬松、刚果桉、肯氏相思等树种的多层次抗风害选育等。

良种工程化扩繁技术主要包括确定主栽树种的抗旱、抗盐碱种源和优良的供种群体；各种高抗逆性良种特点和相应的有性或无性繁殖丰产技术；规模化工程化扩繁技术等。苗木基地建设及苗木培育技术主要包括建设现代化苗木生产基地，组织培养、容器育苗、常规育苗等工厂化、产业化、规模化种苗培育技术及苗木培育，提供林业生态工程建设要求的良种壮苗。

8. 低效能防护林改造复壮技术

主要包括低效防护林类型划分、成因与判定指标；低效防护林改造复壮技术，如通过对林分的密度与结构进行合理调整以及树种更替、不同配置方式、抚育间伐(包括补植、施肥、林地土壤改良、病虫害防治及其他先进技术措施等)等现代化综合配套科学技术，人工封育、人工促进天然更新、定向植被复壮水土保持效益提高技术；低效防护林更新改造配套技术，包括树种选择及合理搭配、林分结构合理化、密度控制和优化等。

9. 森林病虫鼠害及火灾控制技术

主要包括以“3S”技术为基础的森林灾害预警技术、重大森林病虫鼠害可持续控制技术以及森林火灾有效控制技术等。

10. 林业生态工程信息管理与效益监测、评价技术

林业生态工程信息管理与效益监测技术主要包括监测网络和林业生态工程信息管理与智能化调控技术。如建立适于长江、黄河等不同林业生态工程区的效益监测指标体系、监测方法、数据格式、数据采集和处理、资源共享方式等技术；建立效益监测与评价网络及空间数据库林业生态工程信息管理系统及建设技术；建立林业生态工程分析决策支持系统等。林业生态工程效益评价技术主要内容是建立林业生态工程效益评价指标体系、林业生态工程建设效益监测与评价的转换理论和技术、人工智能及“3S”等高新技术的运用等。

第二节　我国林业生态工程建设布局及重点项目

林业生态工程建设是生态建设的重要部分。充分发挥森林生态系统的功能，对改善我国生态环境、实现可持续发展、促进我国生态文明建设具有重大意义。

一、我国林业生态工程发展历程

我国植树造林历史悠久，新中国成立后，党和国家更加重视植被的保护与恢复，林业生态工程建设发展进入了快速、高效的阶段。根据施工规模及建设效益等，可将我国的林业生态工程建设分为五个阶段[1]。

第一阶段(20 世纪 50 年代至 60 年代中期)：起步阶段。为了改善水土流失、土地沙化等现象，在全国范围内普遍开展防护林的营造，但没有统一规划、树种较少、资金缺乏、规模较小，整体生态防护效益低下。

第二阶段(20 世纪 60 年代中期至 70 年代后期)：停滞阶段。与其他各个行业一样，这段时期林业生态工程建设速度减慢，甚至处于停滞状态，前期营造的防护林也遭到一定程度的破坏，生态问题再次显现。

第三阶段(20 世纪 70 年代后期至 90 年代)：生态体系建设阶段。林业生态工程建设更加注重生态、经济共同发展，优化了以往单纯以木材生产为主的发展模式，林业产业体系建设与林业生态体系建设齐头并进。先后确立了三北防护林工程、长江中上游防护林工程、沿海防护林工程、平原绿化工程、太行山绿化工程、全国防沙治沙工程、淮河太湖流域综合治理防护林工程、珠江流域防护林工程、辽河流域防护林工程、黄河中游防护林工程等十大防护林体系建设工程，总面积达 705. 6 万平方公里，占国土总面积的 73. 5%，不仅扩大了森林资源，遏制了水土流失，同时也改善了生态环境和人文环境。

第四阶段(20 世纪 90 年代末期至 2010 年)：大工程带动大发展阶段。按照服务大局、体现特色、统筹兼顾等原则对原有布局进行改善与调整，先后启动实施了天然林资源保护工程、三北及长江流域等重点防护林体系建设工程、退耕还林工程、京津风沙源治理工程、野生动植物保护及自然保护区建设工程和重点地区速生丰产用材林基地建设工程这六大林业重点工程。前五个工程属于林业生态工程范畴，重点地区速生丰产基地建设工程主要实施目的是木材生产。

第五阶段(2010年至今)：生态文明建设阶段。党中央、国务院一直高度重视生态文明建设，党的十八大以来，国家加大了林草植被保护和恢复力度，提出绿水青山就是金山银山，力争让“黄河流碧水、赤地变青山”。生态保护方面，全面实施天然林资源保护、湿地恢复与保护、濒危野生动植物保护等重点工程。停止天然林的商业采伐，加强森林和草原资源保护管理力度与执法监督力度。加强自然保护区、地质公园、风景名胜区等自然地的保护和管理。加强国家公园建设顶层设计，加快推动建立以国家公园为主体的自然保护地体系。生态修复方面，持续实施三北防护林体系建设、新一轮退耕还林还草、京津风沙源治理和石漠化综合治理等一系列重大生态修复工程，扩大工程造林规模，加快“一带一路”、京津冀、长江经济带等重点地区防沙治沙和造林绿化工程，加强森林城市建设和国家储备林建设力度，多方位实施乡村绿化美化工程和森林质量精准提升工程。

二、我国林业生态工程建设总体布局

我国地形地貌复杂，幅员辽阔，南北气候差异大，地带性环境特征明显，生态系统类型丰富。东部地区生态环境相对较好，特点是地势平缓，降雨和高温季节同步，经济也较发达；中部地区是东部平原和西部高原过渡地带，地形复杂，生态环境脆弱，由于资源开采过度，水土流失和土地荒漠化问题最为严重，自然生产力长期遭到破坏，是需要重点治理的地区；西部地区常年干旱、缺水严重，生态条件恶劣，干旱高寒地区较多，林草植被遭受破坏后极难恢复，交通一直不便，经济欠发达。依据上述特点，参照全国土地、农业、林业、水土保持、自然保护区等规划和区划，将我国林业生态工程建设总体布局分为8个类型区域，即黄河上中游地区、长江上中游地区、三北风沙综合防治区、南方丘陵红壤区、北方土石山区、东北黑土漫岗区、青藏高原冻融区和草原区。

1. 黄河上中游地区

该区域包括晋、陕、蒙、甘、宁、青、豫的大部或部分地区。黄土高原地区是世界上面积最大的黄土覆盖区，降水稀少、气候干旱，植被种类较少，水土流失面积约占总面积的70%，水土流失问题非常严重，是黄河泥沙的主要来源地，生态环境问题最为严峻。这一地区水资源匮乏，农业生产结构单一，即使土地和光热资源丰富，但农作物产量低而不稳，种植面积大收获却甚微，贫困人口较多。因此，加强这一区域生态环境治理，不仅对治理黄河至关重要，还可以改善生存和发展问题，解决当地农村贫困现状。

这部分区域林业生态工程建设的主要途径是小流域治理。修建水平梯田和沟坝地等基本农田，运用工程措施、耕作措施和生物措施综合治理水土流失问题。陡坡地实行退耕还林还草、乔灌草相结合的措施，恢复并增加植被覆盖，尽可能做到泥不出沟、沙不入河。砒砂岩地区粗砂流失危害严重，对黄河危害最大，可大力营造沙棘林以保持水土。积极开发林果业、畜牧业和农副产品加工业，帮助农民脱贫致富。

2. 长江上中游地区

该区域包括川、黔、滇、渝、鄂、湘、赣、青、甘、陕、豫的大部或部分地区，总面积约 170×10^4 平方公里，水土流失面积 55×10^4 平方公里。特点是生态环境复杂多样，水资源充沛，多山地，土地分布零星，耕地中旱地、坡耕地居多，人均耕地面积较少。长期的过度放牧草地、大量采伐森林以及不合理耕作等造成上游地区水土流加剧，土壤贫瘠。滇黔等石质山区降雨强度大，滑坡、泥石流灾害频繁，很多地区土地“石化”严重。中游地区因过度开垦林地草地，水土流失严重，不合理的围湖造田加剧了洪涝灾害的发生。

这部分区域林业生态工程建设的主要目标是开展山系和小流域综合整治，恢复并扩大林草植被，遏制水土流失状况，改造坡耕地，陡坡退耕还林还草，平缓坡地修建梯田。保护天然林资源，营造水土保持林、水源涵养林和人工草地。调整重点林区结构，林业工人转向营林管护。

3. 三北风沙综合防治区

该区域包括东北西部、华北北部、西北大部干旱地区，适宜治理的荒漠化面积为 31×10^4 平方公里。因长期自然条件恶劣，风沙面积大，干旱多风，植被稀疏，草地退化，沙化盐碱化严重，多沙漠戈壁，生态环境极其脆弱。从自然可得燃料、饲料、木材等生活资源严重不足，当地群众的生产和生活受到影响。

这部分区域林业生态工程建设的主要方法是采取综合措施增加沙

区林草植被覆盖，控制沙漠边缘地区荒漠化扩大趋势。沿三北风沙线重点整治大中城市、工程项目、厂矿周边，兴修各种水利设施，采取沙障固沙、植物固沙等方式建立农田保护网，推广旱作节水技术，因地制宜改良风沙农田、沙漠滩地，采取人工垫土、绿肥改土，开发可再生能源等各种有效措施，切实减轻风沙危害。积极发展沙产业增加当地农民收入。

4. 南方丘陵红壤区

该区域包括闽、赣、桂、粤、琼、湘、鄂、皖、苏、浙、沪的全部或部分地区，总面积约 120×10^4 平方公里，水土流失面积约 34×10^4 平方公里。特点是红壤居多，广泛分布于海拔 500 米以下的丘陵岗地，最典型的是湘赣红壤盆地。当地农业生产和经济发展受林草过度采伐、植被破坏影响严重，水土大量流失，下泄的泥沙淤积江河湖库。处于海陆交替地带的沿海地区，气候变化剧烈，台风、海啸、洪涝等自然灾害频发。

这部分区域林业生态工程建设的方向是在原有林区封山育林的基础上，大力开展退耕还林，恢复林草地，增加植被覆盖率；改造坡耕地，减少水土流失。在山丘顶部可发展水源涵养林、用材林和经济林，减少地表径流，涵养水源，减少土壤侵蚀程度。配置坡面小型排蓄水利工程，实现坡耕地梯田化。发展经济林果，不仅改善当地生态环境，还可提高农民经济收入。沿海地区建设农田防护网，减少台风、洪涝等自然灾害。

5. 北方土石山区

该区域包括京、津、冀、鲁、豫、晋的部分地区及苏、皖的淮北地区，总面积约为 44×10^4 平方公里，水土流失面积约 21×10^4 平方公里。部分地区因山高坡陡，水土流失严重，土层浅薄，水源涵养能力低，暴雨后易出现突发性山洪，冲毁村庄道路，淤埋农田，河道淤积。黄泛区风沙土较多，易遭受风蚀、水蚀危害。东部滨海地带土壤盐碱化、沙化明显。

这部分区域林业生态工程建设的主要方向是加速石质山地造林绿化步伐，建设荒山荒坡，开发基本农田，缓坡整修梯田，积极开展旱作节水农业，提高作物单位面积产量。采用多林种配置的方式，合理进行沟滩造田。陡坡地退耕造林种草，支、毛沟修建拦沙坝等，发展经济林果和经济作物，探索开发多种经营模式，提高经济收入。

6. 东北黑土漫岗区

该区域包括黑、吉、辽大部及内蒙古东部地区，总面积约 100×10^4 平方公里，水土流失面积约 42×10^4 平方公里，是我国重要的商品粮和木材生产基地。区内天然林与湿地资源分布集中，土地以黑土、黑钙土、暗草甸土为主，是世界三大黑土带之一。由于地面坡度缓坡面长，表土疏松，易造成水土流失，导致耕地损坏，降低了土地生产力，加之本区森林资源采伐过度，湿地植被遭到破坏，干旱、洪涝灾害发生频繁，对农业的稳产高产构成危害。

这部分区域林业生态工程建设的主要措施是：禁止开垦天然草地和湿地等资源，保护天然林，加固三江平原和松辽平原农田林网，使东北粮仓的天然屏障得以重建。减少水土流失，多种方式综合治理缓坡面和耕地土壤的冲刷和侵蚀，改进耕种技术，提高农产品单位面积产量，提高农民经济收益。

7. 青藏高原冻融区

该区域总面积约 176×10^4 平方公里，其中水力、风力侵蚀面积 22×10^4 平方公里，冻融侵蚀面积 104×10^4 平方公里，大部分海拔在 3000 米以上，属高寒地带，土壤侵蚀类型是冻融侵蚀。由于人口稀少，牧场辽阔，东部及东南部有大片林区，自然生态系统保存较为完整。

这部分区域林业生态工程建设主要是保护现有的自然生态系统，加强天然草场、长江黄河源头水源涵养林和原始森林的保护，防止不合理开发，保护天然植被不被毁坏。

8. 草原区

该区域主要分布在蒙、新、青、川、甘、藏等地区，是我国生态环境的重要保护屏障。我国是世界上草原资源比较丰富的国家，草原总面积接近 400×10^4 平方公里，约占全国土地总面积的 40%，为现有耕地面积的 3 倍。由于当地超载放牧和滥垦乱挖，加之长期以来气候干旱、鼠虫灾害以及人口增长的影响，造成有些地区无草能作、无牧可放，也加剧了江河水系源头和中上游地区的草地退化、土地沙化以及盐碱化。

这部分区域林业生态工程建设需保护并规划好现有林草植被区域，同时加大人工种草和改良草场(种)的力度，配套水利设施和草地防护林网建设项目，加强草原虫鼠灾害防护治理，提高草场的载畜能力；禁止退草还田；实行围栏、封育和轮牧，做好草畜产品加工配套。

三、我国林业生态工程重点项目

(一)天然林资源保护工程

1. 建设背景

由于天然林资源长期遭受过度采伐，面对生态环境恶化的现状，我国做出了开展天然林资源保护工程的重大决策。通过禁伐天然林、加强森林管护、宜林荒山荒地绿化、大幅减少商品木材产量等措施，主要解决我国现有天然林资源减少的问题，实现天然林的恢复和休养生息。

1998年天然林资源保护工程试点开始。2000年10月，国务院正式批准了《长江上游黄河上中游地区天然林资源保护工程实施方案》和《东北内蒙古等重点国有林区天然林资源保护工程实施方案》。

2. 实施范围与期限

长江上游地区以三峡库区为界，包括云南、四川、贵州、重庆、湖北、西藏6省份，黄河上中游地区以小浪底库区为界，包括陕西、甘肃、青海、宁夏、内蒙古、山西、河南7省份；东北内蒙古等重点国有林业包括吉林、黑龙江、内蒙古、海南、新疆5省份。总计涉及17个省份、734个县、167个森工局(场)、14个自然保护区[19]。工程规划期到2010年。

3. 工程建设任务

一是全面停止长江上游、黄河中上游地区天然林的商品性采伐，停伐木材产量1239×10^4立方米。东北内蒙古等重点国有林区木材产量由1853.6×10^4立方米减到1102.1×10^4立方米；二是管护好工程区内95.3×10^4平方公里的森林资源；三是在长江上游、黄河中上游工程区新营造公益林12.73×10^4平方公里；四是分流安置由于木材停伐减产形成的富余职工74万人。

4. 工程建设效益

1998—1999年试点期，国家投入建设经费101.7亿元。2000—2010年工程期内，国家计划投入建设经费962亿元，其中中央补助80%、地方配套20%。2002年新增富余职工一次性安置经费6.1亿元，分流安置富余职工54.4万人。截至2019年年底，中央财政对天然林资源保护工程的总投入已经超过4000亿元，天然林资源保护工程累计完成公益林建设任务18.3×10^4平方公里、后备森林资源培育0.813×10^4平方公里、中幼林抚育14.6×10^4平方公里。从1998年试点起步至2019年，我国天然林资源保护工程建设已取得了巨大的生态、经济和社会效益，成为改革开放的重大成果之一。

天然林资源保护工程的实施显著促进了我国天然林资源连续保持恢复性增长的态势。天然林资源保护工程一期累计少砍木材2.2亿立方米，森林面积净增10×10^4平方公里，森林蓄积量净增7.25亿立方米，天然林资源保护工程二期每年减少木材生产约3400万立方米，分步骤停止了天然林商业性采伐。全国现有的129.6×10^4平方公里天然乔木林得以休养生息，天然林蓄积量资源从20年前的90.73亿立方米增加到136.71亿立方米，为我国森林资源实现面积、蓄积量“双增长”作出了重要贡献。

据天然林资源保护工程效益监测报告，2012—2016年东北内蒙古重点国有林区生态效益总价值增加了6366.5亿元；青海三江源区近10年来水资源总量增加80亿立方米，相当于增加了560个西湖的蓄水量，天然林资源保护工程的实施为维护我国生态安全和生物多样性发挥了基础保障作用。随着天然林资源保护工程区退化的森林植被逐步得到恢复与重建，为野生动植物的生存提供了良好的环境，许多地方消失多年的狼、狐狸、金钱豹等野生动物重新出现，为建立以国家公园为主体的自然保护地体系奠定了牢固的基础。

（二）三北及长江流域等重点防护林体系建设工程

三北及长江流域等重点防护林体系建设工程旨在解决三北和其他地区风沙灾害以及水土流失等各种生态问题。具体包括三北防护林体系建设工程，长江、沿海、珠江防护林体系建设工程和太行山、平原绿化工程。

1. 三北防护林体系建设工程

（1）实施范围与期限。按照总体规划，三北防护林体系建设工程的建设范围东起黑龙江的宾县，西至新疆的乌孜别里山口，北抵国界线，南沿天津、汾河、渭河、洮河下游、布长汗达山、喀喇昆仑山，东西长4480公里，南北宽560~1460公里。包括陕西、甘肃、宁夏、青海、新疆、山西、河北、北京、天津、内蒙古、辽宁、吉林、黑龙江13个省份的551个县（旗、市、区）。工程建设总面积406.9×10^4平方公里，占国土面积的42.4%。

三北防护林体系建设工程规划从1978年开始到2050年结束，历时73年，分三个阶段、八期工程进行建设。1978—2000年为第一阶段，分三期工程；2001—2020年为第二阶段，分两期工程；2021—

2050年为第三阶段，分三期工程。

（2）工程建设任务。三北防护林体系建设工程规划造林3508.3万公顷，其中人工造林2637.1万公顷，占总任务的75.1%；飞播造林111.4万公顷，占3.2%；封山封沙育林759.8万公顷，占21.7%。四旁植树52.4亿株。规划总投资为576.8亿元。建设任务完成后，将使三北地区的森林面积增加3508.3万公顷，森林覆盖率由1977年的5.05%提高到14.95%，风沙危害和水土流失得到有效控制，生态环境会得到根本改善，当地群众的生活生产质量将得到显著提升[19]。

（3）工程建设效益。截至2019年，工程累计完成造林保存面积3014.3万公顷，工程区森林覆盖率由1977年的5.05%提升到当前的13.57%。三北防护林工程覆盖区域不仅是中国林草植被最稀缺、生态产品最短缺、治理任务最繁重的地区，也是脱贫攻坚战的重点和难点区域。持续的生态建设为中国北方筑起一座“绿色长城”的同时，也为调整当地农村产业结构、拓宽增收渠道、增加农民收入做出积极贡献。

三北防护林工程在坚持生态优先的前提下，统筹生态与经济协调发展，走出一条造林种草与增收致富，生态建设与民生改善相统一的发展路子。目前三北防护林工程已初步在黄土高原、新疆绿洲、燕山山地建成三大特色林果产业带，成为区域农牧民脱贫致富的重要方式。与工程启动之初相比，三北地区经济林面积由105.73万公顷增加至2017年的405.67万公顷，年产值达1200亿元，约1500万人依靠林果业实现稳定脱贫。除发展特色林果产业增收外，三北防护林工程也在不断创新生态修复扶贫模式，如吸纳贫困户为生态护林员、安排贫困户参与造林绿化等，不断拓宽工程区百姓的绿色增收渠道。

2. 长江流域等五个防护林体系建设工程

整个工程区涉及全国31个省份的1900多个县（市、区），基本涵盖了我国主要的水土流失、风沙和盐碱等生态环境脆弱的地区[19]。工程规划营造防护林1677万公顷，规划低效防护林改造944.8万公顷[1]。

工程建设情况及发展目标：

（1）长江流域防护林体系建设工程。一期工程累计完成营造林面积685.5万公顷。其中人工造林422.5万公顷，飞播造林7.5万公顷，封山育林221.0万公顷，幼林抚育34.5万公顷。工程实施以来，森林覆盖率显著提高，水土流失面积和土壤侵蚀量明显减少，农业生产环境得到改善。有 666.7 万公顷以上的农田因防护林的营建得到庇护，按减灾增益 10%计算，仅此一项就产生了数十亿元的间接效益。

二期工程建设范围包括：长江、淮河、钱塘江流域的汇水区域，涉及青海、西藏、甘肃、四川、云南、贵州、重庆、陕西、湖北、湖南、江西、安徽、河南、山东、江苏、浙江、上海 17 个省份的 1033 个县(市、区)。规划造林任务 687.6 万公顷。其中人工造林 313.2 万公顷，封山育林 348 万公顷，飞播造林 26.45 万公顷。规划低效防护林改造 388.1 万公顷。

(2)珠江流域防护林体系建设工程。1996 年的一期工程首批启动实施了 13 个县，1998 年国家加大对珠江流域防护林体系建设工程的资金投入和支持力度，又先后试点启动了 34 个县。到 2000 年，一期工程建设先后共完成营造林 67.5 万公顷。完成低效防护林改造任务 12.88 万公顷，四旁植树 1.7 亿株，石漠化地区的植被得到恢复。工程建设使人工林绿化建设步伐加快，大大提高了当地的生态效益。

二期工程建设范围包括：江西、湖南、云南、贵州、广西和广东 6 个省份的 187 个县(市、区)。规划造林 227.87 万公顷，其中人工造林 87.5 万公顷，封山育林 137.2 万公顷，飞播造林 3.1 万公顷。规划低效防护林改造 99.76 万公顷。

(3)沿海防护林体系建设工程。一期工程建设累计完成造林 323.67 万公顷。工程区森林覆盖率由一期建设前 24.9%增加到 2000 年的 35.45%。一期工程的建设使沿海基干林带建设有了突破性进展。绿化宜林荒山 190.17 万公顷，荒山面积到 2000 年减少了 82%。营造农田防护林 1.80 万公顷，新增农田林网控制面积 38.71 万公顷，农田林网控制率由建设前的 65%增加到 70.05%。沿海地区水土流失治理面积达 108.56 万公顷。发展用材林 20.36 万公顷，经济林 79.92 万公顷，营林造林、木材加工、果品生产加工等林业产业得到长足发展，林业产值为建设前的 6.66 倍。

二期工程建设范围包括：辽宁、河北、天津、山东、江苏、上海、浙江、福建、广东、广西、海南等 11 个沿海省份的 220 个县(市、区)。规划造林 136.00 万公顷。规划低效防护林改造 97.93 万公顷。

(4)太行山绿化工程。一期工程累计完成造林 295.2 万公顷。此外，还完成植树 1.7 亿株。工程区森林覆盖率从 15.30%提高到 21.58%。工程区绿化覆盖率显著提高，活立木蓄积量增加了 3000 万立方米。工程区水土流失面积的比重由50%降到了40%。工程建设提高了当地农民的经济收入，太行山区国民生产总值由1994年的317亿元增加到2000年的1389亿元，实现了翻两番的目标；林业产值由9.5亿元增长到27.5亿元；林果收入由86元提高到了457元，提高了5.3倍。

二期工程建设范围包括：河北、山西、河南、北京三省一市73个县(市、区)。规划造林146.2万公顷。规划低效防护林改造45.1万公顷。

(5)平原绿化工程。按照《全国平原绿化“五、七、九”达标规划》，截至2000年年底达到部颁“平原县绿化标准”的平原、半平原、部分平原县(市、旗、区)，占规划数的94.5%。平原绿化成果显著。全国平原绿化累计完成造林698万公顷，平原地区森林覆盖率由1987年的7.3%提高到2000年的15.7%；新造农田防护林376.8万公顷，保护农田3256万公顷，农田林网控制率由1987年的59.6%增加到2000年的70.7%，道路、沟渠、河流两岸绿化率达到了85%以上。截止到2000年年底，平原地区有林地面积已达1518万公顷，活立木蓄积量达6.2亿立方米。平原地区发展各类经济林503万公顷。林纸、木材等林副产品加工业和第三产业的蓬勃发展，林粮、林果、林菜、林药、林草间作等多种农林复合经营方式强有力地促进了平原地区农村产业结构调整，提高了当地农民收益。

二期工程建设范围包括：北京、天津、河北、山西、山东、河南、江苏、安徽、陕西、上海、福建、江西、浙江、湖北、湖南、广东、广西、海南、四川、辽宁、吉林、黑龙江、甘肃、内蒙古、宁夏、新疆26个省份的944个县(市、旗、区)。规划建设总任务552.1万公顷。

(三)退耕还林工程

1. 建设背景

由于长期盲目地毁林开垦和陡坡地、沙化地耕种操作，我国一些地区水土流失和风沙危害严重，自然灾害频繁发生，严重影响了人民群众的生产和生活，国家的生态安全受到严重威胁。

1999年，我国退耕还林工程拉开序幕，四川、陕西、甘肃三省作为试点，率先展开工作。2002年1月10日，国务院西部开发办公室召开退耕还林工作电视电话会议，确定全面启动退耕还林工程，从生态环境保护角度出发，有计划、有步骤地停止耕种存在生态隐患及粮食产量低且不稳的耕地，因地制宜地通过造林种草恢复植被覆盖。

2. 实施范围与期限

退耕还林工程建设范围基本覆盖北京、天津、河北、山西、内蒙古、辽宁、吉林、黑龙江、安徽、江西、河南、湖北、湖南、广西、海南、重庆、四川、贵州、云南、西藏、陕西、甘肃、青海、宁夏、新疆等25个省份和新疆生产建设兵团，共1897个县(含市、区、旗)。根据因害设防的原则，按水土流失和风蚀沙化危害程度、水热条件和地形地貌特征，将工程区划分为10个类型区，即西南高山峡谷区、川渝鄂湘山地丘陵区、长江中下游低山丘陵区、云贵高原区、琼桂丘陵山地区、长江黄河源头高寒草原草甸区、新疆干旱荒漠区、黄土丘陵沟壑区、华北干旱半干旱区、东北山地及沙地区。同时，根据突出重点、先急后缓、注重实效的原则，将长江上游地区、黄河上中游地区、京津风沙源区以及重要湖库集水区、红水河流域、黑河流域、塔里木河流域等地区的856个县作为工程建设重点县。根据《退耕还林工程规划》(第一轮)，退耕还林工程实施期限为2001至2010年。

3. 工程建设任务

第一轮退耕还林工程规划目标：到2010年，完成退耕地造林1467万公顷，宜林荒山荒地造林1733万公顷，陡坡耕地和严重沙化耕地得到治理，基本实现退耕还林，工程区的生态环境明显改善，工程治理地区林草覆盖率增加4.5%。

2014年8月，我国退耕还林还草工作再启征程。国务院批准实施《新一轮退耕还林还草总体方案》，确定新一轮退耕还林还草282.7万公顷。2017年5月，国务院又批准核减246.7万公顷陡坡基本农田用于退耕，使退耕还林还草规模扩大到近533.3万公顷。2014年至2018年，有关部门安排新一轮退耕还林还草任务共计365.2万公顷，其中还林333.1万公顷，还草32.1万公顷，涉及河北、山西、内蒙古等21个省份和新疆生产建设兵团。长江上游的贵州省是目前实施新一轮退耕还林还草规模最大的省份。截至2018年，新一轮退耕还林还草中央投入565.8亿元。

4. 工程建设效益

截止到2018年，全国累计实施退耕还林还草3386.7万公顷，其中退耕地还林还草1332.7万公顷、荒山荒地造林1753.3万公顷、封山育林306.7万公顷。通过一“退”一“还”，工程区生态修复明显加快，林草植被大幅度增加，森林覆盖率平均提高4个百分点，生态面貌大为改观。退耕还林工程投资之大、政策性之强、涉及面之广、群众参与程度之高世界罕见，是世界生态建设史上的奇迹，林业生态工程举全国之力，在当代中国奏响了一曲从梦想到现实的华美乐章。

20年来，退耕还林还草创造了亿万元的巨额生态价值。据国家林业局监测，截至2016年，包括前一轮退耕还林工程的25个省份，每年涵养水源384.7亿立方米、固土6.32亿吨、固碳0.49亿吨、释氧1.17亿吨、吸收污染物313.3万吨、滞尘4.74亿吨、防风固沙5.97亿吨。按照2016年现价评估，全国退耕还林每年产生的生态效益总价值量为1.38万亿元，相当于前一轮和新一轮工程总投入的近3倍，涵养的水源相当于三峡水库的最大蓄水量，减少的土壤氮、磷、钾和有机质流失量相当于我国年化肥施用量的四成多[20]。退耕还林工程也为破解“三农”问题开辟了新途径。工程的实施，使4100万退耕农户、1.58亿农民从政策补助中直接受益[21]。通过退耕还林还草，农村产业结构得到调整。

（四）京津风沙源治理工程

1. 建设背景

为减少京津及周边地区的风沙危害，改善当地生态环境，党中央、国务院紧急启动实施了京津风沙源治理工程。2002年3月，国务院正式批准了《京津风沙源治理工程规划》，我国防沙治沙的又一具有重大战略意义的生态建设工程进入全面实施阶段。

2. 实施范围与期限

工程区西起内蒙古的达茂旗，东至内蒙古的阿鲁科尔沁旗，南起山西的代县，北至内蒙古的东乌珠穆沁旗，涉及北京、天津、河北、山西及内蒙古等5省份的75个县（旗、市、区）。工程区内总人口1958万人，总国土面积45.8万平方公里，沙化土地面积10.18万平方公里。

一期工程建设期为10年，即2001至2010年。经国务院批准，工程延期到2012年。为了进一步减轻京津地区风沙危害，构筑北方生态屏障等需要，2012年9月，国务院常务会议讨论通过了《京津风沙源治理二期工程规划（2013—2022年）》，开展实施京津风沙源治理二期工程，范围由北京、天津、河北、山西、内蒙古5个省份的75个县（旗、市、区）扩大至包括陕西在内6个省份的138个县（旗、市、区）。

3. 工程建设任务

一期工程建设总任务是完成营林造林 848.5 万公顷；禁牧面积 568.3 万公顷；草地治理 378.7 万公顷；暖棚 1115.44 公顷，饲料机械 12.6 万套；水源工程和节水灌溉 21.1 万处，小流域综合治理 16508 平方公里；生态移民 18 万人。其中，工程林草植被建设任务合计为 1227.2 万公顷，占总治理任务的 88.1%。计划到 2010 年，工程区林草覆盖率由之前的 6.7%提高到 21.4%[19]。工程初步预算投资 558 亿元。

二期工程建设的主要任务是加强林草植被保护和建设、提高现有植被质量和覆盖率、加强重点区域沙化土地治理、遏制局部区域流沙侵蚀、稳步推进易地搬迁 37.04 万人、降低区域生态压力等。

4. 工程建设效益

封沙、育林、退耕、造林、草地治理等综合工程措施和生物措施并举，基本抑制了工程区内沙化土地的扩展趋势，改善了当地生态环境，基本建成了京津及华北北部地区的绿色生态屏障，明显减轻了风沙的危害，当地生态系统稳定性显著增强，京津地区沙尘天气相对减少。

(五)野生动植物保护及自然保护区建设工程

1. 建设背景

为了加强野生动植物及其栖息地的保护，使其在国家生态建设和经济建设中发挥更大的作用，2001 年 6 月，国家计委正式批准由国家林业局组织编制的《全国野生动植物保护及自然保护区建设工程总体规划》，中国野生动植物保护和自然保护区建设开启新的篇章。

2. 实施范围与期限

依据我国重点保护的野生动植物分布情况，东北山地平原区、蒙新高原荒漠区、华北平原黄土高原区、青藏高原高寒区、西南高山峡谷区、中南西部山地丘陵区、华东丘陵平原区和华南低山丘陵区共 8 个区域被总体规划为野生动植物及其栖息地保护建设区。

工程建设期分为三个阶段，第一阶段为 2001 至 2010 年，第二阶段为 2011 至 2030 年，第三阶段为 2031 至 2050 年。

3. 工程建设任务

工程建设内容包括野生动植物保护、自然保护区建设、湿地保护和基因保存。重点开展物种拯救工程、生态系统保护工程、湿地保护和合理利用示范工程、种质基因保存工程等。

第一阶段建设任务是重点实施15个野生动植物拯救工程，新建野生动物驯养繁育中心15个和32个野生动植物监测中心(站)，使90%国家重点保护野生动植物和90%典型生态系统得到有效保护。其中，15个野生动植物拯救工程分别是：拯救大熊猫工程、拯救朱鹮工程、拯救老虎工程、拯救金丝猴工程、拯救藏羚羊工程、拯救扬子鳄工程、拯救大象工程、拯救长臂猿工程、拯救麝工程、拯救普氏原羚工程、拯救野生鹿类工程、拯救鹤类工程、拯救野生雉类工程、拯救兰科植物工程、拯救苏铁工程。

第二阶段建设任务是初步建立健全野生动植物保护的管理体系，完善科研体系和进出口管理体系，到2030年，使60%的国家重点保护野生动植物得到恢复和增加，95%的典型生态系统类型得到有效保护。使全国自然保护区总数达2000个，形成完整的自然保护区保护管理体系。在全国76块重要湿地建立资源定位监测网站，遏制天然湿地质量和面积下降的趋势。

第三阶段建设任务是全面实现野生动植物保护管理的法制化、规范化和科学化，使我国85%的国家重点保护野生动植物得到有效保护，新建一批野生动物禁猎区、繁育基地、野生植物培植基地，野生动植物资源的良性循环。在2050年，完成全国自然保护区2500个左右，自然保护区总面积占国土面积达到18%，成为世界自然保护区管理的先进国家，国家重点保护的野生动植物数量的85%得到恢复和增加。恢复一批天然湿地，在全国完成100个国家湿地保护与合理利用示范区。

4. 工程建设效益

全国野生动植物保护及自然保护区建设工程，使一批国家重点保护的野生动植物得到拯救和保护，扩大、完善和新建了一批国家级自然保护区和禁猎区；形成了一个以自然保护区、重要湿地为主体，布局合理、类型齐全、设施先进、管理高效、具有国际重要影响的自然保护网络。

(六)重点地区速生丰产用材林基地建设工程

1. 建设背景

重点地区速生丰产用材林基地建设工程的实施目的是保障天然林资源保护工程顺利进行，缓解我国木材供需矛盾，同时推进林纸、林板一体化发展，从根本上解决我国木材和林产品供应短缺的矛盾。

2. 实施范围与期限

工程区主要分布于等雨量线400毫米以东，自然条件优越，立地条件良好，地势较平缓，水土流失较少，不会对生态环境构成不利影响的地区，建设范围主要包括黑龙江、吉林、辽宁、内蒙古、河北、河南、山东、江苏、安徽、浙江、江西、福建、湖南、湖北、广东、广西、海南和云南等18个省份的1000个县(市、区)。此外，西部的一些省份也有部分自然条件适合、气候适宜的商品林经营区，可根据需要适量发展为速生丰产林基地。

整个工程建设期分为两个阶段，第一阶段即2001至2005年，建设以南方为重点的工业原料林产业带；第二阶段即2006至2015年，分两期实施，全面建成南北方速生丰产用材林产业带。

3. 工程建设任务

速生丰产用材林基地建设规划总规模为1332.6万公顷，其中，工业原料林基地1082.9万公顷，占81.3%，包括浆纸原料林基地586万公顷，占44.0%，人造板原料林基地496.9万公顷，占37.3%；大径级用材林基地249.7万公顷，占18.7%。

4. 工程建设效益

预计全部基地建成后，每年可提供木材13337万立方米，占国内生产用材需求量的40%，加上现有森林资源的采伐利用，国内木材供需基本趋于平衡[19]。工程的建设实施，大大提高了林产工业在国民经济产业中的地位，不仅起到了保护现有林业资源特别是天然林资源的作用，而且对保障林业生态建设工程实施，调整农业产业结构，都具有重大而深远的意义。

四、我国林业生态工程建设的总体成效

自我国六大林业工程开展以来，扭转了森林生态系统功能下降、退化严重的趋势，取得了较为显著的成效。截至2019年，全国现有森林面积2.2亿公顷，森林蓄积量175.6亿立方米，森林覆盖率22.96%，实现了30年来连续保持面积、蓄积量的“双增长”[22]。我国成为全球森林资源增长最多、最快的国家，生态状况得到了显著改善，森林资源保护和发展步入了良性发展的轨道。与此同时，随着森林总量增加，森林的整体结构也得到改善，森林生态功能进一步增强。

（一）总体成就

随着六大林业工程的开展，我国森林资源的面积、蓄积量和覆盖率逐步增长，势头强劲，增速明显。1998—2011 年，林业工程共累计造林 5442.46 万公顷，占这一时期全国总造林面积的 71.57%。其中，天然林资源保护工程累计造林 951.90 万公顷，退耕还林工程累计造林 2313.17 万公顷，三北及长江流域等重点防护林体系建设工程累计造林 1531.01 万公顷，京津风沙源治理工程累计造林 535.51 万公顷，速生丰产用材林建设工程累计造林 71.77 万公顷。

根据第八次全国森林资源清查（2009—2013 年）结果显示，全国森林面积 2.08 亿公顷，森林蓄积量达到 151.37 亿立方米，森林覆盖率增至 21.63%。与第七次清查结果相比，森林面积增加 1223 万公顷，森林覆盖率提高 1.27 个百分点，森林蓄积量增加 14.16 亿立方米，森林每公顷蓄积量增加 3.91 立方米。

（二）总体效益

我国林业生态工程的建设，在长期面临资金投入不足、人口不断增长、经济发展迫切等巨大外界压力的情况下，我国森林资源仍然保持了较快的发展，森林面积与结构得到了明显的提高与调整，取得了显著的生态、经济和社会效益[1]。

1. 生态效益

林业生态工程的实施改变了原有不合理的资源利用方式，提高了森林覆盖率，使生态环境得到明显改善，增加了巨大的生态服务功能效益。据估算，目前我国森林年涵养水源量 6289.5 亿立方米、年固土量 87.48 亿吨、年保肥量 4.62 亿吨、年吸收大气污染物量 4000 万吨、年滞尘量 61.58 亿吨、年释氧量 10.29 亿吨、年固碳量 4.34 亿吨[22,23]。全国有近 10%的沙化土地得到初步治理，沙化加剧的趋势得到有效控制与缓解[24]。

2. 经济效益

林业生态工程建设在显著提升了我国森林资源总量的基础上，还积极促进了我国的生态环境保护，为我国的经济发展创造了更为有利的外部环境条件，因此产生了巨大的直接和间接的经济价值。据估算，目前我国森林生态资产总价值为 698.5 万亿元，其中直接价值为 7.5 万亿元，包括林木价值 4.5 万亿元和林下产品价值 3.0 万亿元；间接价值为 691 万亿元，其中气候调节价值量最高，占间接价值的 48%，水源涵养价值量次之，占间接价值的 27%[25]。此外，林业生态工程的实施，使得我国的产业结构得到了有效调整，一些有关林业产品的调查显示，林业生态工程建设带动了生态旅游等行业的发展，地方经济更加多元化[26-27]。

3. 社会效益

林业生态工程建设为工程区提供了直接就业机会，劳动力得到转移，大量富余林业工作人员得到了妥善分流安置[28]。此外，林业一直是我国生态文明建设的主要领域和重要阵地，六大林业生态工程的实施，推进了荒漠化、石漠化、盐碱化、水土流失的综合治理，扩大了森林、湖泊、湿地面积，对保护生物多样性，大力发展森林公园、湿地公园和自然保护区，不断推进森林城镇、村庄和生态文明教育示范基地建设起到积极作用，同时切实增强了全民的节约意识、环保意识和生态意识，形成了节约资源能源和保护生态环境的良好习惯。

第三节　我国林业生态工程建设面临的挑战

尽管我国林业生态工程成效显著，但森林覆盖率仍然远低于全球31%的平均水平，人均森林面积和人均森林蓄积量只有世界人均水平的1/4和1/7，且存在着质量不高、分布不均的现象。林业生态工程建设均存在一定程度的质量问题，标准普遍不高，难以稳定地发挥工程规划的预期生态效益、经济效益和社会效益。因此，我国林业工程建设还有很大的发展空间，但与此同时也面临着巨大的压力和挑战[1,29]。

一、生态环境面临的形势依然严峻，林业生态工程建设任务十分艰巨

我国自然生态环境本底较脆弱，长期以来过度开发利用自然资源造成生态环境破坏，生态退化局部改善但整体恶化的现象仍未缓解，主要表现在：水土流失日趋严重。我国目前约占国土面积38%的地区水土流失严重，且仍在不断恶化，每年新增水土流失面积约1万平方公里，是世界各国中水土流失最严重的国家之一[30]。荒漠化土地面积不断扩大。全国受荒漠化影响的土地面积已达262万平方公里，约占国土面积的28%，其中约有103万平方公里属高危荒漠化地区，并且每年还以2460平方公里的速度扩展[31]。草地退化、沙化和碱化

（简称“三化”）面积逐年增加。由于人为肆意开垦草原，造成约1/3的草地属“三化”草地，总面积达到135万平方公里。生物多样性受到严重破坏。我国已有15%～20%的动植物种类受到威胁，高于世界10%～15%的平均水平[32]。

二、林业工程建设质量不高，效益难以得到有效发挥

部分地区在工程开展过程中因技术水平不过关、栽种劣质种苗、树种单一等原因，致使返工、补植任务过大，不仅加大了造林成本，也影响了造林质量[33,34]。重点生态治理区关键造林技术没有得到彻底解决，林分稳定性的问题依然存在[35,36]。还有许多地区在造林上继续保留以往散乱作业的施工方式，让群众上山盲目蛮干，存在退耕面积过大、退耕速度过快等现象，“粗植滥造”问题严重，施工质量无法保证[37]。

三、工程管理不规范，体制机制不完善

工程建设管理中存在的问题，主要表现在工程建设中缺少生态补偿等激励机制，相关利益群体对工程建设成效关心不够，参与程度不高；除此之外，工程计划资金管理与工程组织实施相脱节，工程投资水平低、到位难、随意性较大，没有明确的管理规范[1]。长期以来我国未能真正实行林权分类管理，对公益林和商品林没有严格区分，林业生产关系无法理顺。许多地区仍未依法确定山林属权，现有的法律法规不能有效保护林地承包者的经营权，这些问题都在一定程度上影响着我国林业的长久发展[38]。

参考文献

[1]杨帆．我国六大林业工程建设地理地带适宜性评估[D]．兰州：兰州交通大学，2015.

[2]颜颖．中国林业生态工程项目风险管理研究[D]．北京：北京林业大学，2008.

[3]梅建波．甘肃省林业生态建设发展战略与对策研究[D]．杨凌：西北农林科技大学，2008.

[4]蓝盛芳，耿世磊．生态工程理论和实践在西方与中国的发展[J]．生态科学，

1995，(2)：171.
[5]李世东，翟洪波．世界林业生态工程对比研究[J]．生态学报，2002，(11)：1976-1982.
[6]李世东．世界重点林业生态工程建设进展及其启示[J]．林业经济，2001，(12)：46-50.
[7]马世骏．生态工程——生态系统原理的应用[J]．生态学杂志，1983，(4)：20-22.
[8]马世骏．从持久发展谈当代农业的动向[J]．科技导报，1986，(4)：76-78.
[9]颜京松．污水资源化生态工程原理及类型[J]．农村生态环境，1986，(4)：19-24.
[10]梁惠清．珠三角地区循环农业发展模式探讨[J]．农村经济与科技，2006，(10)：29-30.
[11]赵玉环，黎华寿，聂呈荣．珠江三角洲基塘系统几种典型模式的生态经济分析[J]．华南农业大学学报，2001，(4)：1-4.
[12]张培栋，潘效仁，孟维国．北方"四位一体"生态农业模式的系统思考[J]．土壤与作物，2001，(3)：164-166.
[13]孙贝烈，陈丛斌，刘洋．北方"四位一体"生态农业模式标准化结构设计[J]．中国生态农业学报，2008，(5)：1279-1282.
[14]华涛，周启星，贾宏宇．人工湿地污水处理工艺设计关键及生态学问题[J]．应用生态学报，2004，(7)：1289-1293.
[15]梁继东，周启星，孙铁珩．人工湿地污水处理系统研究及性能改进分析[J]．生态学杂志，2003，(2)：49-55.
[16]钱学森．论宏观建筑与微观建筑[M]．杭州：杭州出版社，2001.
[17]彭雁虹，褚启勤，李怀祖．生命系统理论及其应用综述[J]．系统工程理论与实践，1997，(3)：36-42.
[18]朱金兆．林业生态工程技术体系[J]．中国农业科技导报，2000，(1)：27-31.
[19]《中国林业工作手册》编纂委员会．中国林业工作手册[M]．北京：中国林业出版社，2006.
[20] Luo J, Niu Y D, Wang Y, et al. Soil nutrient characteristics of grain to green program of main vegetation types in a small watershed, Wuling mountain area, China [J]. Applied Ecology and Environmental Research, 2019, 17(3): 5693-5706.
[21]张朝辉．生计资本对农户退耕参与决策的影响分析——以西北S地区为例[J]．干旱区资源与环境，2019，33(4)：23-28.
[22]王兮之．中国森林覆盖率22.96%[J]．绿色中国，2019，(12)：54-57.
[23]Zhao F Z, Sun J, Ren C J, et al. Land use change influences soil C, N and P stoichiometry under 'Grain-to-Green Program' in China. Scientific Reports, 2015, 5,

10195. https://doi.org/10.1038/srep10195.
[24]张於倩，王玉芳．林业生态建设的成效、问题及对策[J]．林业经济问题，2004，(4)：227-230.
[25]杨芳，支玲，郭小年，等．云南省玉龙县天保工程森林生态系统服务功能价值评估[J]．西南林业大学学报(社会科学)，2017，1(1)：73-80.
[26]叶有禄．商南县天然林资源保护工程实施成效调查及对策研究[D]．杨凌：西北农林科技大学，2008.
[27]赖元长．基于“3S”技术的川西亚高山天然林保护工程综合效益研究[D]．成都：四川农业大学，2011.
[28]Wu X T，Wang S，Fu B J. Socio-ecological changes on the Loess Plateau of China after Grain to Green Program [J]. Science of the Total Environment，2019，678：565-573.
[29]崔秋华，黄传响，孙永玉．天然林保护工程的成效及对策研究[J]．四川林业科技，2019，40(2)：19-22.
[30]World Bank. China：Air，Land，and Water-Environmental Priorities for a New Millennium[P]. World Bank Publications，2001(September).
[31]《中国林业发展报告》编写组．中国林业发展报告[M]．北京：中国林业出版社，2001.
[32]曲宁．浅谈对野生动物的依法保护[J]．中国林业，2000，(5)：31.
[33]王明春，邱微，韩崇选．陕西吴旗县林业生态工程实施方法和对策[J]．西北林学院学报，2005，(4)：14-17.
[34]刘志杰．论我国林业生态工程的现状与对策[J]．科学中国人，2015，(15)：134.
[35]胡莽，胡文杰，王刚．试论西部地区林业生态工程建设存在的问题及其对策[J]．防护林科技，2003，(4)：30-31.
[36]吴长江，吴波，王红梅．试论林业生态工程的建设质量及其发展策略[J]．防护林科技，2008，(2)：64-65.
[37]饶日光，王炳宏，陈哲．西北地区林业生态工程建设问题及建议[J]．陕西林业科技，2003，(1)：67-69.
[38]王宏武．论林业生态工程建设及其可持续发展[J]．农技服务，2016，33(4)：226.

第十一章　林业生态文化产业

林业生态文化产业主要是为大众提供林业生态文化产品和服务，其以森林资源为基础，以人文历史民族文化为内涵，以科技创新为支撑，是一种向大众传播生态、环保、健康理念的新兴产业。生态文明建设为林业生态文化产业发展指明了方向，是林业生态文化产业可持续发展的稳固基石。

第一节　林业生态文化产业概述

一、林业生态文化产业的内涵

生态文化以其对自然生态系统的深刻认知，倡导绿色低碳、文明健康的生产生活方式和消费模式，传递生态文明主流价值观。生态文化代表了社会主义生态文明新时代的前进方向，是生态文明时代的主流文化。林业生态文化则更加具体，是将林业这种特殊客体放在人与自然和谐相处的语境中来考量。

林业生态文化产业是在林业生态文化发展的背景下产生的。林业生态文化产业要求既能发展林业，又能促进生态平衡，更能通过生态文化的融入与引领，使绿色经济得到极大的发展，以发达的经济效益反哺林业与生态文明建设[1]。林业生态文化产业要求以有效保护支持绿色开发，以绿色开发促进保护工作开展。

二、林业生态文化产业的发展

新中国建立初期，国家大办林场。但当时的林业长期处于低生产力水平的粗放经营状态，森林经营的主要目的是生产木材。改革初期，林业产业依靠单一的生产、加工、出售木材和林副产品直接获取经济收入，从而导致乱砍滥伐，极大地破坏了生态环境，使得生态失衡，多种灾害频发。随着改革的深入进行，人们对可持续发展和生态环境建设越来越重视。林业实现了由无偿使用森林生态效益向有偿使用森林生态效益、由毁林开荒向退耕还林、由采伐天然林为主向严格保护天然林的巨大转变。我国林业产业建设逐步进入了一个林业与生态并举、生态优先的历史阶段[2]。人们也渐渐意识到地球生命系统与人类的生存发展离不开自然生态系统的服务，生态文明建设和文化建设愈加受到重视。

生态文明和生态文化相互影响、相互依存，生态文化是提升生态文明的内生动力。在国家提倡绿色经济、循环经济、生态经济优先发展的背景下，须重新塑造林业伦理与森林意识，重新认识森林的综合价值，通过人与自然和谐共生，在林业发展的背景下促进林业生态文化的发展，把林业生态文化建设作为林业建设的内在支撑。林业经济发展与生态建设之间存在矛盾，而林业生态文化是两者之间的协调剂，其保证了林业经济、生态与社会三方面的协调发展[3]。当前，生态服务、环境保护、绿色产业和生态产品已成为我国转型发展的必然需求，也正因此，催生了最具发展潜力的林业生态文化产业。

第二节　林业生态文化产品

发展林业生态文化产业需要以林业产业文化，特别是森林文化为素材，通过先进的文化理念，较高的专业水平，开发出类型多样、特色鲜明、市场欢迎的林业生态文化产品予以有力支撑，才能使林业生态文化产业做大、做强。为此，国家通过建立国家森林公园、野生动植物自然保护区、湿地公园、植物园，创建森林城市、美丽乡村、生态文化教育基地、生态文化示范企业等方式，将森林及森林外树木、经济树种等物质产品打造成文化产品推向市场，以促进林业生态文化产业的全面发展。

一、林业生态认知文化产品

林业生态认知文化产品是通过森林对人类智慧与认知的启迪，激发出人类的创作灵感而形成，包括与森林有关的音乐、摄影、影视、动漫、诗歌、小说、画作等[4]。

（一）电影《焦裕禄》

电影《焦裕禄》描写了20世纪60年代初期河南兰考县的一位优秀县委书记，以顽强的斗志和炽热的赤子情，带领全县人民战“三害”（内涝、风沙、盐碱），栽植生命力强、繁殖容易、生长快的泡桐。通过林粮间作，使粮食年年增产，生态环境得到了改善。焦裕禄1964年病逝在造林的战场上，时年42岁。现在兰考的泡桐已成为特色产业，产值超百亿，从业人员超10万。

（二）电影《杨善洲》

电影《杨善洲》塑造了一个永远把人民群众利益置于个人利益之前的领导干部形象，描写他退休后上大亮山种树的艰辛历程，其间穿插讲述他和老百姓水乳交融的深厚情谊。杨善洲1988年6月从云南省保山地委书记岗位上退休后，为了改变故乡穷山恶水的贫困面貌，主动放弃优越的城市生活，举家扎根大亮山，坚持义务栽树二十多年，绿化荒山5.6万亩，价值3亿人民币，全部无偿捐献给国家。2018年12月18日，中共中央、国务院授予杨善洲“改革先锋”的光荣称号。

（三）电视剧《最美的青春》

电视剧《最美的青春》取材于20世纪60年代初的一个真实的事件。为了减少京津冀地区风沙危害，抵御浑善达克和科尔沁沙地南侵，新中国一代年轻人以大无畏的奉献精神，战天斗地、植树造林。全剧以育苗、栽树的艰难过程为主线，触动人心，催人奋进。

二、林业生态美学文化产品

林业生态美学文化产品指森林及森林以外的树木自身表现出来的，以及人类对其加工利用过程中造就的美学文化，园林景观文化、森林美学、树木工艺雕刻等都被包括在内[5]。

（一）国家森林公园类

国家森林公园是森林景观特别优美、人文景观比较集中，观赏、科学、文化价值高，地理位置特殊、具有一定区域代表性，可以用于科学、文化与教育活动的场所。

1. 张家界国家森林公园

张家界国家森林公园地处中亚热带气候区的湖南省张家界市，总面积7.2万多亩，公园内遍布常绿落叶阔叶混交林。该公园于1992年9月25日被国家命名为国家森林公园；同年12月，因奇特的石英砂岩大峰林成为《世界自然遗产名录》中的“一员”；2004年2月，又被列入世界地质公园；2007年被授予国家级5A级旅游区。张家界公园有奇峰3000多座，野生动植物资源丰富，森林覆盖率96%，是名副其实的“自然博物馆和天然植物园”[6]。

2. 西双版纳原始森林公园

西双版纳原始森林公园位于云南省最南端的西双版纳傣族自治州，占地2.5万亩，森林覆盖率达到98%。公园里，原始森林神奇的自然风光与浓郁的民族风情有机融汇，成为北回归线以南保存最完好的原始森林。公园中生长有西双版纳特有和稀有的植物，如望天树、红光树、云南肉豆蔻、四薮木、黄果木、胡桐、美登木、三尖杉等。该公园集中展现了“热带沟谷雨林”“野生动物”“民族风情”三大特色主题[7]。

3. 太白山国家森林公园

太白山国家森林公园占地44000多亩，坐落于秦岭主峰太白山麓，森林覆盖率超过90%，海拔范围620米到3511米。公园有着“西部绿色明珠”的美誉，森林景观是其身体，苍山奇峰是其骨架，清溪碧潭是其血管，文物古迹如美玉镶嵌于其身，自然景观与人文景观浑然一体。位于古北界和东洋界动物区系过渡带的太白山森林公园，有着“亚洲的天然植物园”“中国天然动物园”的美称。园内生物种类区系复杂、起源古老，种类繁多，是天然的物种基因库，约有1850多种子植物和苔藓植物、1690多种野生动物和昆虫[8]。

(二)自然保护区类

自然保护区，是指对有代表性的自然生态系统、珍稀濒危野生动植物物种的天然集中分布区、有特殊意义的自然遗迹等保护对象所在的陆地、陆地水体或者海域，依法划出一定面积予以特殊保护和管理的区域。中国自然保护区分为国家级自然保护区和地方各级自然保护区，地方级又包括省、市、县三级自然保护区。

1. 神农架自然保护区

神农架国家级自然保护区位于湖北省西北部，属大巴山系，区内林海茫茫，河谷深切，沟壑纵横，层峦叠嶂，山势雄伟。山峰多在海拔1500米以上，超过3000米以上的山峰有6座。最高峰神农顶海拔3105米，是华中最高点，被称为“华中屋脊”。区内地貌类型复杂，主要有山地地貌、喀斯特(岩溶)地貌和第四纪冰蚀地貌；区内植物资源丰富，仅高等植物就大约有254科1006属3084种；区内动物种类众多，其中国家一级保护野生动物有5种，二级保护的有74种。保护区被联合国教科文组织列为世界人与生物圈保护区、世界地质公园、世界自然遗产地。

2. 梵净山自然保护区

贵州梵净山国家级自然保护区位于贵州省东北部的江口、松桃、印江三县交界处，保护区总面积4.19万公顷，1978年确定为国家级自然保护区，2018年获准列入世界自然遗产名录。贵州梵净山国家级自然保护区是长江上游森林生态区中具有最高优先性的生物多样性保护区域之一，是黔金丝猴在全球的唯一栖息地，拥有独特的亚热带孤岛山岳生态系统和丰富的野生动植物资源，被誉为“地球绿洲”“动植物基因库”“人类的宝贵遗产”。贵州梵净山国家级自然保护区记录脊椎动物32目100科281属450种，珍稀濒危脊椎动物113种，其中兽类24科57属80种，鸟类17目51科237种。

3. 锡林郭勒草原自然保护区

锡林郭勒草原国家级自然保护区位于内蒙古自治区锡林郭勒盟境内，成立于1985年，1987年被联合国教科文组织“人与生物圈计划”接纳为世界生物圈保护区网络成员，1997年经国务院批准晋升为国家级自然保护区，2004年成为“中国生物多样性保护基金会”自然保护区委员会成员。该保护区是中国典型草原生态系统的代表，总面积5800平方公里，其中核心区面积580.59平方公里。主要保护对象为典型草原、草甸草原、沙地森林以及河谷湿地生态系统结构与功能的完整性及各类生态系统中繁衍生息的野生动植物多样性。保护区境内共有种子植物654种，苔藓植物76种，常见大型真菌47种，常见地衣29种；保护区内共发现有脊椎动物280种，有国家重点保护动物(主要是鸟类和兽类)42种，其中国家一级保护野生动物6种，二级保护野生动物36种。

(三)园林类

园林指通过改造地形(筑山、叠石、理水等)、种植花草树木、营造建筑和布置道路等途径而形成的自然环境和游憩境域。历史上著名的园林有西周素朴的囿、秦汉宫苑“一池三山”、唐代自然园林式别业山居、唐宋写意山水园等。被誉为“园林城市”的苏州，其古典园林更是作为中华瑰宝而闻名世界[9]。

1. 北京颐和园

颐和园是中国清朝时期皇家园林，前身为清漪园，坐落在北京西郊，全园占地 3.009 平方公里(其中颐和园世界文化遗产区面积是 2.97 平方公里)，水面约占四分之三。它是以昆明湖、万寿山为基址，以杭州西湖为蓝本，汲取江南园林的设计手法而建成的一座大型山水园林，也是保存最完整的一座皇家行宫御苑，被誉为“皇家园林博物馆”。

颐和园集传统造园艺术之大成，借景周围的山水环境，既有皇家园林恢宏富丽的气势，又充满了自然之趣，高度体现了中国园林“虽由人作，宛自天开”的造园准则。颐和园大致可分为行政、生活、游览三个部分。以仁寿殿为中心的行政区，是当年慈禧太后和光绪皇帝坐朝听政，会见外宾的地方。仁寿殿后是三座大型四合院：乐寿堂、玉澜堂和宜芸馆，分别为慈禧、光绪和后妃们居住的地方。宜芸馆东侧的德和园大戏楼是清代三大戏楼之一。颐和园自万寿山顶的智慧海向下，由佛香阁、德辉殿、排云殿、排云门、云辉玉宇坊，构成了一条层次分明的中轴线。山下是一条长 700 多米的“长廊”，长廊枋梁上有彩画 8000 多幅，号称“世界第一廊”。长廊之前是昆明湖。昆明湖的西堤是仿照西湖的苏堤建造的。万寿山后山、后湖古木成林，有藏式寺庙、苏州河古买卖街。后湖东端有仿无锡寄畅园而建的谐趣园，小巧玲珑，被称为“园中之园”。

2. 苏州拙政园

拙政园位于苏州市娄门内东北街，是苏州园林中面积最大的古典山水园林，占地 78 亩，其与北京颐和园、承德避暑山庄、苏州留园一起被誉为中国四大名园。

明朝御史王献臣因官场失意而还乡归隐，其以大弘寺旧址拓建为园，取名“拙政园”。聘请著名书画家文徵明参与园林设计，历时 16 年方才建成。拙政园景观娇媚、文人气浓；荒僻处，取古道西风之意；清幽处，乃小桥流水暖人；建筑古法古风、巧夺天工，画意中更添诗情。整座园林分为东、中、西三部分，东园开阔疏朗，西园建筑精美，中园是全园精华所在。中园又称“复园”，是拙政园的主景区，以荷香喻人品的远香堂是中园的主体建筑。远香堂堂名因荷而得，夏日池中荷叶田田、荷风扑面、清香远送，是赏荷的佳处。听雨轩则是中园又一处妙景：轩前一泓清水，植有荷花；池边有芭蕉、翠竹，前后相映。雨点落在不同的植物上，加之听雨人的心态各异，听闻雨声各具情趣，境界绝妙而不同。

3. 顺德清晖园

清晖园位于广东省顺德区大良镇，面积2.2公顷，集明清文化、岭南古园林建筑、江南园林艺术、珠江三角洲水乡特色于一体，是岭南园林的杰出代表。其与佛山梁园、番禺余荫山房、东莞可园并称广东清代四大名园。

园林分为五个景区：花亭小蓬瀛景区、留芬阁景区、红蕖书屋景区、八表来香亭景区、凤来峰景区。主要景点有船厅、碧溪草堂、澄漪亭、六角亭、惜阴书屋、竹苑、斗洞、狮山、八角池、笔生花馆、归寄庐、小蓬瀛、红蕖书屋、凤来峰、读云轩、沐英涧、留芬阁等，造型构筑各具情态，灵巧雅致，建筑物之雕镂绘饰，多以岭南佳木花鸟为题材，古今名人题写之楹联匾额比比皆是，大部分门窗玻璃为清代从欧洲进口经蚀刻加工的套色玻璃制品，古朴精美，品味无穷。

（四）木雕类

木雕是指使用木材、树根、竹等不同类型的雕刻材料，采用不同的雕刻方法创作的工艺品。木雕种类纷繁复杂，各大流派经过数百年的发展，形成各自独特的工艺风格。泉州木雕、东阳木雕、乐清黄杨木雕、广东潮州金漆木雕、福建龙眼木雕被称为“中国五大木雕”。

1. 东阳木雕

东阳木雕被誉为“国之瑰宝”，其历史源远流长，因产于浙江东阳而得名。东阳木雕留世的精美作品主要分布在北京故宫及苏、杭、浙、宁等地及国外。浮雕是东阳木雕的主要技艺，采用散点透视、鸟瞰式透视等构图设计，艺术性强。东阳木雕以柔性造型的方式，运用感性、动态的线和面设计，布局异常丰满，散而不松，多而不乱，层次分明，充分突出主题，增强了作品的故事情节性，因而列木雕首位，深受收藏家喜爱。东阳木雕早在明代以制作雕刻木板印书开始，继而制作建筑装饰品。到了清乾隆年间，东阳的手艺人进宫对宫殿进行修缮，还对宫灯、龙床、龙椅、案几进行精美雕制。后来渐渐又发展到民间雕刻家具用具，如花床、箱柜等。现在的东阳木雕已发展到七大类3600多个品种[10]。

2. 黄杨木雕

黄杨木雕主要产于浙江的温州和乐清。黄杨木雕质地坚韧，纹理缜密，色泽温润，光洁稳朴，色淡有近似象牙的特征。其优势在于造型，技法成熟，采用圆雕手法创作人物、动物、佛像、生活场景，作品栩栩如生，真实感强。八仙、寿星、关公、弥勒佛、观音等中国神话人物常常被作为其木雕的内容。黄杨木雕雕圆小件出现在晚清民国之后，色泽追求古朴和文雅，工艺要求精致和圆润，再加上非常适合被把玩和陈设等特点，在收藏界大受欢迎[11]。

3. 潮州木雕

潮州木雕主产于广东潮州地区，始于唐，发展于明清，具有完整的艺术体系，主要用以装饰建筑、家具和祭祀器具。潮州木雕多以坚韧度适中的樟木为材质，镂刻形式丰富多样，有浮雕、沉雕、圆雕、镂雕、通雕等多种手法，雕出的成品剔透玲珑，层次丰富。在构图处理上，潮州木雕不是模仿中国画，就是仿照戏曲舞台，其特点是在一个木雕面上将不同时空中发生的故事同时表达出来。潮州木雕刀法简练，布局大方，每件作品布局繁密，结构严谨，精细纤巧。最大特点是采用镂空技法进行雕刻，手法极其细腻，再贴满金箔或加上金漆工艺，使其气息非常富丽堂皇。题材多为山光水色、花卉草木、背篓鱼蟹和人物故事[12]。

4. 竹雕产品

竹雕别名竹刻，是指在竹制的器物上雕刻多样的文字和装饰图案，或者对竹根进行雕刻，使其成为各种精美的摆件。中国是世界上最早用竹和最善用竹的民族之一。竹子结实竿挺，虚中洁外，外表油润，色泽近琥珀，具有浑厚坚韧的特性，被人们认为是祥瑞之物。中国竹雕历史悠长，从六朝开始，直至唐朝，这种艺术才慢慢被人们所了解喜爱，在明清时期有了极大的发展，涌现了“嘉定三朱”等诸多竹雕大家。竹雕在明代中期就已发展成为独立的工艺美术门类，分为竹筒雕、竹片雕、竹根雕以及竹片和其他材料配合镶嵌等。主要有四大流派，即嘉定派、金陵派、浙派和徽派，风格各异。其产品以茶叶盒、笔筒、烟具、牙签筒、花瓶等日用品为主。竹雕工艺通常运用浮雕、镂雕、阴刻等方法，其线条遒劲、飘逸、灵巧、厚重，以山水、人物、楼阁、鸟兽等内容为主[13]。

三、林业生态科学文化产品

林业生态科学文化产品包括造林、培育、采伐等一系列专业性技术或理论性知识，它是在人类认识、利用、管理、保护森林的过程中产生的[14]。

吉林露水河林业局通过科学经营培育森林资源，完整地保存了

1.2 万余公顷全国仅存、亚洲最大的红松母树林，建成了亚洲最大的红松种子园，也是亚洲最大、我国唯一的红松高世代种子园。通过红松育种种质资源保存与利用，成为国家重点林苗良种培育基地，红松果林嫁接苗木也成为国际名牌产品，“红松果仁”更是畅销国内外。

福建洋口林场是我国唯一的“国家杉木种质资源库”“首批国家重点林木良种基地”“国家林业和草原长期科研基地”，被誉为“中国林木育种的发祥地”和“中国杉木育种的摇篮”。建场以来，林场先后与南京林业大学等科研院校合作开展林业科学研究，通过种质的选优、栽培、遗传改良以及组织培养等多种先进的育苗方式方法，培育出优质、速生、高产、抗病虫的优良杉木林苗。林场已建成国家重点林木良种基地 0.6 万亩，建有杉木第 1~4 代的完整育种群体，收集、保存不同类型种质材料 4000 多份，建成我国规模最大、品质最优、品种最全、辐射最广的杉木良种优苗生产基地。

四、林业生态休闲文化产品

林业生态休闲文化产品是人类通过在森林中进行自我放松和身心疗养而产生，如森林康养文化、森林旅游文化等。其原理是在森林环境—心理疗养的基础上，以中华养生文化和民族养生传统为辅助，达到养气向养心深华，得到不同程度的心理反响和情感反应[15]。

（一）北京松山国家级自然保护区森林疗养基地

森林疗养是利用特定森林环境和林产品，在森林中开展森林静息、森林散步等活动，实现增进身心健康、预防和治疗疾病目标的辅助和替代治疗方法，它的本质是以森林为主体的疗养地医疗。森林疗养最早起源于德国，后来推广到日本、韩国、美国以及北欧的一些国家。森林疗养对高血压、冠心病、更年期障碍、头痛、抑郁等疾病的治疗和预防效果已被证实，特别是对于心理疾病的治疗，效果相当显著。

松山拥有华北地区唯一的大片天然油松林，并且有丰富的地表水系和独特的温泉资源。试验证明，松柏类森林含有大量具有杀菌作用的芬多精。靠近水系的森林负氧离子浓度更高，对人的康复、治疗效果更显著。松山国家级自然保护区森林疗养基地在充分利用宜人气候、独特地貌和资源等有利条件的基础上，按照“森林文化+运动+温泉”的森林疗养模式，坚持生态优先、中西医结合、地方特色为主打的原则，面向亚健康、更年期、需要恢复体力三大类人群设置了阳光浴、林间冥想、冷泉足浴、腹式呼吸、林间瑜伽等项目。

(二) 吉林净月潭国家森林公园森林生态休闲中心

随着城市居民休闲需求的不断变化，以城郊森林公园为代表的森林生态休闲活动正成为新的休闲活动类型之一。

净月潭国家森林公园始建于 1934 年，位于吉林省长春市东南部，是以百平方公里的人工林海环抱一潭秀水而形成的自然风光。公园内树木茂盛、空气清新，不仅是生态休闲中心，更是体育健身的中心。公园的南面有圣诞乐园、高尔夫球场、森林浴场、滑雪场、赛马场等多处休闲活动场所。其中以滑雪场最为出名，因距离长春市区非常近，被誉为“城市中的滑雪场”，其雪道面积约 5 万平方米，有初、中、高、越野等 5 条雪道，可同时容纳 2000 多人滑雪。净月潭一到冬季，结冰后变成天然的冰场，有狗拉雪橇、冰上越野摩托车等众多冰上项目。

五、林业历史地理文化产品

林业历史地理文化产品是指能进行历史文化事件传承与记录，能作为乡土文化代表，能对地理进行指示的森林文化。

(一) 内蒙古赛罕乌拉国家级自然保护区

保护区有着丰富的历史地理文化，总面积超过 1000 平方公里，最高点海拔超过 1900 米。保护区地貌景观类型复杂，有第四纪冰川地貌、冰缘地貌、盐风化地貌、崩塌地貌等。有释迦佛舍利塔，位于查干沐伦河北岸的辽庆州古城西北隅，为至今保存完好的八角七级空心楼阁式千年古塔。有辽庆陵及庆州城遗址，辽圣宗殡葬于此地，此山名为庆云山，陵地以山命名称庆陵。有金代所筑古长城，称金长城，又名金代边堡。

(二) 北京西山国家森林公园

公园位于北京西山，森林覆盖率 98.5%。这里有诗、词、书、画、碑刻五百余块，非常静穆壮观。该公园曾经是清朝的八旗驻地，正黄旗、正蓝旗等村庄以及碉楼等遗迹还尚存在此。这里的古迹遗址形成了独特的地理和人文景观。著名历史遗迹有香山、卧佛寺、八大处、静福寺、无梁殿等。马连良、言少朋、刘半农、梅兰芳等名人的墓地以及黑山扈战斗纪念碑等也分布在这。

第三节 林业生态文化产业体系

构建林业生态文化产业体系，就是将林业生态体系、林业产业体系和生态文化三大体系有机结合，构成高度统一、完整的产业体系。使之成为我国精神文明建设、生态文明建设和经济建设的主要抓手，成为国民经济的绿色支柱产业[16]。

一、繁荣林业生态文化创作产业

尽管我国林业生态文化产业发展起步较晚，但发展潜力巨大。林业生态文化产业的发展，首先要提高全国人民的林业生态文明意识。要大力宣传、广泛传播林业生态文化、林业生态道德和林业生态文化价值，使之成为社会主流价值。要从儿童和青少年抓起，从家庭、学校教育抓起，引导全社会树立林业生态文明意识。国民和干部教育培训体系中应该包含林业生态文明教育。把林业生态文化作为现代公共文化服务体系建设的重要内容，各级政府暨各级林业、科教、文化等相关部门应围绕林业文化优势条件，发动大众开展林业文化作品创作。邀请和组织作家、书画家、摄影家等专业人才深入林区、国家森林公园、林业自然保护区等，开展林业文化创作。鼓励专家学者深入挖掘林业优秀传统生态文化思想和资源，创作优秀的林业文化作品。

二、推动林业文化产品生产

《中国生态文化发展纲要》要求“开发适应市场和百姓需求的生态文化产品。着力发展传播生态文明价值观念、体现生态文化精神、反映民族审美追求，思想性、艺术性、观赏性有机统一，制作精湛、品质精良、风格独特的生态文化创意产品”。中国林业文化产品的生产正呈现出一派空前繁荣的景象。

(1)贴近林业生态文化产业，多出政策性、理论性研究成果。我国政府及林业、文化等相关部门以及广大科学工作者等，在生态优先的前提下，以林业资源与人文资源为题材和载体，进行广泛、深入的研究和探讨，出台和发表了许许多多政策性文件，以及有指导性、实用性和推广价值的论文、专著等。如中共中央、国务院印发《关于加快推进生态文明建设的意见》和《生态文明体制改革总体方案》，原国家林业局印发的《中国生态文化发展纲要》，习近平总书记“绿水青山就是金山银山”“山水林田湖是一个生命共同体”等重要论述。各个国家森林公园、林业自然保护区、旅游风景区等的生态文化景观设计都是林业科技理论的重大成果。

(2)通过各式各样的活动，促使更多、更好、更出色的林业文艺作品产生。2016 年，国家林业局牵头举办的“中林杯”国家森林公园风光摄影大赛，收到全国各地 860 组参赛作品，作品内容包括各种类型的公园、林场、自然保护区以及和森林旅游相关的活动。该大赛总共选出 107 组优质的摄影作品，这些获奖的摄影作品不仅向大众展示了森林旅游地多角度、多季节美丽的自然风光，还体现出我国森林建设及旅游产业获得的巨大发展。为纪念中国国家森林公园发展 30 周年，中央电视台《科技苑》栏目拍摄制作了 15 集大型电视纪录片《中国国家森林公园》，这部纪录片的主题是保护生态和人与自然和谐共处。通过一系列生动的动植物故事，向大众普及了我国森林资源的特点和森林生态系统的规律。

(3)推动茶文化产业进一步发展。中国茶文化产生了非常丰富的产品。茶文化主要在饮茶这项过程中产生，如其中的道、精神、书、具、画、艺等。我国茶产品主要有十大系列，即绿茶、红茶、黑茶、乌龙茶、白茶、黄茶、花草茶和水果茶等。其中被誉为十大名品的有：杭州龙井、太湖洞庭山的碧螺春、安徽歙县的黄山毛峰、江西庐山的云雾茶、大别山北麓的六安瓜片、湖南洞庭湖的君山银针、河南的信阳毛尖、闽北的武夷岩茶、安西铁观音和祁门红茶等。

(4)以竹为载体，弘扬中国竹文化传统，产出更多、更美的竹纸、竹布、竹装饰品、竹编、竹雕等产品。中国是对竹子进行研究、培育和利用最早的国家，竹子已对中国传统文化发展和精神文化的形成起到了非常重要的作用。竹文化历史悠久，频频出现在中国诗歌书画和园林建设中。其产品丰富多彩、代代流传。

(5)国家森林公园、林业自然保护区、林场、风景名胜区等是林业生态文化旅游资源的重要载体，是发展林业生态文化产业的物质基础，是开展林业生态旅游业的主要场所。做强、做大这一充满活力的产业，需要在保护的前提下，因地制宜、顺势利导，依托资源做好林业生态文化旅游产品的开发。

三、促进林业文化传播交流

林业文化传播就是通过各种各样的宣传方式，将林业生态文化的产业、产品向社会进行宣传推介。通过印刷图书、报刊、广告、印刷品向外散发；通过音像制品、网络、电子出版物、音乐等对外传播；通过电台广播、电视台、网络直播直接向社会推介产业企业和产品；通过电影院、户外显示屏等播放展示介绍国家森林公园、湿地公园、森林风景区、林业自然保护区、城市园林的纪录片、科教片等。

林业生态文化产业可以根据自身特点，加大对外交流力度，以提高产业自身的业务水平和创新能力。加强学术研究、促进同行业的科技交流。通过与专家、学者、科研院所、高校等合作，摸清资源家底，寻求市场需求，促进产业良性循环和可持续发展。丰富博物馆、标本展览馆等内容，走进学校、走进社会，广泛开展林业文化教育、科技成果推广。根据产业文化特点、资源优势，积极组织林产品交易会、树木花草展销会、生物多样性保护讲座等各类活动。发挥自然环境优势，提升康养、休闲、度假以及吃、住、行、娱、保健、护理水平，吸引更多的体验者前来体验感受。

第四节　生态旅游

一、生态旅游的内涵

1983 年，世界自然资源保护联盟率先提出“生态旅游”这一个专业术语。生态旅游是以可持续发展为理念，以实现人与自然和谐为准则，以保护生态环境为前提，依托良好的自然生态环境和与之共生的人文生态，开展生态体验、生态认知、生态教育并获得身心愉悦的旅游方式。生态旅游的内涵更强调的是对自然景观的保护，是可持续发展的旅游。生态旅游的内涵包含两个方面：一是在生态环境被保护的前提下，让人们回归自然，呼吸着清新的空气，踏着步欣赏周围的万物，做到强身健体、体会“天人合一”的精髓；二是要促进自然生态系统的良性运转，确保生态平衡[17]。开展生态旅需要达到以下几个目标：

一是确保旅游资源可持续性。生态旅游资源必须以可持续发展的理论与方式进行管理，从而保证生态旅游地的经济、社会、生态效益可以获得可持续发展。

二是旅游目的地的生物多样性得到严格的保护。

三是旅游目的地生态环境保护应得到政府方面的政策支持和资金补偿。

四是通过旅游目的地经营者提供的服务和景点，对旅游者进行适当的收费，增加经济收入和加强生态环境保护。

五是增强旅游区居民生态保护意识，鼓励和支持他们积极参与生态旅游，让他们通过合法的工作获得收益，妥善地解决保护与开发的矛盾。

“生态旅游”不仅是指在旅游过程中欣赏美丽的景色，更强调的是一种行为和思维方式，即保护性的旅游。不破坏生态、认识生态、保护生态、达到永久的和谐，是一种层次性的渐进行为。生态旅游是绿色旅游，以保护自然环境和生物的多样性、维持资源利用的可持续发展为目标。

二、生态旅游资源

我国的生态旅游是以森林公园、风景名胜区、自然保护区、林场等作为主要依托，逐步发展起来的。国内生态旅游的发展，经历了从概念引进到接受理解(20世纪90年代至2000年)和从多种实践到典型示范(2001年至今)两个大的阶段。国内正式引入“生态旅游”一词是在20世纪90年代初期。在之后20多年的时间里，生态旅游在国内引起学术界广泛关注，并逐渐被社会广泛关注。进入21世纪以后，生态旅游在国内得到快速发展。

为了保护丰富的动植物资源，我国于1956年在广东肇庆建立了第一个自然保护区——鼎湖山国家级自然保护区。1982年9月，张家界国家森林公园被建立，是我国第一个国家森林公园。1992年，国家林业部在大连召开了全国森林公园和森林生态旅游工作会议，有力推动了生态旅游的发展。此后，森林公园、风景名胜区、地质公园、湿地公园、水利风景区、沙漠公园等不同类型的自然保护地相继建立，这些各级各类自然保护地作为生态旅游目的地，提供优质的生态旅游资源，为开展生态旅游提供了基础条件。

党的十八大确立了创新、协调、绿色、开放、共享的发展理念，国家将绿色发展定为国策。《中国生态文化发展纲要》要求到2020年年底，全国森林公园总数由2015年的3000处增加至4400处，支持建设重点国家级森林公园200处；创建国家森林城市100个、全国生态文化村100个、全国生态文化示范企业50家、全国生态文化示范基地20个；建设76个国家湿地保护与合理开发利用、湿地生态文化服务体系建设示范区；选择一批国内外高度关注的自然保护区、湿地保护示范区，进行有效管理的试点和生态文化服务体系建设示范，使60%的国家重点保护野生动植物种数得到恢复和增加，95%的典型生态系统类型得到有效保护。随着这些目标的圆满实现，必然为生态旅游事业带来勃勃生机。

三、生态旅游类型及项目介绍

(一)按生态旅游资源分类

1. 主体为自然景观

包含有高峰、险峰、奇型山岩、火山(遗迹)、石林、洞穴、江河湖海泉瀑、岛屿等许多种类的地质地形，可以让游客进行观赏和探险。游客可以去高山攀岩、探险等，可以去江河湖海潜水、漂流、滑水、垂钓、捕捞等，也可以欣赏各种各样的洞穴、泉水、瀑布等。

2. 主体为人文景观

人文景观是指历史形成的、与人的社会性活动有关的景物构成的风景画面，它包括建筑、道路、人文典故等，是社会、艺术和历史的产物。包含古园林、古城墙、古居、桥、碑、纪念地、陵墓以及为之配套的博物馆、纪念馆、文化村等名胜古迹。

3. 主体为社会风情

社会风情是一种精神和物质现象，它是人类文化的重要组分。民族节日、民族歌舞、民间娱乐、民族村寨、地方民居及工艺品、服饰、土特产、饮食文化、民间文学、神话传说等都是社会风情的表现。

(二)按开展生态旅游的类型分类

1. 森林生态景区

我国的森林生态景区跨越了寒温带、温带、暖温带、亚热带、热带等5个气候带，为人们进行观光、避暑、野营、度假、科考、探险等活动提供了适合场所。如吉林长白山原始森林、湖北神农架亚热带森林、西双版纳热带雨林等都属于森林生态景区的典型代表。

2. 山岳生态景区

山岳生态景区是以山地为旅游资源载体和构景要素，具有美感的地域综合体。山岳生态景区是以自然山体为主，通常具有雄、险、秀、幽、奇等美学特征，具有历史文化、艺术观赏、科学考察的价值。按旅游功能可分为：风景名山型（如崂山、嵩山）、探险型（如珠穆朗玛峰）、消夏避暑型（如河南鸡公山）、登山健身型（如北京香山）等。

3. 湖泊生态景区

湖泊生态景区是指以湖泊、水库等水体为主体景观特色的风景区。湖泊生态景区或具有较高的风光观赏价值，或有奇特的自然景观相支撑，或有深厚的历史文化相映称。湖泊生态景区代表有：杭州西湖、云南洱海、黑龙江镜泊湖、长白山天池等。

4. 海洋生态景区

海洋生态景区是以海岸带、海岛、远海和深海等海洋空间区域为依托，具有鲜明生态特征，注重亲近自然、保护自然，具有一定景观和界域的旅游地域系统。其中包含具有观赏和保护价值的海洋动植物、海洋地质构造、海域等自然资源，也包括一些相关的人工要素。如广西北海及海南文昌的红树林海岸带、海南三亚的亚龙湾、广西北海的银滩等。

5. 草原生态景区

草原生态景区是以草地生态系统为主体的景观。我国的草原生态景区可以划分为东北草原区、蒙宁甘草原区、新疆草原区、青藏草原区、南方草山草坡区五个大区。典型代表有内蒙古呼伦贝尔草原、锡林郭勒草原、甘南玛曲草原、西藏羌塘草原等。

6. 观鸟生态景区

观鸟是指在不影响鸟类正常活动的前提下，在自然环境中欣赏鸟的自然美，观察记录它们的外形姿态、数量、取食方式等，是一种有益身心健康的休闲活动。观鸟生态景区依托良好的观鸟旅游资源，主要开展观鸟生态旅游活动，如黑龙江扎龙、青海湖、湖南的洞庭湖等。

7. 漂流生态景区

漂流生态景区是依托溪流、奇山、河滩等山地自然资源，以水上运动项目——漂流为特色的景区，如湖北神农架、福建武夷山等。

8. 徒步生态景区

徒步是指有目的地进行中长距离的走路锻炼，徒步是户外运动最为典型和最为普遍的一种。徒步旅行是探索大自然的一个过程，能让人回归自然、亲近自然。徒步生态景区的代表有虎跳峡、新疆喀纳斯、珠穆朗玛峰等。

9. 冰雪生态旅游景区

冰雪生态旅游景区是以冰雪气候旅游资源为依托，以体验冰雪旅游活动为主的景区，如云南丽江玉龙雪山、吉林延边长白山等[18]。

参考文献

[1]余涛，齐鹏飞．我国林业生态文化建设的有关问题探讨[J]．林业资源管理，2016，(6)：1-4.

[2]张慧平，郑小贤．现代林业与林业生态文化探讨[J]．林业经济，2007，(3)：22-24.

[3]梁序美．弘扬森林文化 建设生态文明[J]．林业与生态，2011，(5)：16.

[4]程燕芳，李庆雷．创意林业的理论基础与发展路径[J]．林业调查规划，2017，42(6)：127-132.

[5]吴志文．森林文化、森林创意产业与林业新经济增长点的培育[C]．中国科学技术协会、河南省人民政府．第十届中国科协年会论文集(二)．中国科学技术协会、河南省人民政府：中国科学技术协会学会学术部，2008：1818-1834.

[6]袁蔷，袁正新．张家界生态旅游优化研究[J]．现代商业，2019，(13)：78-81.

[7]陈登琳．西双版纳旅游地产开发及其问题研究[D]．云南大学，2018.

[8]万红莲．浅论太白山森林公园的生态旅游开发[J]．生态经济(学术版)，2009，(1)：252-255.

[9]凌珑．浅谈苏州园林的特色与发展[J]．现代园艺，2019，(3)：98-99.

[10]李影．东阳木雕刻一段历史守一份匠心[J]．中国林业产业，2017，(12)：80-81.

[11]黄雄，殷姿．浅析黄杨木雕和龙眼木雕的艺术特色[J]．现代装饰(理论)，2017，(2)：171.

[12]牛文静．潮州木雕历史渊源探析[J]．兰台世界，2015，(24)：55-56.

[13]程秀珺．徽州竹雕艺术的历史传承与保护[J]．黑河学院学报，2019，10(02)：199-200.

[14]陈俊．文化软实力视角下加强中国森林文化建设探讨[J]．中国石油大学学报(社会科学版)，2013，29(03)：86-90.

[15]甄学宁．森林文化产品的价值与价格[J]．北京林业大学学报(社会科学版)，2006，(4)：21-25.
[16]陈云芳．多功能林业的协同发展指标体系与评价模型研究[D]．中国林业科学研究院，2012.
[17]钟林生，马向远，曾瑜皙．中国生态旅游研究进展与展望[J]．地理科学进展，2016，35(06)：679-690.
[18]邹伏霞．生态旅游资源分类研究述评[J]．旅游纵览(下半月)，2019，(11)：41-43.

后　记

长期以来，由于人类对自然生态系统的干扰破坏，全球很多地区已不同程度地出现了森林大面积消失、物种加速灭绝、自然灾害频发等重大生态危机。同时，我国也面临着生态破坏严重、生态压力剧增、自然生态系统日趋脆弱等严峻形势，对经济社会的健康良性发展构成了巨大威胁。生态文明是与物质文明、政治文明、精神文明相并列的一种文明形式，核心是实现人与自然和谐发展。生态文明建设是解决当下我们所面临的严重生态危机的必然选择。现代林业是科学发展的林业，在生态文明建设中具有独特、不可替代的作用。建设生态文明是时代赋予林业的新使命，林业要肩负起与生态文明建设要求相适应的重大职责，主动承担起保护自然生态系统、构建生态安全格局、促进绿色发展等重要任务，大力促进生态文明建设。

本书力求使林业院校的青年师生能全面深刻地认识林业与生态文明之间的关系，对林业的重要作用、独特地位等有客观认识，对林业生态文明建设的目标、内涵、过程、主要内容等有全面、准确地把握，继而提升林业生态文明素养。编写过程中，编写人员紧紧围绕林业生态文明主题，查阅学习了大量的文献资料，认真听取各方专家的意见建议，反复修改，不断完善充实，努力做到内容详实、观点明确、表述准确。

本书由王培君教授担任主编，张晓琴研究员、董波讲师和方炎明教授担任副主编，负责体系设计、大纲制定、统稿和最后定稿等工作。编写人员有：尹昊（第一章）、王华光（第二章）、董波（第三章）、陈平（第四章）、徐依阳（第五章）、刘雪莲（第六章）、杨含（第七章）、吴青霞（第八章）、王维(第九章)、郝岩松(第十章)、刘奕琳(第十一章)。编写中，曹顺仙教授、孙建华教授、胡海波教授、张银龙教授、鲁长虎教授、李明阳教授、栾兆擎教授、吴永波副教授等认真审阅了书稿内容，并提出了宝贵的修改意见。在策划、撰稿、校对等人员的辛苦工作下，《林业生态文明建设概论》得以顺利出版，衷心希望本书的出版能够为促进我国林业生态文明建设贡献一份力量。

编者

2021 年 7 月